人体工学办公座椅

罗仕鉴　王　健　张加勇　主编

科 学 出 版 社

北　京

内 容 简 介

久坐带来的各种健康风险和职业伤害已成为当今世界突出的公共健康问题，引起了人们的普遍关注。本书紧扣产业需要与时代趋势，介绍人体工学办公座椅的过去、现在和未来，从科学构成、技术构成、舒适性构成、材料构成和设计构成多个维度，系统梳理人体工学办公座椅的核心要素，深入分析功能评价指标，并精选经典产品案例，力求理论与实践结合，为人体工学办公座椅的设计与制造提供系统的理论支持与实践指导，助力我国建立全球产业基地优势地位。本书通过多学科交叉融合，包括人体工学、健康科学、材料科学、工程技术与工业设计等多领域，兼顾科学性与实用性，强调理论与实践的有机融合，内容翔实、系统性强。

本书可供座椅产业创新实践者、企业管理者等社会专业人士阅读，也可作为高等院校人体工学、材料科学、工程学、设计学等专业师生的参考用书。

图书在版编目(CIP)数据

人体工学办公座椅 / 罗仕鉴，王健，张加勇主编. -- 北京 : 科学出版社，2025. 6. -- ISBN 978-7-03-081565-1

Ⅰ. TS665.5

中国国家版本馆CIP数据核字第2025U69U04号

责任编辑：朱英彪　赵徽徽 / 责任校对：王萌萌
责任印制：肖　兴 / 封面设计：有道文化

科学出版社 出版
北京东黄城根北街16号
邮政编码：100717
http://www.sciencep.com
北京中科印刷有限公司印刷
科学出版社发行　各地新华书店经销
*
2025年6月第　一　版　开本：720 × 1000　1/16
2025年6月第一次印刷　印张：18 1/4
字数：368 000

定价：168.00 元

（如有印装质量问题，我社负责调换）

前　　言

办公座椅是为了方便办公桌的使用和配合桌面办公而设计和制造的办公家具产品，具有坐姿支撑、办公辅助和安全保护等功能，是人们学习、工作和生活中必不可少的家具用品，在改善工作环境、提高工作效率等方面发挥着重要的作用。

2012 年，权威医学期刊 *Diabetologia* 发布的一项研究指出，成年人平均每天有 50%至 60%的时间处于坐姿状态。2016 年，《柳叶刀》期刊的另一项研究警示，缺乏身体活动已成为全球范围内的流行病，可能导致冠心病、中风、2 型糖尿病、乳腺癌和结肠癌等多种疾病。2022 年，《柳叶刀》子刊的一项研究发现，与每天坐姿不超过 2 小时的人群相比，每天坐姿超过 6 小时的人患 12 种慢性疾病的风险增加了 26%。多位顶尖的健康专家宣称，久坐已成为新的“健康杀手”。

进入 21 世纪，以数字化、智能化和信息化为代表的数字网络经济浪潮极大地改变了人们的传统办公、生活和娱乐模式，以久坐为特征的办公、生活、劳动和娱乐等已成为当代人类生产、生活和娱乐的新趋势，由此而带来的各种与久坐有关的健康风险和职业伤害已成为当今世界突出的公共健康问题，引起全球范围内的普遍关注。

随着“以用户为中心”设计理念的建立和深入发展，传统办公座椅（办公座椅 1.0）设计逐渐融入“人的因素”，以适应人的形态结构、适合人体使用和改善坐姿舒适性、健康性等为标志的第二代办公座椅——人体工学办公座椅（办公座椅 2.0，或人体工学办公座椅 1.0）以崭新的产品形态走入了人们的生活。人体工学办公座椅的推广和使用，极大地降低了久坐办公带来的慢性腰痛、颈痛等公共健康风险，并且使员工工作效率和工作满意感得到有效提升。

当今社会，设计并制造一款优秀的人体工学办公座椅，变得非常重要。这涉及人体科学、健康科学、材料科学、工程技术和工业设计等多个学科，是一个典型的多学科交叉融合的科学研究、技术创新和工业产品制造领域。近年来，随着全球家具制造业的产业转移，我国逐渐成为世界办公座椅制造业中心。但与欧美日等家具设计制造发达国家及地区相比，我国在座椅产品的原创性、颠覆性、变革性方面还不足，关键核心技术少有突破，质量效益指数低，缺乏世界知名品牌。未来我国座椅产业发展需要以市场需求为导向、以科技进步为基础、以创新设计为驱动，融合科技、设计、人本、文化和资本等资源要素，开展人体工学办公座椅基础科学理论研究，形成系列人体工学办公座椅原创技术，全面推进座椅制造产业升级；加快智能化、信息化、数字化和模块化现代座椅制造技术改造，全面推进座椅制造产业升级；整合创新设计资源要素，以市场为导向，以用户为中心，以设计为牵引，以科技创新为支撑，打造人体工学办公座椅全球产业基地优势地位。

为了适应新时代的发展需求，我们组织了行业内相关专家撰写了本书。第 1 章从理论和行业发展高度上，指出人体工学办公座椅的重要性，提出办公座椅设计"从利益工作到利益健康"的新观点；第 2 章回顾人体工学办公座椅的过去和现在，并指出未来的发展方向；第 3～8 章分别从人体工学办公座椅的科学构成、技术构成、舒适性构成、材料构成、设计构成、功能评价等六大方面展开论述；第 9 章通过经典案例分析，清晰梳理人体工学办公座椅在全球的发展。

全书由罗仕鉴、王健和张加勇提出思想与逻辑框架，王健负责本书内容和体系结构的组织与规划，张加勇负责提供素材与审评全书内容，陈熙、程军和陈叶负责学术事务的组织协调，罗仕鉴负责对全书进行系统梳理与整合。其中，第 1 章由浙江大学王健、永艺家具股份有限公司张加勇和张尚毅撰写；第 2 章由台南艺术大学郑正雄撰写；第 3 章由浙江大学王健和马里兰大学华安珂撰写；第 4 章由上海交通大学董占勋、赵铁男、温杼凡、张双烨和杭州骐雄科技有限公司何基撰写；第 5 章由安徽工业大学刘志平撰写；第 6 章由合肥工业大学张萍、李飞阳、黄紫薇、马文静和伯明翰大学田浩撰写；第 7 章由浙江大学罗仕鉴、李庆龄、易珮琦，浙江大学宁波科创中心（宁波校区）吕汇，杭州骐雄科技有限公司何基撰写；第 8 章由浙江大学翁东凯和王健撰写；第 9 章由浙江大学罗仕鉴和易珮琦、浙江大学宁波科创中心（宁波校区）吕汇、杭州骐雄科技有限公司何基撰写；浙江大学易珮琦完成了本书封面的视觉创意设计。

希望本书的有益探索能够为办公座椅行业的发展提供参考，能够为催生新的研究领域、新的创新范式，促进集成创新，推动办公家具行业登上新高峰作出贡献！

由于作者的知识水平有限，加上座椅行业不断迅速发展，知识更新迭代速度快，书中难免存在不足之处，热忱欢迎行业专家、学者提出宝贵意见和建议，共同推动这一领域的发展。

作　者

2025 年 1 月于求是园

目　　录

第1章　人体工学办公座椅：从利益工作到利益健康

办公座椅(office chair)，是为了方便办公桌的使用和配合桌面办公而设计和制造的办公家具产品，通常由头枕、靠背、座板、扶手、撑杆和脚轮等结构与功能组件构成，具有坐姿支撑、办公辅助和安全保护等功能，是人们学习、办公、生活乃至生产劳动等必不可少的家具用品，在改善工作环境、提高工作效率和增进人文关怀等方面发挥重要的作用[1]。

1.1　从办公座椅到人体工学办公座椅

办公座椅是为坐而设计的办公家具产品。20 世纪 70 年代，随着办公座椅“以用户为中心的设计”(user-centered design，UCD)理念的建立和发展，传统办公座椅(办公座椅 1.0)设计逐渐开始融入人的因素(human factor)，以适应人的形态结构、适合人体使用和改善坐姿舒适性等为标志的第二代办公座椅——人体工学办公座椅(ergonomic office chair)(办公座椅 2.0，或人体工学办公座椅 1.0)以崭新的产品形态走入了人们的生活[2]。1974 年，著名设计理论学家和设计师 Niels Diffrient 与他人合著出版了书名为 *Humanscale* 的三卷本出版物，阐述了人的因素及其设计原则，强调要将人体结构要素融入人机产品设计，从而开创了“以人为本的设计”(human-centered design，HCD)的产品设计新时代[3]。1970 年，时任美国总统尼克松签署了《职业安全与健康法》(Occupational Safety and Health Act, OSHA)，规定未能提供安全工作环境的公司将受到惩罚。在此基础上，1976 年，Herman Miller 公司设计师 William Stumpf 发明了首个以提高人体舒适度和保持身体健康为目的的 Ergon 人体工学椅，由此开创了人体工学办公座椅设计的先河。Ergon 人体工学椅是一款以提高坐舒适性为目的而设计的椅子，设计师通过分析办公室工作人员的座椅使用动作，获取了办公座椅人体工学设计的第一手数据。在此基础上，以定型海绵材料填充坐板和靠背，以改善座椅界面舒适性；以气杆升降来调节座椅的高度，并给五个椅脚配上了易于滚动的脚轮，以方便用户使用，成功地发明了世界上第一款真正意义上的人体工学办公座椅。20 世纪 80 年代是人体工学办公座椅快速发展的时期，美国以 Herman Miller、Steelcase、Haworth 等为代表，德国以 Wilkhahn、Vitra、Sedus、Dauphin 等为代表，日本以 Kokuyo、Okamura、Itoki、Uchida 等为代表，各大国际知名公司陆续推出了划时代的人体工学办公座椅，引领了全球办公座椅设计近半个世纪的发展，实现了办公座椅设计的华丽转身[4]。例如，Bill Stumpf 与 Don Chadwick 合作设计的反应性倾仰和调节温度的网背座椅，Steelcase 公司推出的方便坐姿身体活动的“姿势椅”（gesture chair）和具有身体活动自适应支撑功能的 SILQ 座椅等。与此同时，越来越多的科学研究也证明，人体工学办公座椅的推广和使用极大地降低了久坐办公带来的慢性腰痛、颈痛等公共健康风险，并且使员工工作效率和工作满意感得到有效提升。据专业权威机构统计，2023 年全球办公座椅市场估值为 140.4 亿美元。预计全球办公座椅的需求将以 5.1%的复合增长率增长，到 2033 年底全球市场估值将达到 230.9 亿美元[5]。

1.2 从人体工学办公座椅到人体工学健康座椅

进入 21 世纪，随着数字化、智能化和信息化为代表的数字网络经济时代的到来和传统办公模式的改变，人类办公、生活和娱乐等方式发生了巨大的变化，以久坐为特征的办公、生活、劳动和娱乐等已成为当代人类生产、生活和娱乐的常态，由此而带来的各种与久坐有关的健康风险和职业伤害也成为当今世界突出的公共健康问题，引起全球范围内的普遍关注。据调查，美国人平均每天坐着工作的时间为 8～9 小时，澳大利亚人 71%～82%的工作时间是坐在椅子上的，荷兰使用计算机工作的员工平均每天坐着的时间为 7 小时。进一步的科学研究发现，久坐会增加 50%～90%的腰椎负担，是引发 20%～40%慢性疾病发病的危险因子。久坐会造成 40.89%的人感到颈椎酸痛，22.68%的人出现肥胖问题，13.97%的人患上肩周炎等疾病。公共健康权威研究报告更是指出，“坐”已逐渐从“享受美好生活”的生活方式蜕变为“破坏性休息”，全球每年有超过 320 万人的死亡与这种不良的生活方式有关[6-8]。在这一时代背景下，新一代以健康为中心（health-centered）的人体工学健康座椅（healthy ergonomic chair）（办公座椅 3.0，或者人体工学办公座椅 2.0）将成为座椅产业发展的基本共识和必然趋势，成为行业发展的翘楚。

人体工学健康座椅是一类为降低久坐风险、减少久坐伤害、改善坐姿工作效能和增进身心健康而设计和制造的人体工学座椅，是传统人体工学办公座椅的升级版。人体工学健康座椅秉承“健康第一”的产品设计理念，跨界融合健康科学、人体工学、材料科技、机械电子、智能科技和工业设计等学科领域的最新研究成果和先进技术，全要素、全过程和全生命周期定义办公座椅的功能内涵和保健价值取向，最终实现“坐享健康”的产品意义构成和社会价值追求[9]。例如，浙江大学设计团队和永艺家具股份有限公司联合研发设计的动态自适应人体工学健康座椅，通过坐背联动底盘、动态自适应靠背限位和坐起辅助等健康座椅技术的创新和应用，增强了座椅靠背的坐姿支撑、腰椎保护和坐起辅助功能。再如，德国

HUGM 公司的双背椅通过利用双靠背支撑以及位于靠背支点的具有三维运动支撑功能的橡胶组件的作用，成功地实现了对各种背部坐姿活动的有效支撑和脊柱保护功能。此外，由物理治疗师、座椅设计师团队与美国 Genesis Seating 公司合作设计推出的 Anthros 座椅，更是通过对背部和骶髂关节支撑机构的独立设计和分别控制，实现了坐姿脊柱整体形态有效控制和脊柱保护，成为新一代健康座椅的代表性作品。目前，人体工学健康座椅正以前所未有的发展态势，借助当代人工智能辅助设计技术，主动对接坐姿健康保护的科学理念和先进技术，快速覆盖包括办公、休闲和生活等在内的座椅应用生态场景。摇摇椅、马鞍椅、骨盆椅、动态自适应座椅、站坐式座椅、人工智能座椅和座椅工作站等人体工学健康座椅如雨后春笋，层出不穷，引领着未来人体工学座椅发展的新趋势。

1.3 人体工学办公座椅设计发展趋势

人体工学办公座椅设计和制造涉及人体科学、健康科学、材料科学、工程技术和工业设计等多个学科，是一个典型的多学科交叉融合的科学研究、技术创新和工业产品制造领域。随着全球家具制造业的产业转移，我国办公座椅逐渐成为世界家具制造业中心[10]。长时间的专业化发展和国际化合作，使我国部分座椅制造企业具备了承接国际市场中高端座椅产品的技术研发实力。严苛的国际采购商质量要求和严格的资质认证，促使我国中高端座椅制造企业快速成长，在生产规模、研发设计、制造工艺、成本控制、管理制度等各方面与国际接轨，竞争力不断增强。核心技术的积累和产品附加值的提升，开始改变以往我国传统座椅企业的低成本发展模式、产业链末端地位和代工生产产品供应商模式，加快了产业转型升级速度，为行业发展创造了新的发展机遇，呈现了良好的发展态势。然而，与欧美日等家具设计制造发达国家及地区相比，我国在座椅产品创新设计能力方面，原创性、颠覆性、变革性产品数量不多，关键核心技术少有突破，质量效益指数低，缺乏世界知名品牌。未来我国座椅产业发展需要以市场需求为导向、以科技进步为基础、以创新设计为驱动，融合科技、设计、人本、文化和资本等资源要素，开展人体工学办公座椅基础科学理论研究，形成系列人体工学办公座椅原创技术，全面推进座椅制造产业升级；加快发展智能化、信息化、数字化和模块化现代座椅制造技术，全面推进座椅制造产业升级；整合创新设计资源要素，以市场为导向，以设计为驱动，以科技创新为动力，打造人体工学办公座椅全球产业基地优势地位。

1.3.1 创新设计驱动与人体工学办公座椅设计发展趋势

设计处于座椅产品价值链的前端，涉及产品全要素，面向全过程，贯穿全生命周期，具有最高的附加值，是实现科学、技术、文化、市场、资本和媒体等资源要素价值向产品价值、市场价值和社会价值创造性增值转化的过程。传统的办公座椅产品设计主要聚焦于市场需求的拉动和现有技术的推动。创新设计(innovative design)，或者创新驱动的设计(innovation-driven design)，是由我国设计理论工作者提出的全新的设计理念，其核心理论观点是：产品设计兼具功能属性、社会属性和文化属性，需要创造性地发现和主动建构与最新科技和社会发展观相匹配的设计理念、应用场景及解决方案，即主动构建产品的内在意义和创造外在价值，其时代特征是绿色低碳、网络智能、超常融合和共创分享等。创新设计是以创新的设计思维对产品的内在意义和外在价值的创造性设计表达活动和过程，是继市场拉动和科技推动之后驱动产品设计可持续发展的第三动力机制[11]。路甬祥院士认为，创新设计是创意和创造之母，是创造性实践的先导，创新设计赋予产品和服务更丰富的物质和精神文化内涵，满足并引领市场和社会需求。潘云鹤院士指出，创新设计不仅是一种科学技术创新、文化艺术创新、用户服务创新、产业模式创新的集成创新，而且是一种重要且学科广泛交叉的集成创新。徐志磊院士更是强调，创新设计的主体是创新，创新涵盖新理念、新设计、新产品、新工艺设计和工程设计、新服务、新商业模式、新企业组织管理模式的策划设计，直至新业态进入市场。目前，全球人体工学座椅设计正处于由传统的要素驱动设计向创新驱动设计转变的重要节点，创新设计作为创新设计思维和科技成果转化为现实产品和市场竞争力的关键环节，其功能与价值将日益凸显。特别是随着数字智能经济时代的到来，座椅设计也必将进化到创新设计的时代。

1.3.2 新材料与人体工学办公座椅设计发展趋势

新材料在座椅创新设计中始终扮演着十分重要的角色，它们不仅可以提供传统座椅材料所不能达到的性能和功能，还有助于激发设计师的产品创新设计思维，成为推动座椅设计进步的关键要素之一，加速形成座椅设计的新质生产力[12]。例如，高强度和轻量化的碳素纤维材料可用于制造座椅关键支撑结构和组件，减轻座椅整体重量并提升座椅结构强度；高强度铝合金材料可用于制造座椅的框架和结构部件，能够在保证强度的同时降低座椅重量；记忆海绵能够根据用户体温和体重调整自身形变，提供个性化的支撑和改善座椅界面舒适性；凝胶材料能够在长时间使用过程中提供更好的界面舒适度和冷却效果；透气性材料能够提升座椅面料的透气性和吸湿性，提升产品体验；具有抑菌、抗菌、防污等特点的材料如铜合金材料等可以有效抑制细菌和病毒的滋生，纳米银涂层具有抗菌和防臭功能，且可以进行自清洁，以提高产品保健性能；可再生材料如天然的竹纤维、棉纤维、聚乳酸纤维和生物可降解塑料，可以替代传统的合成材料，减少对环境的破坏，符合可持续发展的产品设计理念；利用废弃物或回收材料制造座椅组件，如废旧塑料、海绵和金属，可以减少资源消耗和废物产生，促进循环经济发展；新型塑料和聚合物可以通过注塑或热成型技术制造出复杂形状和个性化设计的座椅组件，增加座椅设计的想象空间和创新性；融合不同功能特性的多功能复合材料，如导电性材料、热响应材料等，还可以为座椅增加多功能性，如加热功能、智能感知功能等。此外，随着智能化技术的发展，智能材料如形状记忆合金、压电材料和生物智能材料等，还能够响应坐姿力学改变和外界环境刺激实现形变或产生电信号，从而进一步推动座椅设计的智能化发展。

1.3.3 新技术与人体工学办公座椅设计发展趋势

新技术通常是指相较于现有技术，在原理、方法或应用上有显著创新或改进的技术，是座椅产品创新设计的基础和保障[13]。人体工学办公座椅技术主要包括人椅界面支撑技术、底座架构技术、办公拓展技术和数智化座椅技术等。其中，人椅界面支撑技术是围绕办公场景下的腰背部、座面、头颈部、扶手和下肢提供有效支撑的技术，这些部位的支撑设计确保了座椅与人体接触部位的有效性、舒适性和稳定性，包括腰椎支撑、骶骨支撑及分散背部压力的腰背部支撑技术，有利于适配人体脊柱曲度；以纤维悬浮网面技术为代表的座面结构与材质技术在增加臀腿组织血液灌注方面表现突出。在底座架构技术方面，底盘技术通过同步倾仰、锁定和重力自适应等机制提供多角度的舒适支撑；气杆技术则通过高度调节和缓冲减震实现座椅的平稳升降；五星脚技术通过高强度材料和灵活的脚轮设计，确保座椅在不同地面上的稳定性和移动性。办公拓展技术涉及各类动态坐姿适配技术以及辅助站立、辅助收纳、辅助休息、辅助应急技术，旨在提升座椅的多功能性和实用性。数智化座椅技术集中在生理数据检测、久坐提醒、桌椅互联和远程久坐健康管理等，提供智能化办公体验[14]。未来的人体工学办公座椅将进一步面向健康座椅使用的社会需求，更加注重动态自适应和智能化发展。集成传感器和人工智能技术将实时监测用户的生理参数，自动调整椅子的功能，提供个性化支撑和舒适度，记录用户的日常坐姿习惯并生成数据分析报告，实施远程坐姿健康管理，预防健康问题。通过物联网技术，座椅将与升降桌、显示器和照明系统等互动，形成综合的健康办公生态系统。这些智能设备将根据用户日程安排和健康数据，主动提醒定时休息和变换姿势，保持良好身体状态和高效工作效率。

1.3.4 数智化与人体工学办公座椅设计发展趋势

数智化是座椅设计发展的新动能和新质生产力的重要构成要素，为座椅设计提供了功能强大的设计工具和工作平台，使设计师能够更快速、更精确地实现设计创意，并与全球范围内的合作伙伴和客户实时互动，分享经验，从而推动座椅产品和服务的不断创新[15,16]。其中，计算机辅助设计（computer-aided design，CAD）软件使设计师能够以数字形式创建和完善设计文件，提升设计精度和效率，达成目标；计算机辅助制造(computer-aided manufacturing，CAM)软件能将数字化设计转化为实际制造过程中的指令，实现更高效的生产流程；3D 建模软件和 3D 打印技术能使设计师在虚拟环境中构建复杂的座椅几何形状，快速制作出实体原型，加速了设计验证和座椅产品开发的速度；云存储和协作工具使得座椅设计团队能够实时共享和完善设计文件，从而促进跨地域和跨学科设计合作，推动创新和多元化设计的发展；数智化生命周期管理系统可以整合座椅设计、生产、销售和服务的全生命周期信息，帮助座椅制造企业优化资源使用、减少浪费，并提升产品质量和市场响应速度；数智化技术还可以支持设计师进行环境影响评估，从而在设计初期就考虑到产品的环保和可持续性发展，符合现代社会对环境友好产品的产品使用需求。同时，大模型技术不仅可以增强设计师的分析和预测能力，还能够推动设计思维的跨界应用和创新实践，使设计师可以更深入地探索和理解座椅设计的本质，从而形成更具创新性和实用性的设计方案。此外，智能化设计还可以通过采集和分析用户身体数据和产品使用习惯，定制座椅的尺寸、形状和支撑结构，提供更符合人体工程学原理的个性化终端产品；通过集成生物传感器和健康监测数据，实时监测用户的生命活动状态，如心率、体温、姿势等，提供个性化的健康建议或警示；通过提供用户界面，允许用户根据个人偏好调整座椅的各种设置，如倾斜角度、腰部支撑力度等，从而增强用户与产品之间的交互体验。总之，数智化技术的发展必将成为未来座椅设计和座椅产业发展的核心驱动要素，推动座椅设计创新，提升座椅产品市场竞争力，成就座椅产业美好未来。

1.4 本章小结

办公座椅是为了方便办公桌的使用和配合桌面办公工作而设计和制造的办公家具产品，具有坐姿支撑、办公辅助和安全保护等功能，是人们学习、办公、生活乃至生产劳动等必不可少的家具用品，在改善工作环境、提高工作效率和增进人文关怀等方面发挥着重要的作用。近代办公座椅设计始于 18 世纪中期，先后历经了传统办公座椅、人体工学办公座椅和人体工学健康座椅等不同发展阶段。其中，人体工学健康座椅秉承“健康第一”的产品设计理念，跨界融合健康科学、人体工学、材料科技、机械电子、智能科技和工业设计等学科领域的最新研究成果和先进技术，全要素、全过程和全生命周期定义和实现当代人体工学办公座椅的健康关注，降低久坐风险、减少久坐伤害、改善坐姿工作效能和增进身心健康，是传统人体工学办公座椅的升级版。

未来的人体工学办公座椅设计将呈现以下发展趋势。

(1)创新设计驱动发展趋势：围绕创新设计理念，强调座椅产品设计需要面向全要素、全过程，贯穿产品全生命周期，涵盖新理念、新设计、新产品、新工艺、新服务、新商业模式、新企业组织管理模式等，努力实现科学、技术、文化、市场、资本和媒体等产品资源要素价值向产品价值、市场价值和社会价值创造性增值转化。

(2) 新材料应用发展趋势：基于绿色、环保、健康和可持续发展理念，强调新材料的创新与应用在座椅设计中的作用，特别是结合当代人体工学办公座椅发展的时代背景，全面提升座椅产品的有效性、舒适性、使用性和健康保护、健康促进属性。

(3) 新技术应用发展趋势：紧扣人体工学办公座椅研究型设计的核心理念，强调坐姿支撑技术、脊柱保护技术、人-桌-椅一体化协同技术等人体工学办公座椅设计的核心技术创新与应用，最大限度地发挥工程技术和人体工学在推动座椅产品创新设计中的作用。

(4) 智能设计发展趋势：面向当代科学技术发展的时代背景，强调数字技术、信息技术和智能技术在推动座椅产品创新设计、生产制造和销售服务过程中的重要作用，紧扣时代发展步伐，提升座椅产品市场竞争力。

参 考 文 献

[1] Grieco A. Sitting posture: An old problem and a new one[J]. Ergonomics, 1986, 29(3): 345-362.

[2] Bai Y F, Kamarudin K M, Alli H. A systematic review of research on sitting and working furniture ergonomic from 2012 to 2022: Analysis of assessment approaches[J]. Heliyon, 2024, 10(7): e28384.

[3] Knighton G. Humanscale freedom headrest ergonomic chair 2024 review[EB/OL]. https://www.btod.com/blog/humanscale-freedom-headrest-review. [2024-07-23].

[4] Healy G N, Clark B K, Winkler E A H, et al. Measurement of adults' sedentary time in population-based studies[J]. American Journal of Preventive Medicine, 2011, 41(2): 216-227.

[5] Brown H E, Ryde G C, Gilson N D, et al. Objectively measured sedentary behavior and physical activity in office employees: Relationships with presenteeism[J]. Journal of Occupational & Environmental Medicine, 2013, 55(8): 945-953.

[6] Jans M P, Proper K I, Hildebrandt V H. Sedentary behavior in Dutch workers: Differences between occupations and business sectors[J]. American Journal of Preventive Medicine, 2007, 33(6): 450-454.

[7] Fernandez J E. Ergonomics in the workplace[J]. Facilities, 1995, 13(4): 20-27.

[8] 中经视野研究院. 中国办公椅市场·战略咨询报告 2025[EB/OL]. https://www.cevsn.com/research/report/68/719934.html. [2025-01-02].

[9] 路甬祥. 论创新设计[M]. 北京: 中国科学技术出版社, 2017.

[10] Comprehensive comparison: Office chair materials and selection guide[EB/OL]. https://www.

logicfox.net/blogs/article/different-materials-used-in-office-ergonomic-chairs. [2024-07-17].

[11] Brewer S, van Eerd D, Amick B C, et al. Workplace interventions to prevent musculoskeletal and visual symptoms and disorders among computer users: A systematic review[J]. Journal of Occupational Rehabilitation, 2006, 16(3): 325-358.

[12] Ergonomic chairs adapted to new technological advances[EB/OL]. https://gesab.com/en/news/ergonomic-chairs-adapted-to-new-technological-advances/. [2024-12-10].

[13] Liu J. Development of an intelligent office chair by combining vibrotactile and visual feedbacks[J]. Journal of Physics: Conference Series, 2021, 1877(1): 012015.

[14] Gupta R, Gupta S H, Agarwal A, et al. A wearable multisensor posture detection system[C]. 4th International Conference on Intelligent Computing and Control Systems, Madurai, 2020: 818-822.

[15] Skach S, Stewart R, Healey P G T. Smart arse: Posture classification with textile sensors in trousers[C]. Proceedings of the 20th ACM International Conference on Multimodal Interaction, Boulder, 2018: 116-124.

[16] Kulikajevas A, Maskeliunas R, Damaševičius R. Detection of sitting posture using hierarchical image composition and deep learning[J]. PeerJ Computer Science, 2021, 7: e442.

第2章　人体工学办公座椅的过去、现在和未来

人类对于座椅需求的改变，从席地而坐、跪坐形式，发展至椅凳、靠背椅；从石头、木材，推进到金属、塑料、复合材料；从固定形式到可变多功能形式；从可坐就好到符合人体工学；从简单形式到追求设计美学及机能；从单一个体到群体的工作形态；从权威表征到生活必需品。这种改变已经历数千年之久，促成了人类文化、科技文明和经济体系的进展。

回顾近代座椅的发展变革，从18世纪中期在英国发生的工业革命，大量制造工厂出现，运输交通、金融保险业兴起，到办公室开始形成，办公家具及座椅产业因需求增长而开始发展。19世纪开启了更多坐姿的研究而促进座椅功能的发展，出现了弹簧结构及移动性的座椅设计。20世纪，历经两次世界大战的冲击后，经济开始复苏并快速发展，此时人体工学理论的研究及实践使得现代人体工学座椅发展出全新的风貌，全球各大办公家具公司大量投入资源进行研发，人体工学办公座椅设计不断创新，影响了全球数十亿人的办公及生活形态。

2.1　人体工学办公座椅发展历史

从历史来看，座椅的进化是极其缓慢的，是战争改变了座椅的设计。飞机被投入军事用途后，为了让飞行员在造价昂贵的飞机上充分发挥战斗力，人体测量学的研究及制造工艺流程研究应运而生[1]，办公家具产业的蓬勃发展则将办公座椅的设计推向了高峰。国外有关人体工学座椅的发展，从坐姿矫正、活动调节机构研究开始，到将工厂椅设计逐渐导入办公室。而整体座椅较为科学化的研究始于20世纪60年代，以人体测量学为基准衍生出人体工学座椅设计，欧美日各国的大型办公家具品牌陆续在材料、动态办公、动作机构、人体支撑、尺度设定、弹性调节等方面不断推陈出新。20世纪80年代是人体工学座椅大放光彩的时期，影响了后续的人体工学座椅的快速发展。

2.1.1　近代座椅的功能发展

工业革命推动机器生产取代手工业，催生了工厂、交通运输及金融保险业的繁荣，集中式办公空间应运而生，办公家具与座椅需求激增，设计理念开始注重人体舒适性与功能优化；伴随中产阶级壮大，对便利性、舒适度及简约风格的家具需求显著提升。

近代最著名的座椅首推17世纪末出现在英国的温莎椅(Windsor chair)，因其造型简洁大方、坚固，注重功能性设计而大受农民欢迎[2]。1726年以后，温莎椅被引入美国，成为美国中产家庭的生活缩影。到了18世纪中叶，温莎椅已经变成最受欢迎的椅子，后来又将写字台与抽屉加到舒适经济的温莎椅上(图2.1)，使之成为当时的畅销座椅。美国独立先驱托马斯·杰斐逊(Thomas Jefferson)于1776年曾坐在一张旋转式温莎椅上宣读《独立宣言》。第一款转椅是旋转式温莎椅(图2.2)，有两层座面，用中心铁轴连接，在座面之间的凹槽中放入脚轮，实现了下半部分固定、上部分旋转的效果。旋转式温莎椅直到19世纪40年代才开始流行起来，因此社会大众普遍认为这款转椅设计者为杰斐逊。

图2.1　将温莎椅加上写字台及抽屉

图片来源：*The Office Book*

图2.2　杰斐逊温莎转椅

图片来源：wikipedia.org

从19世纪开始，人们关注的焦点开始转向儿童的坐姿问题[3]。自19世纪50年代起，欧美作家就针对制式书桌椅可能产生的危害提出警告，因为这些桌椅无法匹配学童的体型，容易造成不良的姿势，产生脊椎发育的异常、近视、驼背及呼吸系统问题等。

火车座椅制造商美国座椅公司(American Chair Company)的托马斯·沃伦(Thomas E. Warren)设计的向心弹簧椅(centripetal spring chair)(图2.3)是当时最具革命性的一款座椅。依据Warren于1849年申请的C形钢弹簧结构专利，弹簧机构正确地放置在椅脚与座椅之间，可以在各个方向上进行简单、可控的摇摆运动，有助于以使用者的脚为支点来改变姿势，让椅子能够随着使用者自然地移动、倾仰、转动，就像人体的延伸一样。这款座椅于1851年在伦敦万国博览会上首次亮相(图2.4)，立即惊艳全场。除了弹簧以外，座椅底部大胆采用了铸铁框架，椅身采用了具有特色的装饰及天鹅绒面料，可以向任何方向旋转和倾斜。根据 Olivares[4]的说法，他仔细研究了几乎所有已知办公座椅的功能，除了可调节的腰部支撑，这款向心弹簧椅几乎具有现代办公座椅的所有功能。

图 2.3　向心弹簧椅
图片来源：phaidon.com

图 2.4　伦敦万国博览会展示的向心弹簧椅
图片来源：smow.com

虽然这款座椅的设计在当时叫好不叫座，但在形式、美学和材料上，向心弹簧椅在很大程度上都称得上那个时代的代表作品。就其功能而言，它是一款包含了机械创新、设计新颖的家具，这种功能的家具在 20 世纪的发展达到了顶峰。向心弹簧椅特有的功能终究在一个多世纪后重新出现，不仅出现在德国 Wiege 设计公司为 Wilkhahn 公司设计的 ON 动态人体工学椅中，也出现在各品牌符合人体工学的办公座椅解决方案中。

倾仰坐姿研究从 19 世纪中期开始，最早是美国 Peter Ten Eyck 于 1853 年发展出的一套弹簧系统，该系统能够让坐在椅子上的人前后移动(图 2.5)。这样的设计放弃了以座椅为静态支撑的地位象征，而转向积极配合身体姿势的动态作业需求。奥地利 Thonet 公司在 1850 年创造出经典的 No.14 座椅，紧接着在 1866 年推出了弯木转椅(图 2.6)，Thonet 的系列椅子此后几乎主宰了办公室座椅的市场。到了 19 世纪末及 20 世纪初，制造商开始在座椅下加装弹簧机构，以及可调节弹簧松紧度的旋钮，以配合不同体型工作者的使用，至此再也看不到站着或坐在凳子上工作的办公人员了。

尽管当时人们普遍对专利座椅持怀疑态度，但 19 世纪末是椅子设计的一个异常创新的时期。工程师和医生利用对身体运动的研究来制造椅子，使缝纫、手术、

图 2.5　可让工作者前后移动的弹簧系统椅

图片来源：museumcollection.hagley.org

图 2.6　Thonet 的弯木转椅

图片来源：whoppah.com

美发和牙科等任务变得更加容易。Henry S. Hale 于 1875 年申请了一项具有靠背倾仰和座高、座椅倾斜张力调整功能的倾仰椅子结构专利，这些功能在一个世纪后的人体工学椅设计中得到了认可[5]。

2.1.2　坐姿矫正与倾仰机构研究

第一次世界大战前，许多女性员工仍是坐在直椅背的无扶手木制座椅上工作。管理者及科学家发现：长时间在工厂工作，实际上会降低生产效率。医生及生理学家也提出一套疲劳理论，促使工厂重视员工的合理作息时间。第一次世界大战期间，军方认为工业产品是战场上获胜的关键，政府也开始支持工作生理、卫生及安全等方面的研究，这是座椅首次被正式纳入研究范围[1]。

英国的谭撒工厂（Tan-Sad Works）在第一次世界大战期间率先推出第一款主张健康的工业用椅——谭撒椅（Tan-Sad chair）（图 2.7），虽然该产品缺乏包豪斯的现代主义风格，但却是现代人体工学座椅的前身[3]。谭撒椅共有四个钢管脚，支撑了略呈凹状的浅座面，使工作者能坐在椅面正中央。每一个椅脚都可以伸缩调整高度，弯曲的椅背可更紧密地贴住腰椎部位，且可配合背部姿势上下移动。这样具有多种调节功能的座椅，在战后很快畅销全国，它可以有效减少疲劳，促进健康，提升 25%的工作效率。美国姿势联盟（American Posture League）联合了整形外科医师及体育专家，配合 1914 年所展开的工业效率运动，开始大力宣扬正确姿势的重要性，北美及欧洲地区的发明家也针对姿势意识的提高设计了另一批办公座椅。法国 Flambo 公司在 20 世纪 20 年代推出了一款秘书椅(图 2.8)，这种座椅的椅背可以沿着 U 形的钢管轨道上下调整，是现代秘书椅的前身。

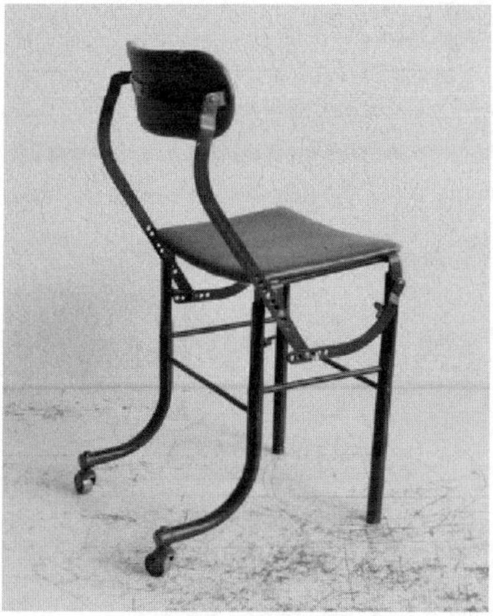

图 2.7　谭撒椅

图片来源：etsy.com

图 2.8　法国 Flambo 公司推出的秘书椅

图片来源：retrostudio-shop.com

20 世纪 20 年代初，美国金属婴儿车制造商费里斯公司(Ferris Company)设计了杜摩尔多功能椅(图 2.9)，底座部分呈现放射状并附脚轮，加装了扶手、皮垫，金属部分也选择仿木漆或原色。这款座椅是针对管理者及经理人所设计的，关注健康并强调产品的舒适性。当时宣传海报的大字号标题是：什么样的人坐这种椅子呢？清新、快乐、活跃、高效的上班族(图 2.10)。可见，这明显是针对工作低效和职业病的市场痛点。因为其宣传健康诉求，并采用了独特贴心的销售手法，该座椅在当时销售非常好[3]。此后，该公司又继续推出具有通风椅面及椅背的空气导管座椅(air-duct chair)，成功成为美国政府单位的主要供应商。1925 年，谭撒公司与费里斯公司合作，启用杜摩尔(Do/More)商标并在欧洲销售。20 世纪 30 年代初，该公司还成立了姿势研究院，由一名医师挂名指导，该单位甚至开发出搭配杜摩尔座椅的健身步骤及健美操，这在当时是很先进的理念。

Klein[6]在她的著作 *The Office Book*(《办公手册》)中提到，1924 年时人们开始重视效率与生产力的关系，提出了一种解决疲劳的方法，即采用可调整的桌子搭配可活动底座的座椅，让速记人员不管站着或坐着都可以继续工作(图 2.11)。1925 年，美国人 William H. Leffingwell 出版了 *Office Management—Principles and*

图 2.9　杜摩尔多功能椅

图片来源：ztijl.com

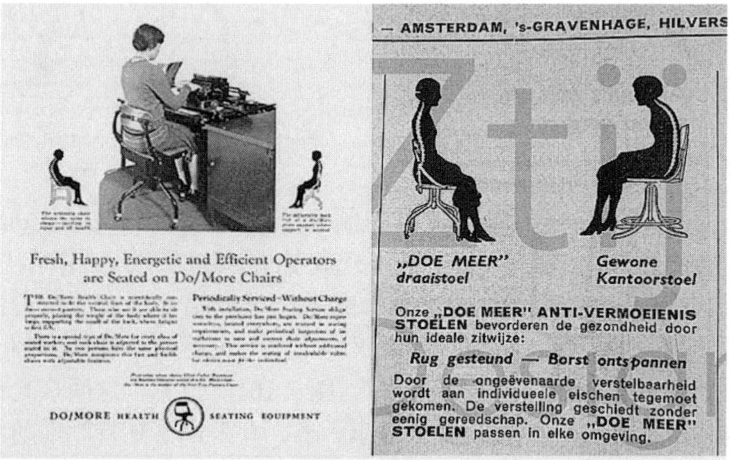

图 2.10　杜摩尔多功能椅报纸广告

图片来源：ztijl.com

Practice（《办公室管理原则与实务》）一书，反映了新的办公室需求。Leffingwell建议，桌椅的设计应该符合人类生理、心理学及工作要求。他观察了作业员及打字员的工作姿势，记录了不良设计的危害，提出了具有腰部支撑及高度调节功能的打字椅概念(图 2.12)，这一座椅被认为是最舒适的办公椅典范。书中的多幅插图也说明了正确的支撑及工作姿势可以消除疲劳(图 2.13)，这与现代人体工学理论是相似的。

图 2.11　《办公手册》中桌椅的设计

图片来源：*The Office Book*

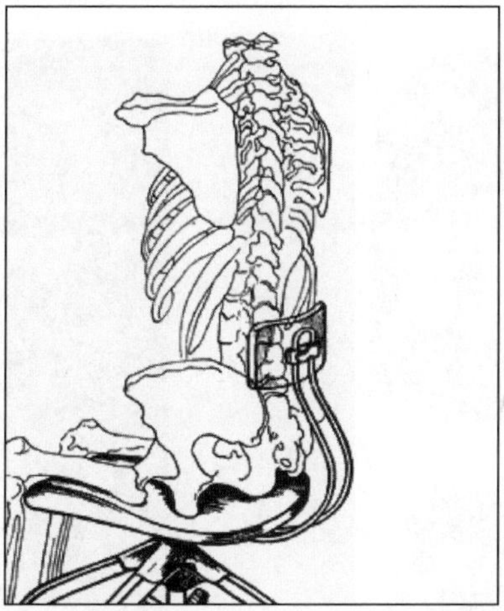

图 2.12 《办公室管理原则与实务》中的打字椅概念

图片来源：*Office Management—Principles and Practice*

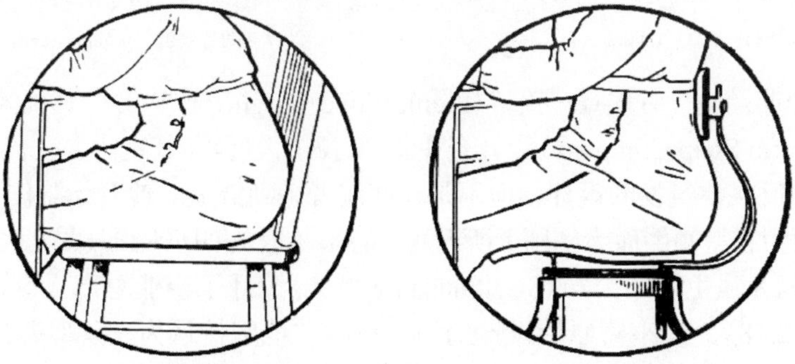

(a) 不正确　　(b) 正确

图 2.13　正确的支撑及工作姿势可以消除疲劳

图片来源：*Office Management—Principles and Practice*

1872 年，瑞士人阿尔伯特 · 斯托尔一世(Albert Stoll I)创立了 Albert Stoll 公司从事曲木椅生产，到了 1919 年，阿尔伯特 · 斯托尔二世(Albert Stoll II)开始从曲木椅转向办公座椅行业，并于 1926 年发明了第一款带有悬挂系统的弹簧转椅。20 世纪 30～40 年代，Albert Stoll 公司推出多款办公座椅，提出动态作业的功能，顿时在欧洲办公家具市场掀起了一阵热潮。此后，Albert Stoll 公司拆分成现代办公家具行业熟知的瑞士 Stoll Giroflex AG 及德国 Sedus Stoll AG、Martin Stoll 三家公司，Martin Stoll 公司在德国短暂停留后，最终迁至瑞典。

专营高层经理人豪华办公家具的 Gunlock 公司，曾于 1923 年推出华盛顿系列座椅(图 2.14)。同时，传统木制家具从业者也开始将金属调整机构应用于座椅上，以橡木制作的办公座椅(图 2.15)以及温莎办公座椅(图 2.16)在当时的欧美地区办公室也很流行。

图 2.14　华盛顿系列座椅

图片来源：1stdibs.com

图 2.15　橡木办公座椅

图片来源：yolagray.com

建筑师弗兰克 · 劳埃德 · 赖特(Frank Lloyd Wright)于 1903～1906 年为拉金肥皂公司(Larkin Soap Company)设计企业总部(拉金大厦)及其室内办公椅，其重点在于椅子能够反映建筑物的设计，而不是让使用者感到舒适。他开始制作了三爪脚版本，但是因为容易倾倒而为使用者所诟病，后来才改为四爪椅脚(图 2.17)。1936～1939 年，他为强生制蜡公司(SC Johnson & Son)设计了企业总部大厦及其室内办公桌椅(图 2.18)，其座椅原始设计仍为三只脚，他坚持认为三只脚具有不稳定性，才能强迫使用者采取正确姿势。但这样的论点显然站不住脚，最后还是将前脚由单脚改为两只脚(图 2.19)，最终达到了稳定的要求。

1934 年，美国俄亥俄州代顿国际机场的航空实验室发布了一份关于军用飞机

图 2.16 温莎办公座椅

图片来源：store.buckscountyestatetraders.com

图 2.17 拉金大厦办公室座椅

图片来源：metmuseum.org

图 2.18 强生制蜡公司办公桌椅

图片来源：collections.vam.ac.uk

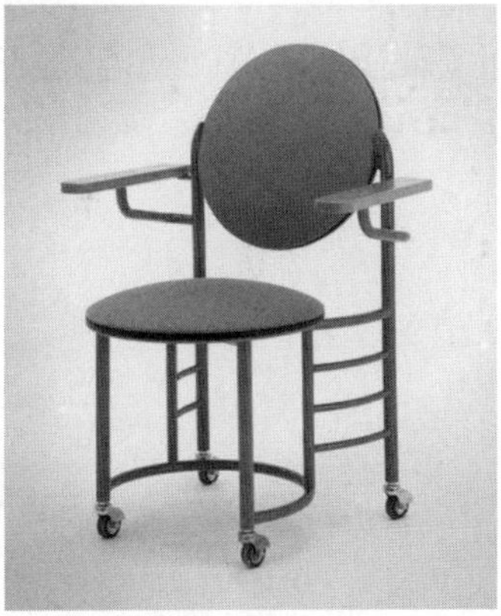

图 2.19 强生制蜡公司办公椅
(椅脚改为四只脚)

图片来源：stylepark.com

人体工学座椅的报告，提出了许多人体工学椅的设计特点，可以为身体提供更好的支撑，并降低飞行员受伤及疲劳的风险，这是对人体工学座椅开发的早期重要贡献[7]。第二次世界大战期间，制造业专家开发了新的工程技术，如套管、冲压、弯曲及焊接等，而战争也迫使大家重新关注人机互动，对后来的人体工学座椅发展产生了间接的影响[3]。美国 Steelcase 公司于 1936～1939 年因承制建筑师赖特为强生制蜡公司设计的办公桌椅而声名大噪，1946 年推出 C-48 钢制办公座椅(图 2.20)，搭配其钢制办公桌 Mutiple 15(图 2.21)，成为当时美国办公室的主力产品[8]。

图 2.20　C-48 钢制办公座椅

图片来源：steelcase.com

图 2.21　采用 Steelcase 钢制办公桌椅的办公室样貌

图片来源：steelcase.com

20 世纪 50 年代以后，座椅开始融入可调节功能、腰部支撑和缓冲功能，以提高舒适性并降低与久坐相关的健康问题风险。美国家具公司 Knoll 和 Herman Miller 开始兴起，吸引了许多知名设计师为其发展新产品，其中 Eero Saarinen 于 1957 年设计的郁金香椅(图 2.22)以及 Charles Pollock 于 1963 年设计的行政主管椅(图 2.23)，都采用了玻璃纤维背壳及铸铝脚座，至今仍是经典。

图 2.22　Eero Saarinen 设计的郁金香椅

图片来源：knoll.com

图 2.23　Charles Pollock 设计的行政主管椅

图片来源：knoll.com

当时最杰出的设计师，首推 Herman Miller 公司的首席设计师 Charles & Ray Eames 夫妇。他们从第二次世界大战美国海军的实验计划中学习经验并发展出模塑技术，是现今家具工业中使用铸模成型胶合板的先锋。Eames 于 1950 年设计了模压边椅，采用玻璃纤维背壳及钢条椅脚；1958 年，设计了著名的 Aluminum Group 办公座椅（图 2.24）；1969 年，加入舒适的软垫，取名为 Soft Pad 办公座椅（图 2.25）。

图 2.24　Aluminum Group 办公座椅
图片来源：hermanmiller.com

图 2.25　Soft Pad 办公座椅
图片来源：hermanmiller.com

2.1.3　人体工学与姿势研究

20 世纪 60 年代，工业设计师开始对人体工学原理产生兴趣并展开新的姿势研究。对于人体工学，美国称为人因工程学（human factor engineering），欧洲称为人体工学（ergonomics）。美国知名工业设计师 Henry Dreyfuss 是人因工程学设计的先驱者，他认为人体工学研究几乎涵盖了所有人因工程应用层面[8]。他根据从军队搜集的人体尺寸与体型研究的大量资料，以及过去十年中汇编和整理的大量人体工学数据，于 1960 年出版了 *The Measure of Man*（《人体测量》），成为设计业界人手一册的参考书。

1974 年开始，Henry Dreyfuss 公司的人因工程专家 Niels Diffrient 与 Alvin Tilley 等通过研究，陆续出版了 *Humanscale*（《人体尺度》），共 9 册。1993 年，Henry Dreyfusse 公司将上述出版内容重新整理出版了 *The Measure of Man and Woman*（《男性与女性的人体测量》），成为现代设计相关校院师生、设计业者的重要参考工具书。

1967 年，美国联邦航空管理局开始关注空中交通管制员的座椅，在测试了数十款座椅后发布了一份管制员座椅的规范[3]。杜摩尔为航空管制员设计了一款“全年无休的办公座椅”，开启了人体工学座椅研发热潮。Steelcase 公司于 1974 年推出了 430 系列办公座椅（图 2.26），这款产品是基于航空领域的人因工程研究成果开发出来的，通过使用舒适性造型为办公座椅树立了新标准。

1974 年，Herman Miller 公司与设计师 Bill Stumpf 合作，于 1976 年首次发布了 Ergon 人体工学椅（图 2.27）。Berry[9]指出，这是 Stumpf 在威斯康星大学麦迪逊分校的环境设计中心研究人们的坐姿并听取骨科和血管医学专家的意见所开发出来的产品。这款人体工学椅具有高椅背、合身曲线、舒适角度与适当扶手位置等设计。Stumpf 也特别为其划时代的人体工学椅设计制作了一本设计手册，使用户了解产品设计背后的故事。这也是第一款运用聚氨酯（polyurethane, PU）发泡塑料制作的具有独特外形且坐姿舒适的座椅，也是美国第一款使用气压棒（gas cylinder）来调节座椅高度及缓冲坐下时冲击力的座椅。

图 2.26　430 系列办公座椅

图片来源：steelcase.com

图 2.27　Ergon 人体工学椅

图片来源：hermanmiller.com

另一位人因工程专家 Niels Diffrient 申请了一项前置倾斜机构专利，可让使用者在身体向后倾仰时，脚底仍可平贴地面。另外，美国学者 Emilio Ambasz 及意大利设计师 Giancarlo Piretti 在研究整形及血管医学后，于 1976 年推出 Vertebra 脊椎座椅系统（图 2.28），该座椅由意大利 Castelli 公司制造及销售，其设计巧妙之处是在椅背上加上链条，并在滑动式椅面上加装弹簧。

德国 Wilkhahn 公司于 1960 年积极与乌尔姆（Ulm）设计学院合作，以理性的工业设计基础取代前卫主义的盲目热潮[10,11]。1971 年，Wilkhahn 公司推出了由 Wilhelm Ritz 设计的 232 系列人体工学椅（图 2.29）和由 Hans Roerich 设计的 190 系列人体工学椅（图 2.30），两者均采用了玻璃纤维强化聚酯的座背壳支撑，具备弹性调整的背靠可随时改变使用者的坐姿，也为 Wilkhahn 后来的世纪之椅 FS-Line 人体工学椅铺就了一条康庄大道。德国 Vitra 公司于 1957 年取得 Charles & Ray Eames 及 George Nelson 等人作品的制造授权，开始进入办公家具领域，1977 年委托 Wolfgang Müller-Deisig 设计，推出了 Vitramat 人体工学椅（图 2.31），取得了空前成功，成为欧洲极为畅销的人体工学椅。

图 2.28 Vertebra 脊椎座椅系统
图片来源：artnet.com

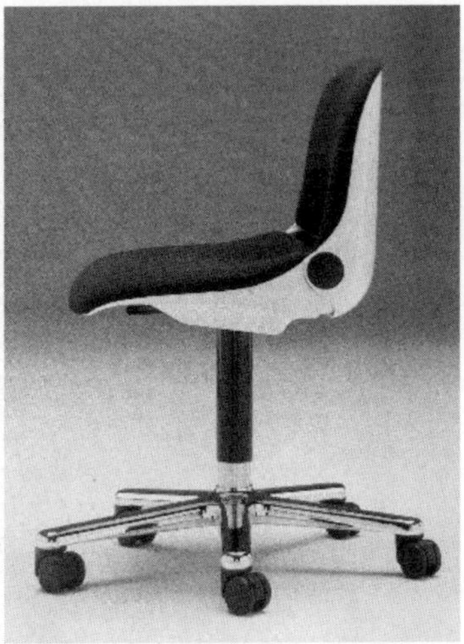

图 2.29 232 系列人体工学椅
图片来源：wilkhahn.com

图 2.30 190 系列人体工学椅
图片来源：wilkhahn.com

1979 年，挪威设计师 Peter Opsvik 和 Svein Gusrud 提出了一种消除背部疼痛的解决方案。他们设计的 Variable Balans 平衡椅(图 2.32)是同质化的座椅解决方案中的一个逆向思考，具有跪凳及前倾座椅的设计，同时还有支撑小腿的架子防止使用者向前滑出[12]。1979 年，美国 Knoll 家具公司推出一款由 Niels Diffrient 设计的 Diffrient 人体工学椅(图 2.33)，高度适应人体脊椎结构，为使用者提供更舒适的使用感受。

图 2.31　Vitramat 人体工学椅
图片来源：vitra.com

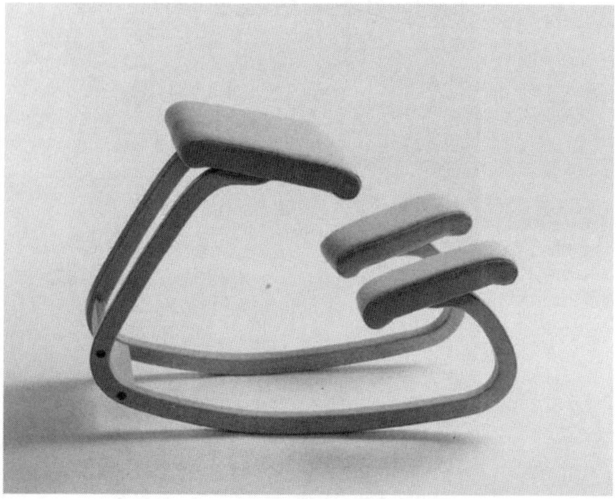

图 2.32　Variable Balans 平衡椅
图片来源：hag.com

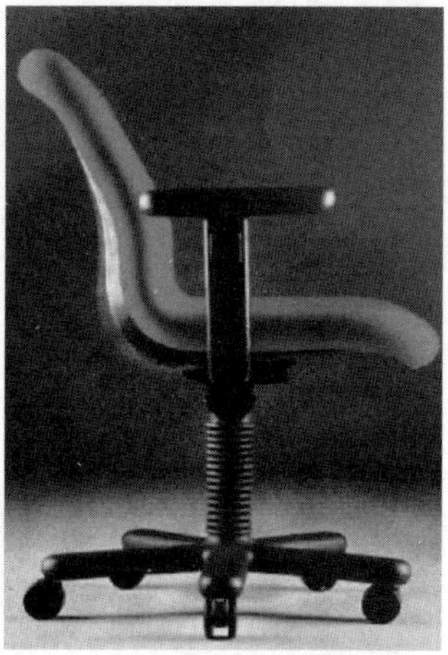

图 2.33　Diffrient 人体工学椅
图片来源：knoll.com

2.1.4　现代人体工学椅的大流行

人体工学座椅在 20 世纪 80 年代成为办公室的主流地位，而美国和德国也成为领导人体工学椅概念发展的领头羊。

1. 德国的人体工学椅设计

20 世纪 80 年代以后，计算机开始进入企业，改变了办公室的风貌与人的操作行为。1989 年，《纽约时报》杂志刊登了一幅照片，德州亿万富翁 Ross Perot 坐在一款名为 FS 的人体工学椅上，引起了极大关注[3]。这是德国 Wilkhahn 公司首席设计师 Klaus Franck 与 Werner Sauer 耗时四年，在 1980 年推出的全球第一款悬臂式结构的人体工学椅 FS-Line（图 2.34）。FS-Line 是一款可根据使用者体重及动作自动调整的新时代人体工学座椅（图 2.35），底座及椅背内外板均采用聚丙烯（polypropylene，PP），具有高张力弹性，能让使用者运动自如。

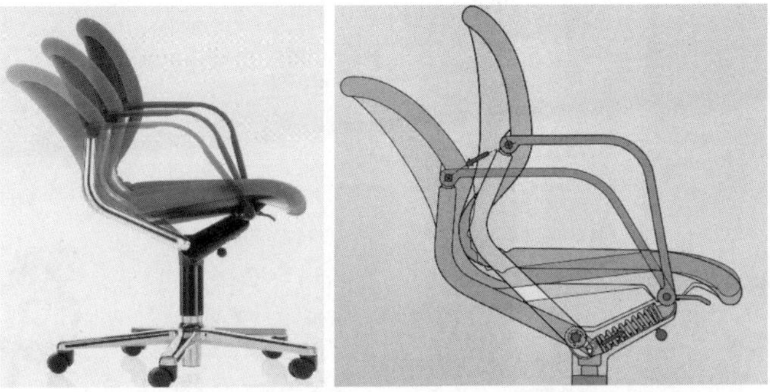

图 2.34　全球第一款悬臂式结构的人体工学椅 FS-Line

图片来源：wilkhahn.com

图 2.35　FS-Line 人体工学椅涵盖了职员椅、主管椅、会客椅及会议椅

图片来源：wilkhahn.com

德国知名出版社 Verlag Form GmbH 曾在“Design Classics”（设计经典）系列中专门推出了一本关于 FS-Line 设计师介绍的书，详细描述了两位设计师的设计概念及研发过程[13]（图 2.36）。

德国 Vitra 公司于 1984 年推出了由意大利知名设计师 Mario Bellini 设计的 Persona 人体工学椅（图 2.37）。该椅造型轻巧，腰部两侧支撑处自然突出，可充分包覆承托腰部位置，达到舒适的工作坐姿；色彩对比鲜明，可充分配色，让办公室充满活泼的氛围。1985 年，Bellini 又设计了 Figura 人体工学椅(图 2.38)，同样为 Vitra 公司带来新的转机，这些产品让该公司在办公家具界树立了屹立不摇的根基。Figura 人体工学椅是 Bellini 设计生涯最有特色的作品之一，也是 Vitra 公司产品系列中最引人注目的，它是全世界第一款可以更换布套的座椅(图 2.39)。1988 年，Vitra 公司聘请意大利知名设计师 Antonio Citterio，设计了两款人体工学椅 AC1(图 2.40)和 AC2(图 2.41)。

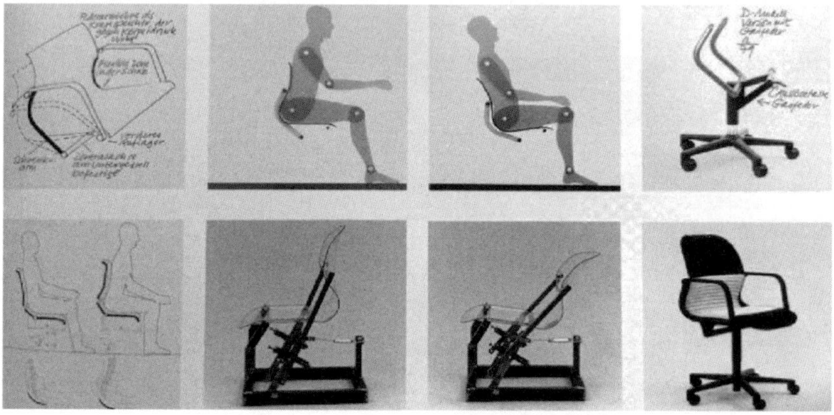

图 2.36　FS-Line 人体工学椅的研发过程

图片来源："Design Classics"系列书籍

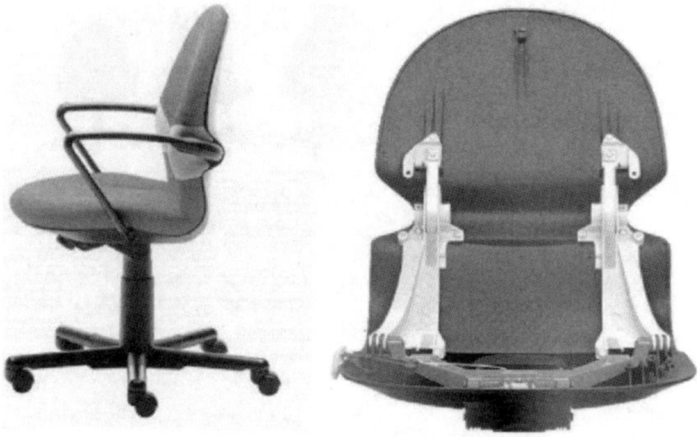

图 2.37　Persona 人体工学椅

图片来源：vitra.com

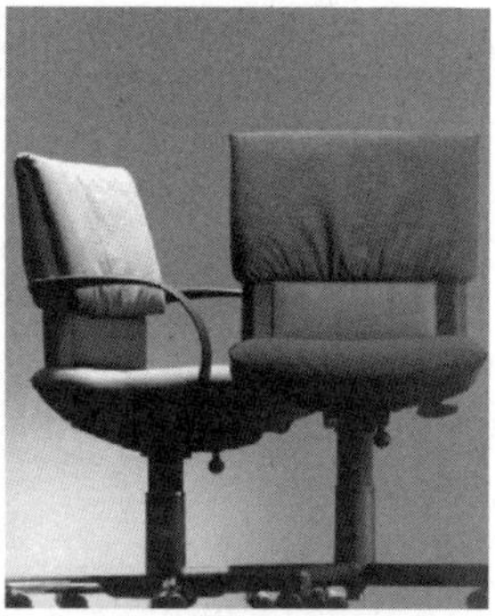

图 2.38　Figura 人体工学椅

图片来源：vitra.com

1984 年，Peter Opsvik 为挪威 Varier 家具公司设计了 Wing 人体工学椅(图 2.42)，依旧采用跪姿工作形态，是唯一一款带脚轮的跪椅。同年，Opsvik 也为挪威 HÅG 公司设计了 Capisco 人体工学椅(图 2.43)，它不仅仅是一张座椅，更体现了一种动态的哲学，可配合各式坐姿使用(图 2.44)。

1989 年，德国 Matthias M. Brunig 教授发明了双叶浮动椅背(图 2.45)。他开发出了可自由移动的双叶型浮动式支撑背垫，其由德国 Hugm 公司制造。此外，

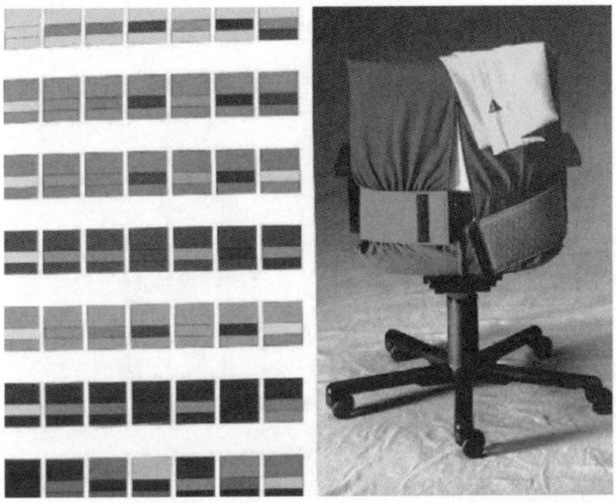

图 2.39　Figura 人体工学椅首创可更换布套设计

图片来源：vitra.com

图 2.40　AC1 人体工学椅

图片来源：vitra.com

图 2.41　AC2 人体工学椅

图片来源：vitra.com

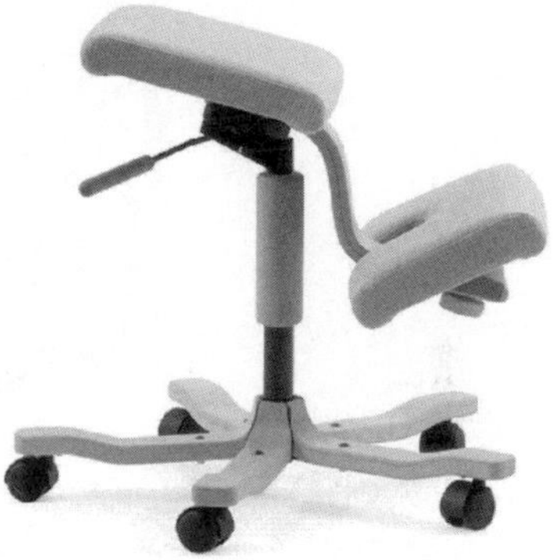

图 2.42　Wing 人体工学椅

图片来源：Varier.com

图 2.43　Capisco 人体工学椅

图片来源：hag.com

图 2.44　Capisco 可配合各式坐姿
图片来源：hag.com

图 2.45　Hugm 公司双叶浮动椅背
图片来源：hugm.com

欧洲各国办公椅企业也相继推出许多舒适的人体工学椅，呈现百家争鸣的盛况。例如，德国 Sedus、Dauphin、Martin Stoll、Klöber、Drabert、Kusch+Co、Interstuhl、König+Neurath 等著名家具公司在人体工学椅的开发均有亮丽的表现。

2. 美国的人体工学椅设计

当欧洲人体工学运动如火如荼展开之际，美国各大办公家具公司也推出许多划时代的人体工学椅设计。首先是 Herman Miller 公司与设计师 Bill Stumpf 和 Don Chadwick 合作，于 1984 年推出 Equa 人体工学椅（图 2.46）。Equa 座椅设计的中心思想是让使用者专心工作，无须费心去调整即能随身体动作，为身体提供充分支撑，让使用者在工作时几乎忘记它的存在。

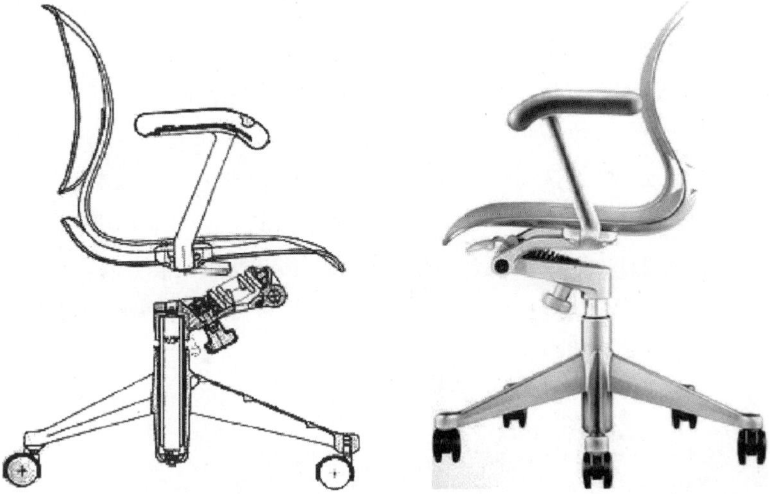

图 2.46　Equa 人体工学椅
图片来源：hermanmiller.com

Equa 人体工学椅的研发始于 1979 年，当时为了使椅座及椅背能独立动作，以支撑身体的更多动作，Stumpf 和 Chadwick 大胆地尝试在座椅背壳上作 H 形裁切设计(图 2.47)，而杜邦(DuPont)公司开发的 Rynite 热塑聚酯玻璃纤维材料解决了这一设计问题。Equa 外壳上的 H 形勾缝使椅座及椅背能独立动作，人体坐下的瞬间

图 2.47　Equa 外壳上的 H 形勾缝使椅座和椅背能独立动作
图片来源：hermanmiller.com

冲击力非常大，座板后缘会下陷以吸收这股冲击力，而使人体腰部不会感到疼痛。当人体往后倾仰时，下陷的椅座可防止使用者臀部向前滑动，同时靠背上缘向后翻，下缘向前顶，以配合坐姿变化得到最适当的支撑，并保持正确坐姿；采用前置支点结构，位于椅座前缘下方接近膝关节后方位置，因此当身体向后倾仰时，脚掌仍能平贴地面，不致压迫到大腿。Equa 人体工学椅堪称是 Herman Miller 公司的典型产品之一，曾入选《时代》杂志的“十年最佳”设计奖。

1988 年，Herman Miller 公司同时对 Ergon 和 Equa 进行升级，推出了 Ergon 2（图 2.48）和 Equa 2（图 2.49）新型人体工学椅。Equa 2 设计了 A、B、C 三种不同高度的靠背，以满足不同身高的使用者，同时在腰部位置增加气囊设计，通过按压装置充气来调整腰靠的支撑。

图 2.48　Ergon 2 人体工学椅
图片来源：hermanmiller.com

图 2.49　Equa 2 人体工学椅
图片来源：hermanmiller.com

美国 Steelcase 公司经过四年的研发，于 1986 年推出了 Sensor 人体工学椅（图 2.50），这款座椅是由德国设计师 Wolfgang Muller-Deisig 与 Steelcase 设计团队合作开发，具有同步倾仰功能。Muller-Deisig 的设计理念是“物役于人，而非人役于物”，因此一款好的座椅务必做到能与人融为一体，让人忘记它的存在，这点与 Equa 椅的设计理念不谋而合，也是 Sensor 座椅研发理念精髓所在。为了达到模仿人体三维空间活动的特性，设计师采用了模仿人体自然曲线的一体成型塑胶内壳（图 2.51），兼具弹性和韧性两项材料特性，也同时提供座椅承托和活动的能力。

Sensor 的问世，除了突破同步功能的技术领域，也彻底定义了新一代人体工

图 2.50　Sensor 人体工学椅
图片来源：steelcase.com

图 2.51　Sensor 采用模仿人体自然曲线的一体成型塑胶内壳
图片来源：steelcase.com

学椅应有的效能。一款人体工学椅的研发并不仅表现在外观造型，也不仅只是单一设计师的创作，而是产品设计师、机械工程师、医师、人体及生理学家、生产工程师、产品企划人员及研究人员等各方面人才的共同智慧结晶。另外，市场的肯定也是一个产品成功的有力证明，Sensor 问世以来，每年均有近百万张的销量即是最佳保证。

其他美国家具公司，如 Haworth、Knoll、Vecta、Kimbal、Allsteel 等，也都在 20 世纪 80 年代中后期推出各自具有代表性的人体工学椅。

2.2　人体工学办公座椅发展现状

20 世纪 90 年代以后，为顺应办公室计算机作业，以及办公人员健康需求，人体工学椅显得更加重要。同时，随着新材料和新技术的不断创新与应用，以及绿色设计风潮的兴起，全球各主要办公家具公司都大力投入更庞大的资源研究及开发新一代人体工学座椅。

2.2.1　人体工学椅的生态学：绿色设计

20 世纪 90 年代，德国 Wilkhahn 公司率先将生态环保列为其企业经营哲学之一，与真诚设计、社会责任并列为经营哲学的三项基石。在设计产品时需要考虑到产品未来的处理问题，原则上尽可能采用可回收物料，如非合成的金属材料及热塑性材料，同时考虑采用其他合适的废弃物处理方案[14]（图 2.52）。

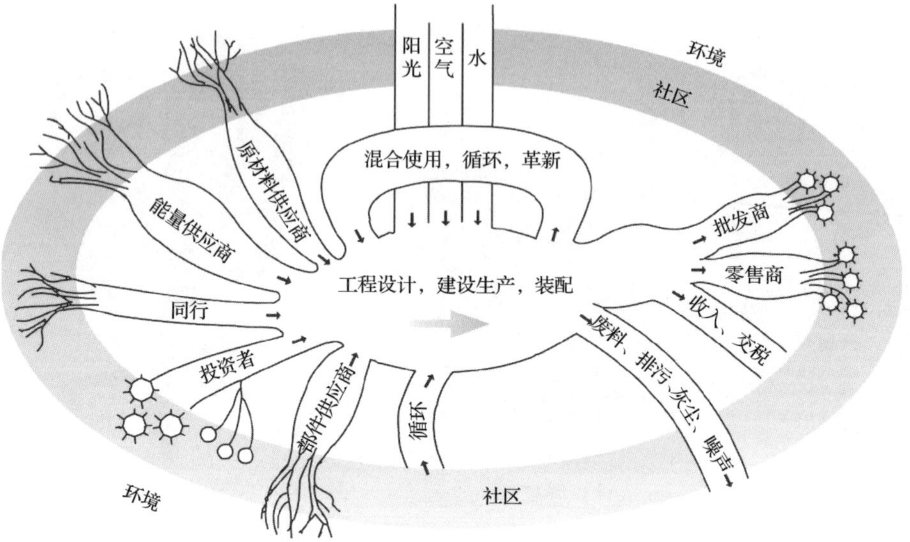

图 2.52　Wilkhahn 公司的企业生态系统

图片来源：Lutz/Capra

1991 年 9 月，一款令家具业界震撼的 Picto 人体工学椅（图 2.53）在米兰办公家具展（Esposizione Internazionale del Mobile per Ufficio，EIMU）闪亮登场。Picto 椅的主要特点是耐久与可回收，所有动作关节及结合点都采用机械操控而不使用焊接或黏着剂，且易于维修。同时，椅子可以在 5 分钟内拆解完毕，95%零件都能彻底分类回收，所有质量超过 150g 的原料都加以注记国际认可的通用标章，以供辨识原料种类。Picto 椅使用了 PP 背壳及座壳、铝合金支架及机构、山毛榉积层材、不含氯氟碳化合物（chlorofluorocarbons，CFC）的聚氨酯泡沫（polyurethane foam）坐垫、天然棉椅背靠垫，椅布套可拆卸更换或清洗，不使用强力喷胶黏合，木质扶手不使用油漆而以天然蜂蜡涂布打磨（图 2.54）。

图 2.53　Picto 人体工学椅

图片来源：wilkhahn.com

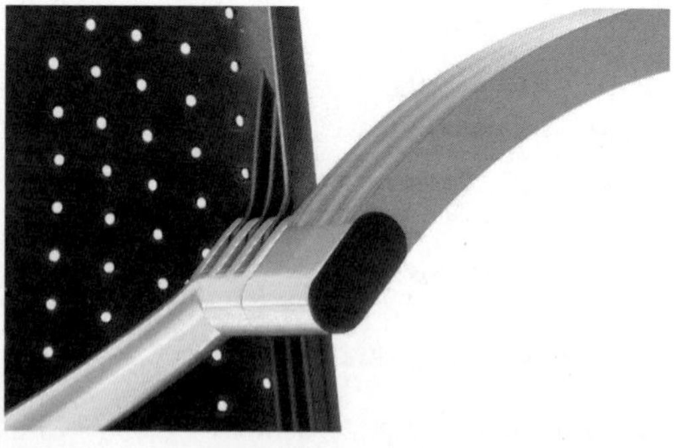

图 2.54　Picto 木制扶手

图片来源：wilkhahn.com

Picto 人体工学椅在 1992 年正式上市，专业媒体赞许它是 20 世纪 90 年代的环保椅代表。这款办公椅设计了滑行式功能机构，倾仰简易且腹部得以充分伸展，通过身体重量的稍微改变就可以达到最舒适的坐姿。Picto 人体工学椅成为大多数年轻消费者偏爱的选择，也顺应了这群消费者成熟的环保意识和“少即是多”的观念，1995 年获得了全球颇具影响力的荷兰 Milieukeur 基金会颁发的环保标志，这是第一款获此荣誉的办公椅[10]。

1994 年，在德国科隆办公家具展(Orgatec)，Wilkhahn 公司又推出了一款由 Klaus Franck、Werner Sauer 和 Wiege 设计公司共同打造的新型人体工学椅 Modus (图 2.55)，该座椅同样吸引了无数人的目光。Modus 人体工学椅的薄型椅身及简洁机构承袭了 Wilkhahn 公司一贯的设计精神，采用聚丙烯和铝合金等可回收材料为主要原料，椅背骨架中空，可更换不同面料材质，悬臂式机构让使用更舒适。

图 2.55　Modus 人体工学椅

图片来源：wilkhahn.com

2.2.2　人体工学椅的再进化：网椅革命

美国 Herman Miller 公司在 20 世纪 80 年代后期启动了 MetaDesign 项目，由 Bill Stumpf 与 Don Chadwick 共同开始进行 Aeron 人体工学椅的研究开发工作[9]。

1994 年，在芝加哥办公用品展(NeoCon)，正式推出了 Aeron 人体工学椅(图 2.56)。其前卫又大胆的未来感及科技感造型，打破了以往办公椅的严谨形象，而最大的创新是领先业界采用了杜邦公司 Pellicle 材质网布作为椅座及靠背支撑材料(图 2.57)，透气散热性绝佳，并且完全贴合使用者的体型，将人体工学座椅的发展带入了一个新境界，引发网椅的大流行，成为全球最热销的科技办公椅，并被公认为是终极办公椅。

图 2.56　Aeron 人体工学椅
图片来源：hermanmiller.com

图 2.57　Aeron 采用杜邦公司 Pellicle 网布
图片来源：hermanmiller.com

Aeron 成为办公椅的经典，被美国纽约现代艺术博物馆(Museum of Modern Art，MoMA)列入永久典藏，并被誉为“人类有史以来最健康舒适的工作座椅”。同时，它也是一款横跨办公室、商业空间、居家、SOHO(small office/home office，小型办公室/家庭办公室)领域的专业办公椅，形成一股全球流行风潮，历久不衰。

德国 Vitra 公司在网椅的发展上也不甘落后，由意大利设计师 Alberto Meda 设计的 Meda 人体工学椅(图 2.58)于 1996 年上市。Meda 思考的是要如何做出“尊重每个人”的椅子，所以采用简单清楚的结构把复杂的问题解决，使得客户能够容易地操作椅子。Meda 座椅的简洁设计，延续了网椅的发展，并成为 Vitra 公司的主力办公椅，受到消费者的普遍认同，也带动了其他公司，如德国 Sedus、Dauphin、Klöber 等相继投入研发新网椅，使得网椅成为 21 世纪的主流。

图 2.58　Meda 人体工学椅
图片来源：vitra.com

2.2.3　世纪末的人体工学椅竞争

面对 Aeron 人体工学椅的空前成功，美国 Steelcase 公司在人体工学座椅的竞争上处于相对落后的局面，直到 1999 年 Leap 人体工学椅(图 2.59 和图 2.60)推出后才得以改观。其是由全球最大设计公司 IDEO 的设计团队历经四年研发的，由 17 位研究者对 732 名受试者做了 11 项测试，提出了 4 项发现及结论：①整条脊椎并非作单一方向的移动，因此背靠必须随着坐姿的改变而改变形状，以支撑上背和下背不同的位移姿势。②每个人脊椎动作都不一样，背靠必须随着坐姿的改变模拟每个人不同的脊椎动作。③上背和下背需要不同方式和力量的支撑，背靠必须采用上背

图 2.59　Leap 人体工学椅
图片来源：steelcase.com

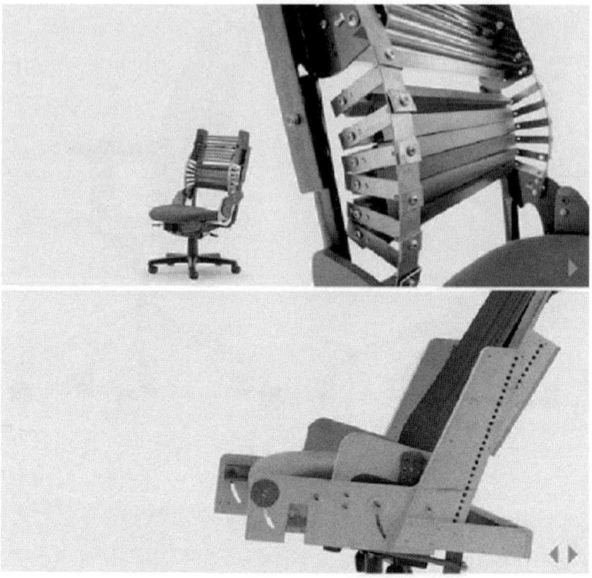

图 2.60　Leap 的研发原型测试

图片来源：steelcase.com

和下背可分开独立调整支撑的结构。④视线和伸手能触及的范围会影响坐姿，椅子的设计必须达到让人后仰时也不会改变视线和手臂触及范围的程度。

Leap 人体工学椅对第①、②项的解决之道是灵动式的背靠，针对第③项的解决之道则是上背与下背两段式的倾仰调整，而 180°水平移动的底部支撑则是针对第④项的解决之道（图 2.61）。

图 2.61　Leap 人体工学椅的研究解决方案

图片来源：steelcase.com

Leap 人体工学椅强调“崭新”和“操作简便”的使用经验，拥有绝佳的包覆性和腰部支撑，调整钮变少，不必弯腰就可以调整座椅所有功能。此外，它还应用了两项发明专利：一项是软的灵动式背靠；另一项是 180°水平移动的椅座，椅座不会前倾或后仰，视线一直可以维持既有的角度。值得一提的是，Leap 人体工学椅的扶手没有连在椅背上，可以分开独立地做内外、上下和左右的移动，所以在倾仰时也能支撑敲打键盘和抓握鼠标的手臂。Leap 堪称 Steelcase 公司有史以来最先进的人体工学椅。

同一时间段，美国 Humanscale 公司由一家原本默默无名的计算机周边商品企业异军突起，在 1999 年推出了由人因工程学专家 Niels Diffrient 研发的 Freedom 人体工学椅(图 2.62)，立即引起全球的关注，被日本 AXIS 杂志誉为“全世界最简单、最聪明的椅子”。

图 2.62　Freedom 人体工学椅

图片来源：humanscale.com

随着数字时代计算机工作的来临，对办公椅的设计也有了新的期待，“为人而设计，创造无限想象”便成为 Freedom 人体工学椅开发的中心思想。Diffrient 在办公椅历史上具有举足轻重的地位，他提倡 3F 观念——Freedom Your Mind、Freedom Your Body、Freedom Your Health(不动手、不调整、最舒适)，这也勾勒出 Freedom 的设计精神。依据 Humanscale 公司出版的 Sit 手册，Freedom 是全球第一款由设计界与医学界共同研发的座椅，首次通过 X 射线成像，观察人在椅子上动作时脊椎的弯曲情形，将其系统性地记录分析，再从健康和舒适性角度开展设计。由于 Freedom 人体工学座椅的卓越设计与尺寸调节的高弹性，不同体型的使用者均能在适当调整椅背高度与椅垫深度的情况下，使脊椎得到最佳的支撑(图 2.63)，并有效分散身体与椅子的压力，在长时间使用的情况下可以有效避免背部的病痛发生，因此以单一椅型即可满足 95%使用者的需求，是全世界使用弹性最高的座椅[15]。Freedom 人体工学座椅的空前成功，将 Humanscale 公司由一家小企业发展为全球知名办公家具大品牌。

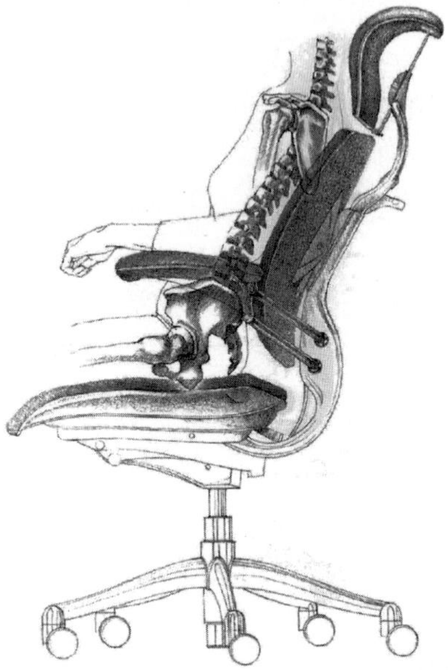

图 2.63　Freedom 人体工学椅使脊椎得到最佳的支撑

图片来源：humanscale.com

2.2.4　新世纪人体工学椅的多元化

迈入 21 世纪，人体工学座椅进入了高峰发展期。由于互联网与物联网等的飞速发展、技术与材料的陆续突破、设计师百家争鸣，亚洲座椅品牌崛起并在国际市场上崭露头角。

日本国誉(Kokuyo)公司于 2001 年推出新款人体工学椅 AGATA(图 2.64)，这款座椅由 Fritz Frenkler 设计，拥有绝佳的操控调节系统、薄型椅身及全铝合金支架、座背连动性能，让用户达到最佳舒适感。冈村制作所(Okamura)于 2002 年底推出由意大利工业设计大师 Giorgetto Giugiaro 设计的 Contessa 人体工学椅(图 2.65)，并顺利进入国际市场。

内田洋行(Uchida Yoko)的代表作则是于 2003 年推出的由日本设计师川上元美设计的 Cast 人体工学椅(图 2.66)。其最大特点是弹性靠背，两段式背倾仰最大角度可达 35°，另外背支架增加了可挂衣物的衣架。伊藤喜(Itoki)公司的杰作首推 2007 年上市的 Spina 人体工学椅(图 2.67)，这款座椅的设计师是 Yasuhiro Nakamura。Spina 人体工学座椅的独特之处为业界首创的机械性座背连动机构，搭配树脂与橡胶聚合物制成的超弹性可弯曲椅背，背垫上充满垂直排列的沟槽，坐垫底板具排热孔，可让久坐时产生的热气迅速散出。

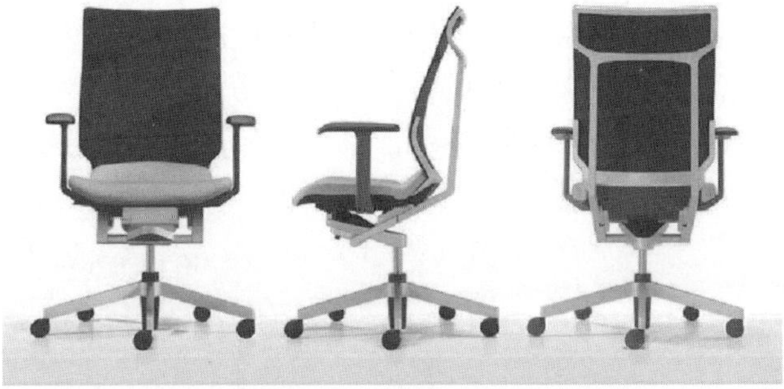

图 2.64 AGATA 人体工学椅
图片来源：kokuyo.co.jp

图 2.65 Contessa 人体工学椅
图片来源：okamura.co.jp

图 2.66 Cast 人体工学椅
图片来源：uchida.co.jp

图 2.67 Spina 人体工学椅
图片来源：itoki.co.jp

与此同时，欧美公司也在探索更适合用户与市场的新一代人体工学办公座椅。

2002 年，美国 Knoll 公司推出其新一代人体工学椅 Life（图 2.68），在芝加哥家具展上颇受好评。而 Herman Miller 公司在 2003 年推出了 Mirra 人体工学椅（图 2.69），上市后即以卓越的绿色设计概念，被美国绿色建筑产品名录列为最佳绿色新产品前 10 名。这款新时代的产品，可回收的零件占整体重量的 42%，超过 96%的材质是可以被回收的；最特别之处在于弹性靠背呈均匀分布的勾缝排列，可充分配合人体动作而调整。

图 2.68　Life 人体工学椅

图片来源：knoll.com

图 2.69　Mirra 人体工学椅

图片来源：hermanmiller.com

2004 年，美国 Steelcase 公司推出了 Think 人体工学椅（图 2.70）。该款座椅由德国设计师 Glen Oliver Loew 设计，背部弹性钢丝的支撑是一大特色。Think 人体工学椅做到了 99%可回收的程度，使用 44%回收再利用的材料。Humanscale 公司则推出由 Niels Diffrient 设计的 Liberty 人体工学椅（图 2.71），该款座椅拥有自由的曲线和现代简洁的外观，且简化了 Freedom 座椅的自动化设计，仅包含两个用于手动调整的标准点：座椅高度和座椅深度，其余的座椅调节都是动态回应身体动作，智能座椅机构可测量使用者重量并适当调节倾斜张力。

2008 年，Herman Miller 公司的 Embody 人体工学椅上市（图 2.72）。这款座椅由 Bill Stumpf 和 Jeff Weber 耗时六年开发完成，是一项创新人体工学的背部支撑技术。Embody 的设计理念是使座椅能反映使用者的随意行为，并将使用者的肌肉、骨头和组织之间的压力减到最小；椅背采用裸露的脊椎弯曲结构设计，精密构造如同 56 个移动关节组成的骨骼肌肉系统，以提供支撑（图 2.73），而且坐垫设计多达 93 个连接的圆点阵列，能随着人体坐下或移动依照臀形进行调整，让使用者坐在椅子上有轻盈的浮动感。2010 年，Yves Behar 设计了 Sayl 人体工学椅（图 2.74），其椅背的悬吊式材料从大型的 Y 字支架延伸出来支撑住椅背，犹如钢索般悬吊住一座桥，该造型灵感来源于旧金山金门大桥。该座椅价格较低，是一把人人都负担得起的平价人体工学椅。

图 2.70　Think 人体工学椅
图片来源：steelcase.com

图 2.71　Liberty 人体工学椅
图片来源：humanscale.com

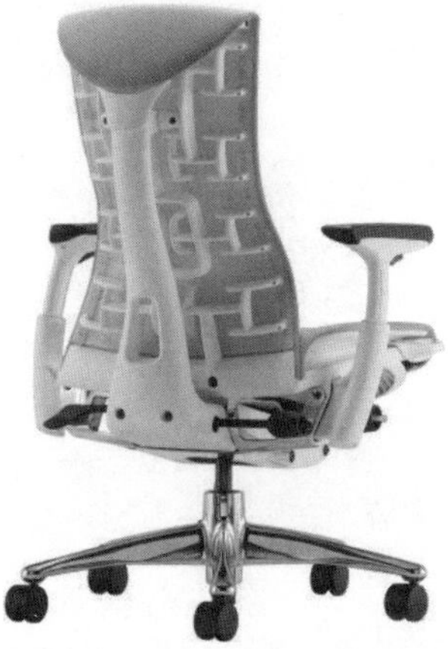

图 2.72　Embody 人体工学椅
图片来源：hermanmiller.com

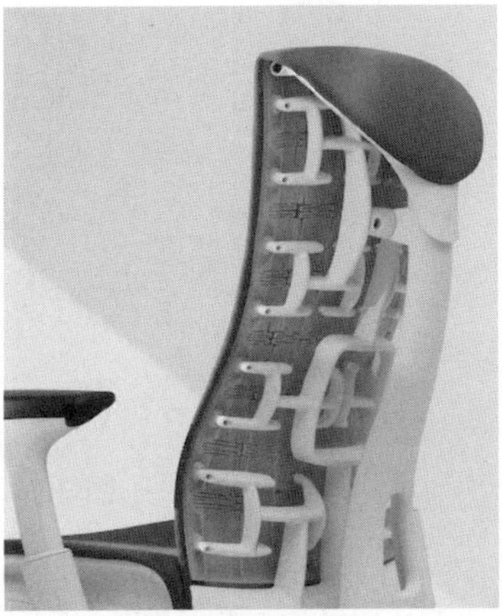

图 2.73　Embody 靠背具有 56 个关节支撑
图片来源：hermanmiller.com

在欧洲，2002 年 Wilkhahn 公司推出 Solis 人体工学椅(图 2.75)，该座椅承袭了其一贯的简约设计精神，具有方正对称的几何形式、直觉式的自动同步调节机构、较大的倾仰角度及坐垫前滑装置。2010 年，Wilkhahn 公司历时五年研发成功推出最新概念的动态人体工学椅 ON(图 2.76)，同样是由 Wiege 公司所设计。该座椅设计源自 3D 运动生理学的创新理念，其坐垫与背靠可向两侧横移，使座椅与身体能同步摆动；独特的坐垫悬吊设计，即使在平地也能让使用者感受到如同飘浮在空中的舒适自在感，可进行360°毫无限制的自由伸展与姿势变换。

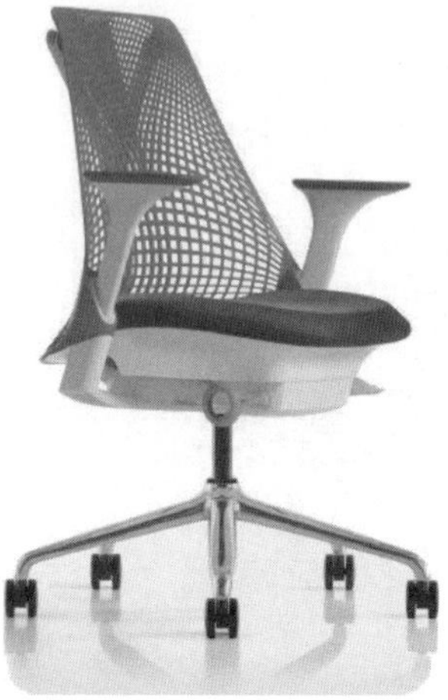

图 2.74　Sayl 人体工学椅

图片来源：hermanmiller.com

图 2.75　Solis 人体工学椅

图片来源：wilkhahn.com

图 2.76　ON 动态人体工学椅

图片来源：wilkhahn.com

德国Interstuhl公司于2004年推出一款令人惊艳的SILVER人体工学椅(图2.77)，由著名建筑师 Hadi Teherani 操刀设计，秉持“产品设计是微型建筑”的设计理念，追求风格统一的包豪斯简约现代精神；其最大特色在于椅座及椅背用银白色铝合金一体压铸成型，呈现未来感的设计。

意大利 Ares Line 公司的惊人之举，是 2004 年推出的由法拉利跑车设计师 Pininfarina 所设计的 Xten 人体工学椅(图 2.78)，该椅一上市即引起业界轰动。其亮丽的一体成型铝合金背壳及扶手，有着与法拉利跑车烤漆同级的色彩及表面处理；同步倾仰机构及同步升降扶手达到最佳操控性能，大受精品典藏家的青睐，也让 Ares Line 在全球办公椅界知名度大幅提升。

图 2.77 SILVER 人体工学椅

图片来源：interstuhl.com.de

图 2.78 Xten 人体工学椅

图片来源：aresline.com

2010 年，德国 Vitra 公司和 Antonio Citterio 开发了一款 ID(intelligent design，智能设计)概念椅(图 2.79)；同时，与苏黎世联邦理工学院生物力学研究所合作，利用该校的核磁共振成像系统来检视椅子原型，在经过长时间的试验与修正后，将椅子精准调节到最完美的状态。该研究所也对 ID 人体工学椅概念和 FlowMotion 机制进行了科学研究，通过向后倾斜和向前倾斜来完成动态坐姿，实现动态坐姿以及坐站交替。

2013 年最令人兴奋的当属 Steelcase 公司著名的 Gesture 人体工学椅(图 2.80)的推出。Steelcase 公司公布了著名的“全球坐姿研究报告”，揭示了 9 种新的坐姿。Gesture 运用了这项研究的发现而研发成功，旨在提供一种比以往更具支撑性、

图 2.79　ID 概念椅
图片来源：vitra.com.de

图 2.80　Gesture 人体工学椅
图片来源：steelcase.com

灵活性、适应性和包容性的座椅解决方案。功能包括靠背和座椅可同步移动、座椅深度调节、重量激活机构、360°扶手运动和控制体温的网状靠背及腰部支撑，深受使用者喜爱，成为 Steelcase 公司的主力座椅产品。2018 年，Steelcase 公司推出新一代 SILQ 人体工学椅(图 2.81)。SILQ 设计师想要创造一款更简单的座椅，比机器更像有机体，可直观操作。他们突破了材料科学的界限，通过对碳纤维材料工艺的探索，实现了这样的愿景(图 2.82)。SILQ 人体工学椅可响应人体的各种自然运动，以及个性化需求，提供了完全的舒适性和支撑。

图 2.81　SILQ 人体工学椅
图片来源：steelcase.com

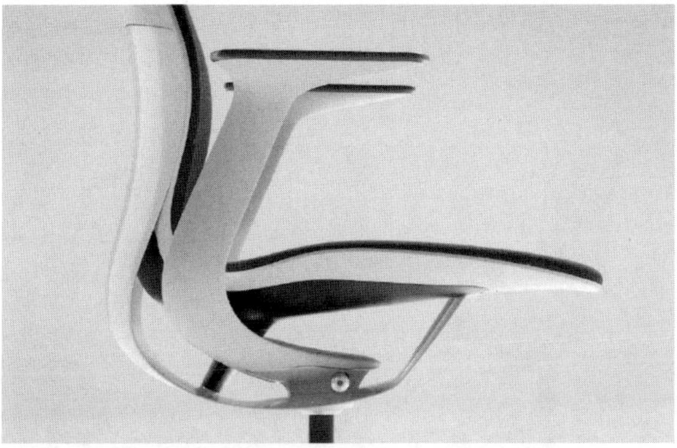

图 2.82 SILQ 为自适应使用者身体动作的创新设计

图片来源：steelcase.com

Herman Miller 公司于 2013 年推出了 Mirra 2 人体工学椅(图 2.83)。Mirra 2 的环脊柱(loop spine)功能提供扭转弯曲，让工作者可以横向伸展，而 Harmonic 2 倾仰功能可在使用者倾仰时为其提供平滑、平衡的感觉。它具备 Tri-Flex 靠背及织物覆盖的蝴蝶靠背两种选择，适用于各工作类型的使用者。2019 年，Herman Miller 公司推出 Cosm 人体工学椅(图 2.84)，该工学椅具有自动谐波倾仰(auto-harmonic tilt)功能，以平衡倾仰和个性化的舒适度。

图 2.83 Mirra 2 人体工学椅

图片来源：hermanmiller.com

图 2.84 Cosm 人体工学椅

图片来源：hermanmiller.com

Wilkhahn 公司继 ON 3D 动态人体工学椅成功后，于 2015 年发布了由 Wiege 设计的 IN 动态人体工学椅(图 2.85)，该椅同样采用 Trimension 专利技术，通过靠背两个独立的铝合金旋转环结构、位于髋部的两个球关节及位于膝轴的两个推力关节，提供最大的三维座椅动态。2019 年，Wilkhahn 公司继续应用 Trimension 技术推出 AT 动态人体工学椅(图 2.86)，该椅运用专利技术 Free to move(自动移动），成为 Free to move 系列中的热销产品。至此，Wilkhahn 公司的 ON、IN、AT 三款 3D 动态人体工学椅达到完美的呈现。

图 2.85　IN 动态人体工学椅

图片来源：wilkhahn.com

图 2.86　AT 动态人体工学椅

图片来源：wilkhahn.com

2.3　人体工学办公座椅发展趋势

随着人工智能技术突破、新经济浪潮及新工作形态的改变，座椅的形态特征将朝向更多元化方向发展。环境保护、生态平衡、节能减碳及可持续发展设计理念，环境、社会和治理（environmental, social and governance, ESG）等将会成为所有企业最基本的经营准则。未来人体工学办公座椅的发展除了在功能及材料持续创新以外，也必须关注环境议题及环保法规的合规评估。

2.3.1　由坐姿到站姿工作

德国 Wilkhahn 公司早在 1991 年就已领先全球发布站立坐姿的研究成果 Stitz 2

倾斜椅(图 2.87)。Stitz 2 倾斜椅是一件特殊的家具，它既不是坐也不是站，而是介于两者之间。其巧妙之处在于，它可以让身体得到支撑，同时也能适应身体的动态节奏，这就是为什么不是坐在 Stitz 2 上，而是倾斜地靠在上面(图 2.88)。

图 2.87　Stitz 2 倾斜椅

图片来源：wilkhahn.com

图 2.88　Stitz 2 预告了未来"站/坐"工作形态

图片来源：wilkhahn.com

加拿大 CoreChair 公司推出了 CorePerch 平衡椅(图 2.89)，其设计重点在于它的动态底座允许枢轴旋转高达 5°，使座椅表面产生动态摇摆，类似于坐在健身球上。美国 QOR360 公司推出了 Ariel 2 主动座椅(图 2.90)，该椅通过提高积极坐姿彻底改变人们的工作方式，从而改善姿势、增强核心力量、减少背痛并促进代谢健康；可以轻松地向各个方向倾斜移动，让使用者保持运动状态。

图 2.89　CorePerch 平衡椅

图片来源：corechair.com

图 2.90　Ariel 2 主动座椅

图片来源：qor360.com

德国 Aries 公司推出了 Muvman 倾斜椅(图 2.91)，其高度调节范围足够大，可以实现正常的坐姿、休息或倾斜，有助于延长双脚站立的时间。挪威 Back App 公司推出了 Backapp Smart 运动椅(图 2.92)，最时尚的是其平衡指示器，允许使用者根据自己的喜好设定椅子的平衡(或缺乏平衡)程度。

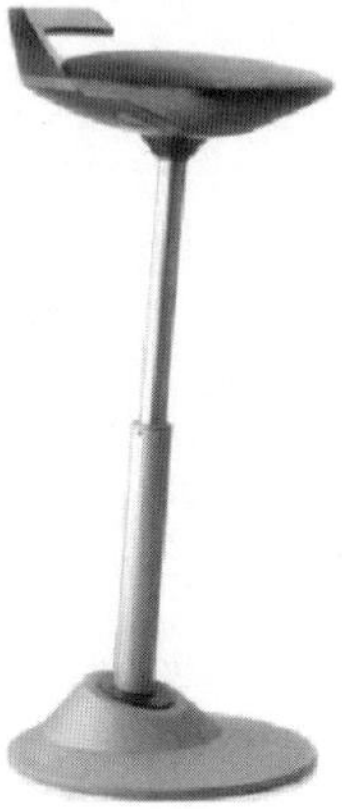

图 2.91　Muvman 倾斜椅

图片来源：aries.com

图 2.92　Backapp Smart 运动椅

图片来源：backapp.com

2.3.2　追求可持续发展与净零碳排

2002 年，William McDonough 和 Michael Braungart 合写《从摇篮到摇篮：绿色经济的设计提案》(*Cradle to Cradle: Remaking the Way We Make Things*)，该著作在环保界和商业界引起巨大浪潮[16](图 2.93)。

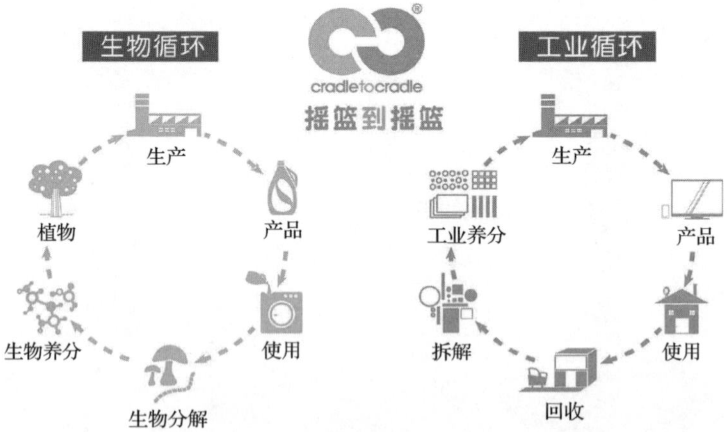

图 2.93　生物循环及工业循环

图片来源：smdd.seehua.com

全球各大办公家具品牌均已具体实施 ESG，每年编定 ESG 永续报告书，公示碳排放、碳足迹及节能减排成效。美国 Herman Miller 公司利用 100%回收材料并引入海洋塑料，将塑料从垃圾掩埋场和水道中转移出来，并在这些环境中赋予它们新的生命。其 Revenio 纺织品系列的布料，完全由回收海洋塑料材料制成。Aeron 人体工学座椅现在由超过 50%的回收材料组成，其中包括海洋塑料(图 2.94)。

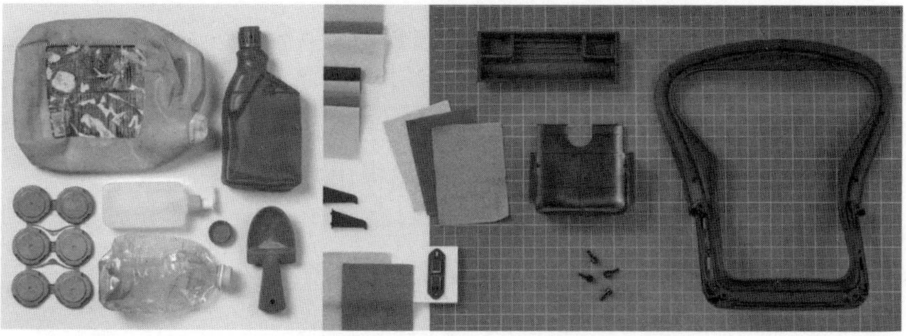

图 2.94　Herman Miller 公司利用超过 50%的回收塑料制作座椅

图片来源：hermanmiller.com

美国 Steelcase 公司致力于在 2050 年将整个价值链的碳排放量减少 90%以上，于 2024 年公开发布净零转型计划，预计到 2030 年将营运中的碳排放量减少 50%，公司多款主力办公座椅商品在整个产品生命周期的剩余碳足迹通过投资碳补偿项目实现中和，现已提供碳中和(CarbonNeutral®)产品认证选项，如 Think、Leap、Gesture 等座椅(图 2.95)。

图 2.95　Steelcase 公司的座椅取得碳中和(CarbonNeutral®)产品认证

图片来源：steelcase.com

2.3.3 身体感测与数字连接整合

人类社会已由数字时代进入到AI时代，办公座椅也将整合各种智能化技术设计，如智能感测技术、健康监测系统和智能调节机制等。这些技术能够根据使用者的姿势和需求自动调整座椅的角度和高度，提供个性化的支持和改善。智能办公椅将成为主流，蕴含包括监测姿势、座位习惯和其他数据的传感器，可向用户提供有关其坐姿习惯的回馈并鼓励更健康的行为。

德国Wilkhahn公司早在1999年与软件开发公司Nemetschek、德国著名顾问公司Quickborner Team等，共同创立了未来办公室动力学(Future Office Dynamics，FOD)[10]。2000年，在汉诺威世界博览会期间提出Roomware®未来合作式工作环境概念(图 2.96)，包含 5 项家具与信息设备的整合，其中在办公座椅部分，以Modus座椅为基础，连接屏幕及计算机主机(图 2.97)，采用无线网络及触控操作模式，可实现无所不在的办公模式。

图 2.96 Roomware®未来合作式工作环境概念

图片来源：wilkhahn.com

美国Altwork公司历经十年的研究与专业设计，推出了Altwork Station办公座椅(图 2.98)，这是一款可以支持站着、坐着及躺着等不同办公姿势的办公座椅，由工作台、显示屏和座椅三部分组成。椅子配有可编程存储器，设置或站或坐或躺的工作姿势(图 2.99)，只需单击按钮即可完全调节所有坐姿，为各种身体和需求提供前所未有的舒适度和控制力。

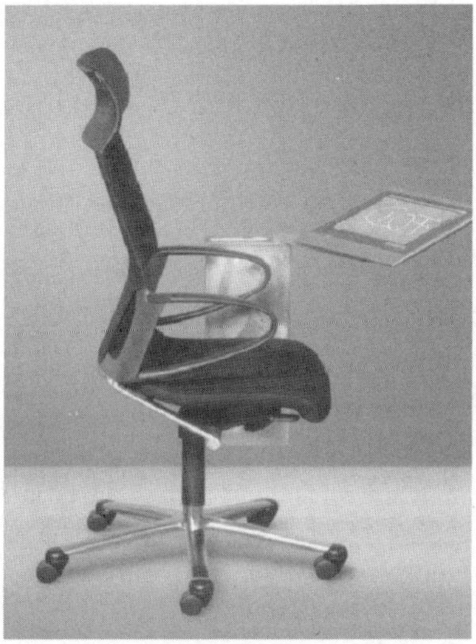

图 2.97　Modus 未来概念座椅

图片来源：wilkhahn.com

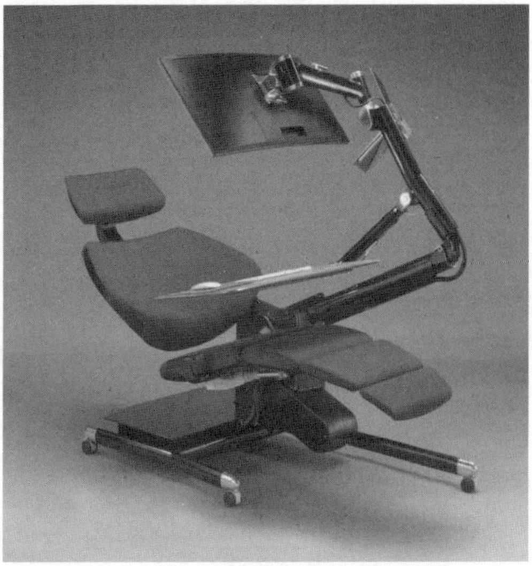

图 2.98　Altwork Station 办公座椅

图片来源：altwork.com

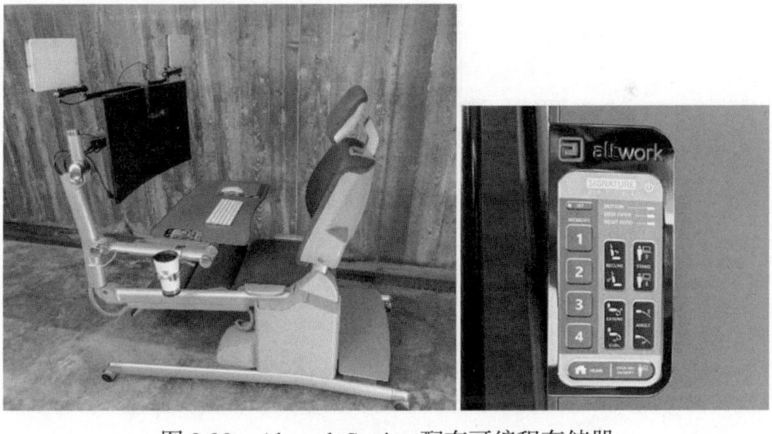

图 2.99　Altwork Station 配有可编程存储器

图片来源：altwork.com

2.4　本 章 小 结

人体工学座椅的发展，经历了坐姿矫正、动作调节机构研究、倾仰机构研究、人体测量学与姿势研究等，逐步建构了人体工学座椅设计的科学理论体系，欧美日各大办公家具公司相继投入庞大资源进行研究开发。美国以 Herman Miller、

Steelcase、Haworth 等公司为代表，德国以 Wilkhahn、Vitra、Sedus、Dauphin 等公司为代表，日本以 Kokuyo、Okamura、Uchida、Itoki 等公司为代表，各大公司皆陆续推出了划时代的人体工学座椅，引领全球办公座椅的设计趋势。2000 年以后，人体工学座椅市场竞争更为激烈，各公司对基础工程结构、材料科学，以及工作行为、信息科技、身体监测、数字整合等研究更为深入，同时对生活形态以及身心健康更加重视，让办公座椅的设计达到更为人性化、功能化、科技化的极致表现，使工作者获得更加舒适而健康的工作环境。

改革开放后，中国人体工学办公座椅现代化发展初现萌芽。20 世纪 90 年代，通过大力招商引资，人体工学办公座椅设计观念与技术得到提升，本土品牌开始崛起。2000 年以来，市场进入百家争鸣的激烈竞争阶段，浙江安吉的座椅产业也乘此东风迅速兴起。永艺家具股份有限公司(后简称永艺)在 2015 年创造奇迹，成为上海证券交易所第 1000 家挂牌上市的企业，也是中国办公座椅领域第一家上市的企业。安吉座椅产业无论从生产规模、市场占有率还是品牌影响力，在全省、全国都处于领先地位，乃至在全球座椅产业也具有重要影响力。

未来，随着人们消费观念的提升和科技的发展，我国人体工学办公座椅的创新突破充满着希望与想象！

参 考 文 献

[1] 郑正雄. 办公环境史初探[M]. 台北: 桑格文化有限公司, 2012.

[2] Rybczynski W. Now I Sit Me Down—From Klismos to Plastic Chair: A Natural History[M]. New York: Farrar, Straus and Giroux, 2016.

[3] Tenner E. Our Own Devices: How Technology Remakes Humanity[M]. New York: Knopf Doubleday, 2004.

[4] Olivares J. A Taxonomy of Office Chairs[M]. London: Phaidon Press, 2011.

[5] Pynt J, Higgs J. A History of Seating, 3000 BC to 2000 AD: Function Versus Aesthetics[M]. New York: Cambria Press, 2010.

[6] Klein J G. The Office Book[M]. New York: Facts on File, Inc., 1982.

[7] Steelcase. Steelcase the First 75 Years[R]. Grand Rapids: Steelcase Inc., 1987.

[8] Dreyfuss H. The Measure of Man and Woman: Human Factors in Design[M]. New York: Watson-Guptill, 1993.

[9] Berry J R. Herman Miller: The Purpose of Design[M]. New York: Rizzoli, 2004.

[10] Schwarz R. More Than Furniture[M]. Frankfurt: Verlag Form GmbH, 2000.

[11] Wilkhahn. Edition Wilkhahn: Documents of Design[M]. Frankfurt: German Design Council, 1999.

[12] Cranz G. The Chair: Rethinking Culture, Body, and Design[M]. New York: W. W. Norton, 1998.

[13] Trappschuh E. Design Classics: The Office Swivel Chair by Klaus Franck and Werner Sauer[M]. Frankfurt: Verlag Form GmbH, 1998.

[14] Schwarz R. Wilkhahn Green[R]. Bad Münder am Deister: Wilkhahn, 1996.

[15] Humanscale. Sit[R]. New York: Humanscale, 2000.

[16] McDonough W, Braungart M. Cradle to Cradle: Remaking the Way We Make Things[M]. New York: North Point Press, 2002.

第 3 章　人体工学办公座椅科学构成

座椅设计的科学构成(scientific composition)特指座椅的设计构思、设计过程、设计活动和设计方案等应符合坐姿办公的生物力学、生理学和医学等科技设计的原理和要求，以确保座椅在功能性、舒适性、使用性和安全性等方面满足用户在不同使用场景下对座椅产品及其使用的需求[1]。其中，座椅设计的生物力学原理和要求包括坐姿人体结构、坐姿力学和坐姿工效学特征等，确保座椅的坐姿支撑作用符合生物力学原理；座椅设计的生理学原理和要求包括坐姿肌肉活动、坐姿运动控制和坐姿肌肉疲劳等，确保坐姿工作符合人体生理学要求；而座椅设计的医学原理和要求主要针对久坐工作对人体健康的不良影响，确保座椅设计和使用能够对人体坐姿工作产生积极有益的影响，提供健康、有效、舒适和安全的产品保障[2]。

3.1　生物力学基础

3.1.1　坐姿脊柱解剖

脊柱(spine)是坐姿人体最重要的支撑结构，是躯干的支柱，主要由椎骨(vertebra)、椎间盘(intervertebral disc)、韧带(ligament)、肌肉和神经组织构成。从前后方向观察，脊柱的形状呈垂直线状。从侧面观察，脊柱有四个自然生理弯曲(图 3.1)，其中颈椎和腰椎凸向前，胸椎和骶骨凸向后。坐着时，骨盆向后旋转，腰椎曲线变平。当骨盆向前旋转时，腰椎曲线会突出。脊柱曲线相互平衡，形成一个稳定的系统，使脊柱在受力时能够吸收和分散压力，将重心保持在平衡状态，从而提供坐姿支撑、保持平衡、减轻脊柱压力、缓解振动和维系脊柱稳定性等功能。

椎骨是构成脊柱的主要骨骼结构，分为颈椎、胸椎、腰椎、骶骨和尾骨 5 个部分。新生儿椎骨共 32～34 块，其中颈椎 7 块、胸椎 12 块、腰椎 5 块、骶骨 5 块、尾骨 3～5 块。成年后 5 块骶骨融合为 1 块骶骨，3～5 块尾骨融合为 1 块尾骨，故成人共有 26 块椎骨。椎骨的形状和结构在不同的部位有所不同，以适应各自的功能和负荷[3]。

椎间盘是两个相邻椎骨的椎体之间的纤维软骨盘，由周围部分的纤维环和中央部分的髓核两部分组成，如图 3.2 所示。髓核位于椎间盘的中央部，为柔性富

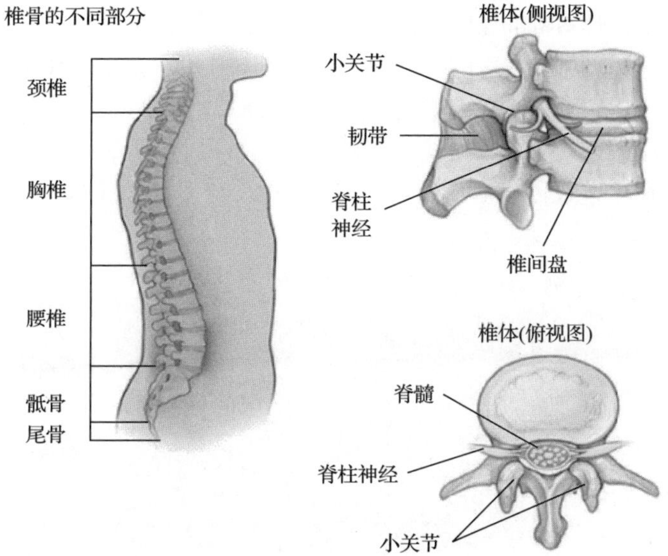

图 3.1　脊柱解剖结构示意图

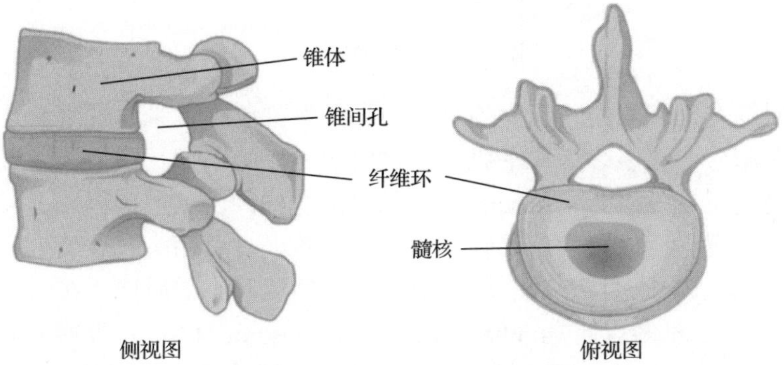

图 3.2　椎间盘解剖结构示意图

有弹性的白色胶状物质。纤维环绕着髓核周围，由多层同心圆排列的纤维软骨环构成，紧密连接相邻椎体，保护和限制髓核向外膨出。脊柱的整个椎间盘体系既坚韧又富有弹性，可以缓冲振荡，发挥"弹性垫"的作用。其次，它们可以在椎骨之间传递部分机械负荷。在功能上，椎间盘的目的是在连续的椎骨之间提供分离。这种分离提供了椎体之间的运动空间，使椎体可以独立地改变其方向并执行弯曲运动。脊柱各部分的椎间盘厚度不一，腰部最厚，颈部次之，胸部最薄，故脊柱腰部活动幅度最大。椎间盘并不具有血管，它们的营养由椎体通过渗透作用提供[4]。

韧带连接和支撑椎骨，稳定脊柱的结构，主要包括前纵韧带、后纵韧带和黄韧带等。位于椎体和椎间盘前面的韧带为前纵韧带，纵贯脊柱全长，可限制脊柱过度后伸。位于锥体和椎间盘后面的韧带为后纵韧带；黄韧带位于椎管后壁，连于相邻椎弓板间；此外，还有连接于相邻棘突间的棘间韧带和附着于各个棘突尖端的棘上韧带，后四条韧带具有限制脊柱过度前屈的作用，如图 3.3 所示。后纵韧带可能是疼痛的重要来源，因为在瘫坐造成腰椎后凸时，后纵韧带处于拉伸负荷下，这种负荷可导致创伤和感觉-运动功能的改变，刺激疼痛感受器，诱发疼痛反应。

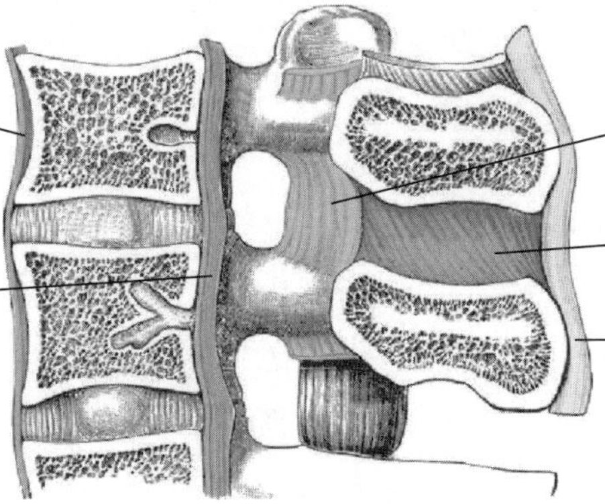

图 3.3　脊柱韧带示意图

脊柱周围有许多肌肉，与坐姿有关的肌肉主要包括背肌和腹肌。其中，背肌分为浅、深两层。浅层多为扁平肌，主要包括斜方肌、背阔肌等；深层主要包括竖脊肌和多裂肌(multifidus muscle)等。除以上脊柱周围的肌肉以外，与坐姿有关的肌肉还包括臀大肌、臀中肌和臀小肌等臀部肌肉，股四头肌、股二头肌和腘绳肌等大腿肌肉，以及比目鱼肌、腓肠肌和胫骨前肌等小腿肌肉。在这些与坐姿有关的肌肉中，腰部多裂肌(lumbar multifidus muscle，LM)和腹横肌(transverse abdominis，TA)对于维持腰椎稳定性和健康坐姿最为重要，受到高度重视。

腰部多裂肌(图 3.4)于腰椎两侧各有 5 束肌纤维，可分为浅层肌纤维和深层肌纤维。浅层肌纤维分别起自 L1、L2、L3 棘突，跨越 3～5 个节段椎体止于尾骨、骶骨和髂骨，具有控制多节段椎体运动的作用；深层肌纤维起于椎骨薄板下缘和棘突下缘，穿过 2 个或更少的节段，止于乳突和关节囊，自 L5 嵌入 S1 和 S2 间骶骨孔，具有较大的被动张力。腰部多裂肌的被动张力能够通过肌筋膜的传递发挥稳定腰椎的作用。相较于浅层肌纤维，深层肌纤维稳定腰椎的作用更强[5]。

腹横肌(图 3.5)是腹壁最内层的阔肌，大部分被腹内斜肌所遮盖，最上部的肌纤维被腹直肌所遮盖，为腹部阔肌中最深和最薄者。腹横肌起点广阔，自上而下起自第 7～12 肋软骨内面、胸腰筋膜前层、髂嵴前部、腹股沟韧带外侧 1/3 处，止于耻骨联合、腹白线。腹横肌横向纤维在腹部脊柱周围直接形成了一条较宽广的“保护带”，其力学作用就是通过调整腹内压来维持脊柱稳定性，或者脊柱通过胸腰筋膜传递

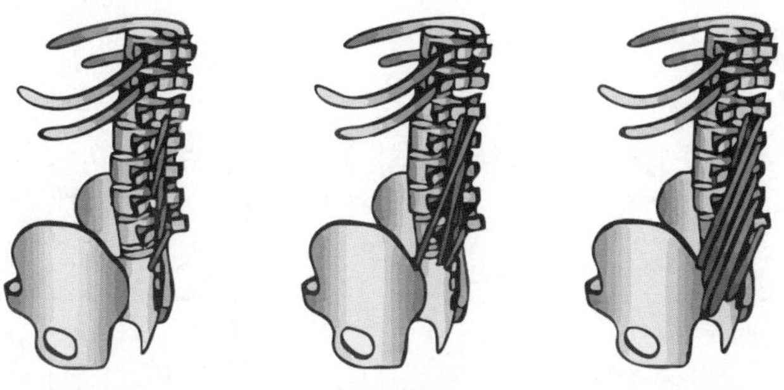

图 3.4　多裂肌解剖示意图

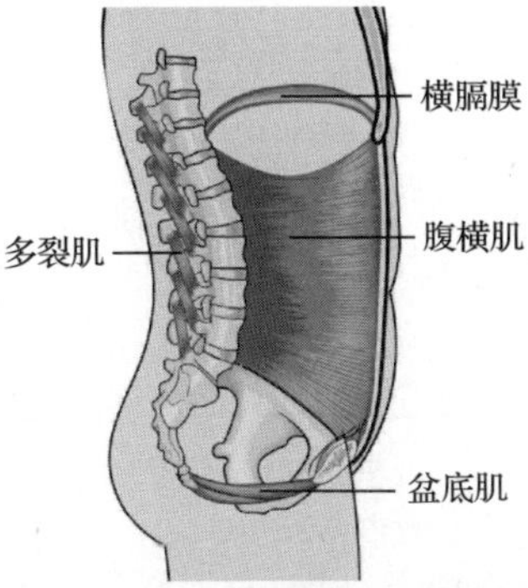

图 3.5　腹横肌解剖示意图

力的作用。磁共振成像(magnetic resonance imaging, MRI)研究显示，在腹部肌肉收缩过程中，两侧腹横肌均向该侧肌中心收缩，肌厚度明显增加，同时伴有腹横肌腱膜向外侧移行。腹横肌缩短使前腹壁的腹横肌腱膜和腹后壁的胸腰筋膜张力增高，从而起到了束腹作用，后者使躯干横断面及腹腔体积明显变小，造成腹内压增大。腹内压和胸腰筋膜张力的增加提高了脊柱的刚性，减少了腰椎节段的平移，使躯干的稳定性得以加强。长时间的瘫坐可能与腹横肌肌肉疲劳有关，会损害脊柱的稳定性。

3.1.2　坐姿生物力学

坐姿是一种自然人体姿势，当人坐在座椅上时，支撑人体处于固定姿势的主要结构是脊柱、骨盆和腿足等，其基本特征是下肢肌肉处于放松状态，躯干和上肢重量主要由座椅所承载[6]。

1)座椅受力

Schoberth[7]根据身体重心位置和通过双脚将身体重量转移到地面的比例，定义了三种基本坐姿(图 3.6)：正坐姿、前屈坐姿和后仰坐姿。在正坐姿时(图 3.6(a))，重心位于坐骨结节上方，双脚将身体约 25%的身体重量转移到地面；前屈坐姿可通过骨盆前旋或脊柱后凸实现(图 3.6(b))，此时，重心位于坐骨结节前方，双脚将大于 25%的身体重量转移到地面；在后仰坐姿中(图 3.6(c))，重心位于坐骨结节后上方，双脚传递到地面上的身体重量小于 25%，这种坐姿可通过骨盆后旋或(和)脊柱后凸来实现。通过座椅整体受力分析发现，坐骨下座面 8%的面积支撑约 64.8%的身体重量，剩余 35.2%的重量分别由脚凳(18.4%)、扶手(12.4%)和 105°靠背(4.4%)承担。

2)大腿-躯干夹角与脊柱形态

坐姿与骨盆和脊柱自然弯曲形态密切相关。骨盆以髋关节为支点，可以进行前倾、后倾、侧倾及旋转。前倾坐姿时，竖脊肌将骶骨向上拉扯，使腰椎向前弯曲，同时腹部向前凸出，坐骨结节抬高，腰两侧多裂肌协同收缩，髋关节的拮抗

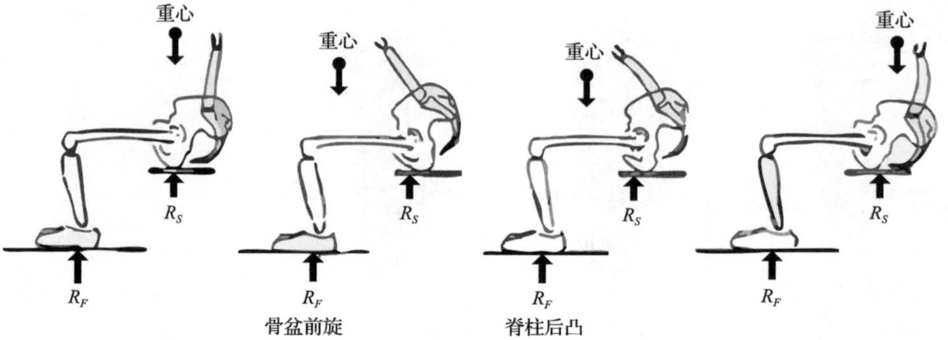

图 3.6　Schoberth 基于身体重心分布的坐姿分类[6]

R_S为座面提供的支撑力，R_F为地面提供的支撑力

肌伸展，使得骨盆前旋。后倾坐姿时，臀大肌、腘绳肌收缩，使坐骨结节向下方移动，耻骨联合向上抬起，臀中肌、臀小肌及髂腰肌伸展，使得骨盆能够向后旋转。90°坐姿(膝角和髋角)增加了腘绳肌的被动张力，引起骨盆后旋，导致坐姿腰椎后凸，增加了腰椎损伤的风险。

Keegan[8]通过对受试者在不同身体坐姿条件下侧位 X 光片的分析，发现当大腿-躯干夹角从 200°降至 50°时，骨盆逐步向后旋转，腰椎弯曲由前凸逐渐变为后凸(图 3.7)，这一变化是造成久坐腰椎伤害的重要原因之一。大腿-躯干夹角为 135°～200°时，骨盆前旋，有利于恢复腰椎前凸的自然弯曲状态，起到保护腰椎

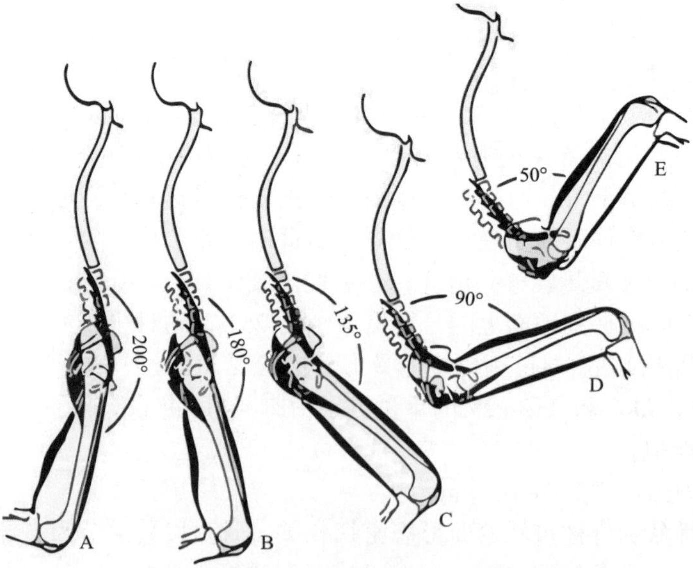

图 3.7　大腿-躯干夹角对腰椎弯曲的影响[6]

的作用。大家熟悉的“马鞍椅”(saddle seat)就是根据这一原理设计的。骑马时人体躯干总是保持自然挺立，此时骨盆前旋，腰椎自然前凸，双大腿向下倾斜，这一骑马坐姿不但有助于提高骑坐效能，还能有效维护脊柱健康。马鞍椅设计借鉴了骑马坐姿，使马鞍椅使用者躯干与大腿间的夹角呈 135°，以确保腰椎前凸，腰椎间盘内压降低。该产品适用于外科手术医生、前台接待员以及配合升降桌使用的半坐式工作场景，有助于降低座椅的人体工程学风险。不过，虽然马鞍椅确实可以有效减少腰部坐姿不适程度，但下肢的不适程度更高，尤其是臀部。尽管如此，对于所有受试者，马鞍椅坐姿始终能够维持最佳的躯干与大腿夹角，这一事实对预防腰背部损伤和疼痛，以及其他涉及长时间静态坐姿日常活动具有一定的启示。

3) 座椅参数设计与舒适度

保持最佳坐姿是坐具设计的重要目标。生物力学基础研究指出，人体站立时椎间盘所承受的平均压力为 100psi(1psi=6894.76Pa)，直立坐姿时为 150psi，而伏案式坐姿状态下则可高达 185psi。为此，最健康坐姿是躯干和大腿呈 135°的坐姿，这样的坐姿可以减少椎间盘所承受的压力，且周围的肌肉和韧带也能相对更为放松。目前，办公家具行业对于 135°最佳坐姿的观点还存有多种不同意见，主要是因为在缺少配套办公桌的条件下，这种近似半躺的坐姿容易造成颈部肌肉和韧带过度拉伸，从而引发颈部骨骼肌肉问题。

Keegan[8]还研究了座椅座面高度和宽度等对坐姿舒适性的影响，并给出座椅设计的关键参数。座椅座面距离地面过高，会使身高较矮的人双腿悬空，导致大腿后部软组织压迫增加，短时间内会产生不舒适的感受。因此，个子矮小的人坐在高椅上，坐姿重心很快就会移到椅子边缘，任何倾斜座面和腰部支撑设计都将失效。椅面长度过长也会导致人们感到不舒适。座面宽度和长度最佳建议值是 35～40cm。此外，Keegan 还给出了椅子设计的其他关键参数(图 3.8)，例如，腰部需要支撑(Ⅰ)；靠背至少 105°倾角(Ⅱ)；为向后突出的骶骨和臀部提供开放空间(Ⅲ)；胸部前凸支撑高度到肩胛骨下部(Ⅳ)；肩部支撑 105°(Ⅴ)；靠背调节与髋关节活动方向一致(Ⅵ)；最大座面长度为 40cm(Ⅶ)；座面离地高度为 40cm(Ⅷ)；座面曲线沿膝盖后部弯曲(Ⅸ)；座面下留有放脚自由空间(Ⅹ)和座面向上倾斜 5°以维持背部获得支撑(Ⅺ)。Rasmussen 等[9]在靠背倾斜角度设计上，当座面摩擦系数较小时，靠背倾斜角度小于 10°较佳；靠背倾斜角度超过 10°后会增加肌肉活动和腰椎间盘所承受的压力[9]。在坐垫深度设计上，研究指出坐垫深度与大腿长度不匹配会对大腿后群肌肉组织造成较大的压力，从而限制甚至阻断下肢静脉血液回流，造成久坐下肢水肿等。此外，若背部不能与座椅靠背保持正常接触，则会失去座椅靠背的脊柱支撑和保护功能并导致坐姿背伸肌肉紧张性活动增加。因此，最佳的坐垫深度设计应确保坐垫略短于臀部-腘窝长度(buttock-popliteal length，BPL），后者应成为人体工学座椅坐垫深度设计的重要参数。

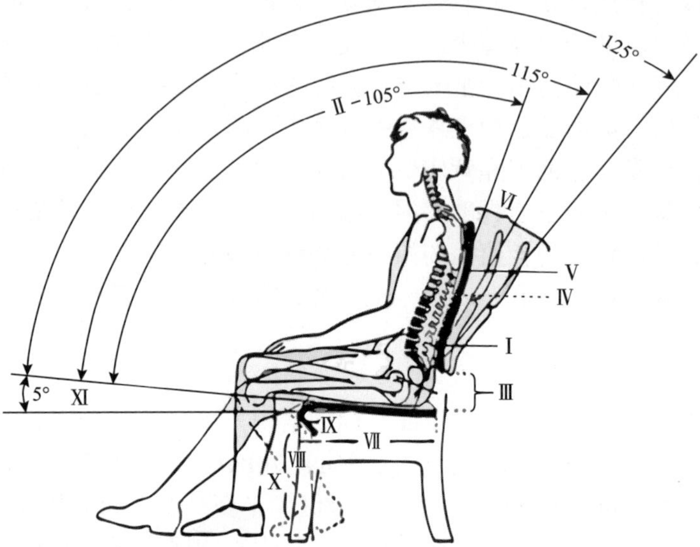

图 3.8　Keegan 椅子设计关键参数

4）坐姿与腰椎间盘受力

在不同坐姿状态下，椎间盘产生楔形形变。当脊柱前屈时，椎间盘前半部分被压扁变薄，而后半部分增厚，髓核向后移动；脊柱后伸时则相反。若脊柱向右侧屈，椎间盘右半部变薄而左半部增厚，髓核向左移动；脊柱向左侧屈时则产生相反的变化。正常成熟椎间盘构成脊柱 20%～30%的高度，是脊柱功能单位的负荷中心。当椎间盘受压时，髓核承受 75%的压力，其余 25%的压力分布到纤维环。此外，髓核还会通过本身变形转移部分压力到纤维环上，同时还具有稳定脊柱运动的功能。

腰椎间盘受力改变被认为是影响坐姿健康的重要因素，受力改变会对椎间盘营养、细胞代谢、细胞酶活性及多种细胞因子等因素组成的生物化学环境造成影响，最终导致椎间盘退变。在正常状态下，大约 70%的轴向压力通过椎体和椎间盘传递，其余 30%的压力通过关节突关节传递。大部分研究认为腰椎的前凸是生理上腰椎进行弹性吸收负荷的一种方式，腰椎前凸可以适当减轻椎间盘压力并且将负载转移到纤维环上。当座面与靠背夹角在 110°以上时，椎间盘内压力显著减小，这主要是因为倾斜的靠背支撑着身体上部分的重量，从而减小了椎间盘内压力。所以人体上身向后倾斜 110°～120°为佳。向后倾斜 110°～120°倾角的靠背，可承担躯体的部分重力，使腰背肌肉处于相对松弛的状态，同时也不加重腰椎周围韧带的负担。

椎间盘内压和坐姿肌肉活动与坐姿密切相关。最近，Cho 等[10]采用有限元仿真研究发现，在前屈、侧屈和旋转运动过程中，站立和直立坐姿对 L1～L5 椎间盘产生的压力无明显差异；然而，与直立坐姿相比，后仰坐姿在完成3种动作时对腰椎间盘压力大幅增加。图3.9中对比了前屈、侧屈和旋转运动时，站姿、直立坐姿和后仰坐姿下L1～L5椎间盘受力的差异。此外，如图3.10所示，在各种无支撑坐姿中，背部平直坐姿的坐姿压力最小。挺直背部坐着比弯曲背部坐着的椎间盘压力小很多。有支撑坐姿中靠背倾斜角度和腰部支撑与椎间盘压力的下降有一定相关性。例如，随着靠背倾斜角度增加，背部肌电活动下降(图3.11)，椎间盘压力下降(图3.12)，坐在靠背倾斜角度为110°～130°的座椅上并有腰部支撑的受试者具有最小的椎间盘压力和最低的坐姿肌电活动。1974年，Andersson等[11]研究了扶手对椎间盘压力和肌肉活动的影响，发现扶手的存在进一步降低了椎间盘压力(图3.13)。

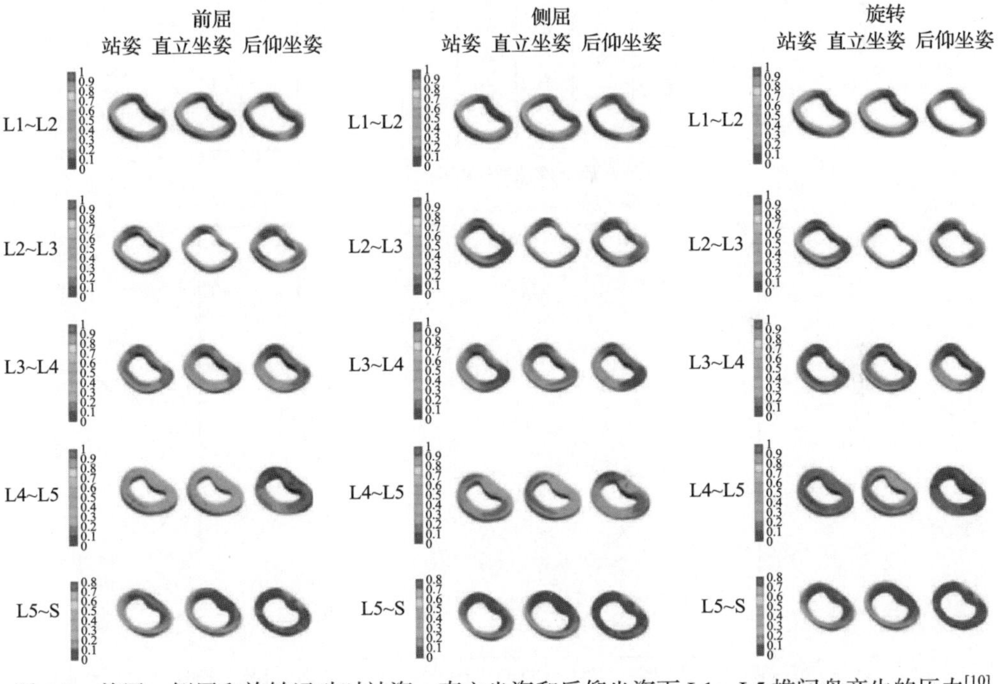

图3.9 前屈、侧屈和旋转运动时站姿、直立坐姿和后仰坐姿下L1～L5椎间盘产生的压力[10]

5)座椅界面压力分布

座椅界面指人与座椅相互作用和相互影响的区域，主要包括人体-坐垫座面(简称坐垫界面)、人体-靠背界面(简称靠背界面)、人体-扶手界面(简称扶手界面)等。座椅界面设计涉及座椅的有效性、舒适性、适用性和安全性等基本产品特性，在人体工学座椅设计中发挥重要作用。

人体与座椅之间的压力分布称为人-椅界面体压分布，简称体压分布，包括平均靠背压力、最大靠背压力、坐垫接触面积、平均坐垫压力、最大坐垫压力、最

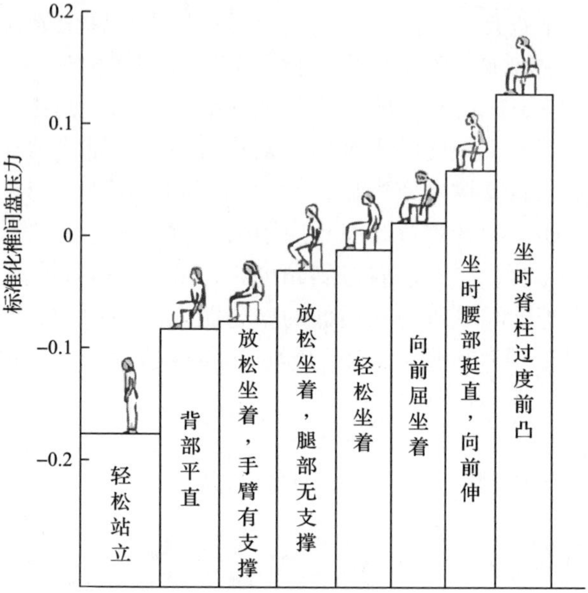

图 3.10　无支撑坐姿椎间盘压力变化[6]

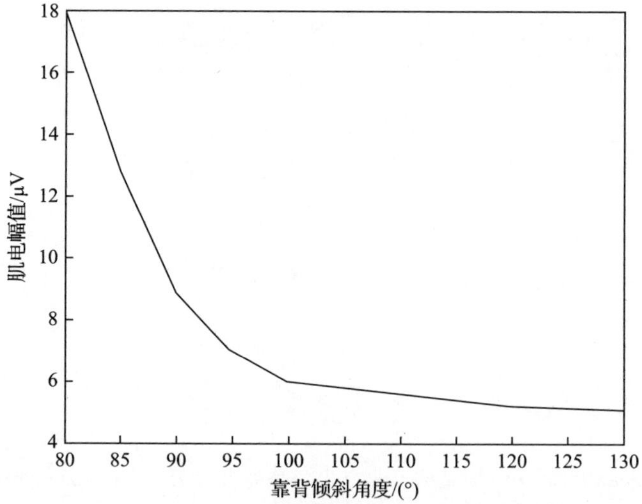

图 3.11　背部肌电幅值随靠背倾斜角度的变化关系[6]

大臀部和背部支撑压力、平均臀部和背部支撑压力等，是座椅界面研究和人体工学办公座椅设计需要考虑的核心问题。坐姿条件下，影响人-椅界面形变或体压分布的因素主要包括身体姿势因素、座椅设计因素和人的个体因素等，其中，以座椅设计因素最为重要，其次是人的个体因素和身体姿势因素。在座椅设计因素中，对坐压分布影响较大的因素包括座椅轮廓形状、坐垫厚度、坐垫弹性、坐垫长度、坐垫材料特性、座面倾斜角度、靠背倾斜角度、腰部承托、扶手承托等。此外，

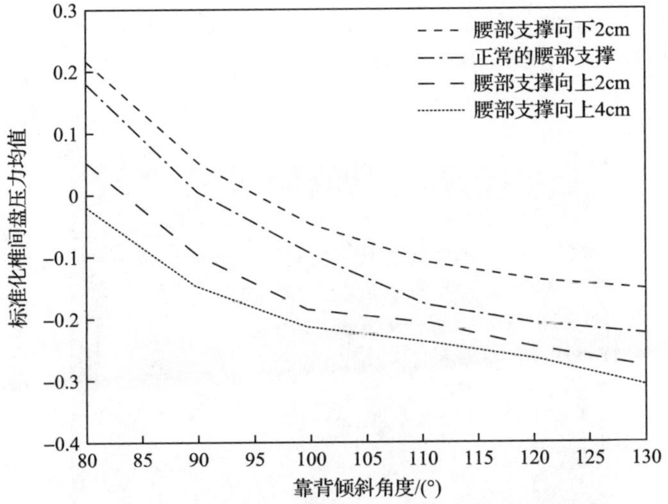

图 3.12　标准椎间盘压力均值随靠背倾斜角度和水平腰部支撑的变化关系[6]

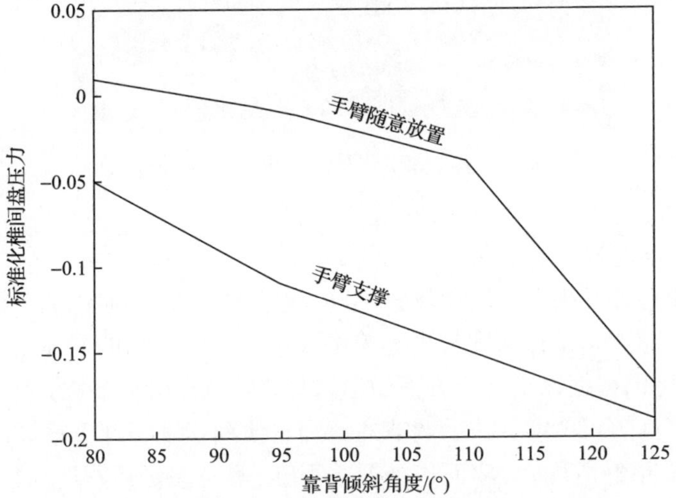

图 3.13　靠背倾斜角度和扶手对椎间盘压力的影响[6]

臀部-腘窝长度、体重、身体质量指数、体型和体重分布等个体因素，也对体压分布有重要影响。

坐姿状态下，人体重量约 80%经过臀部、背部隆起部分及其附着的肌肉作用于座椅上，其中，坐骨结节处最大，然后向四周逐渐减小(图 3.14)。从生理学角度出发，人体臀部坐骨周围的肌肉可以承受较大的压力，而大腿后部有大量的血管和神经，不能长时间承受较大的压力，否则易产生麻痹，下肢血流回流障碍、下肢肿胀、酸痛等不适感。为此，坐垫设计应按照臀部不同部位承受不同压力的原则来进行，即在坐骨结节处压力最大，至大腿部位压力降至最低，呈现中心压力大、外周压力小的“压力递减”分布。靠背上的体压分布应该是腰部的压力最高。

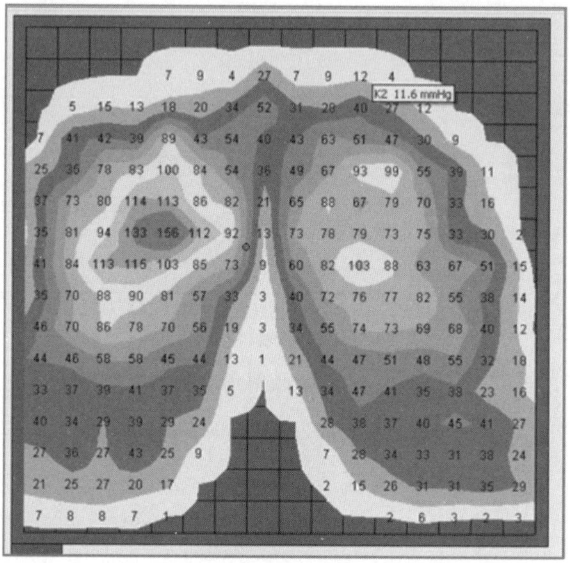

图 3.14　坐姿体压分布模式图(单位：mmHg)

图片来源：resna.org

6)人体工学座椅问卷评价

办公座椅的种类很多，应用场景不同，功能各异，如何挑选一把好椅子？选择好椅子的关键点又是什么呢？根据美国康奈尔大学提出的人体工学座椅评价标准(表 3.1)，可以根据以下五个方面做出选择[12]。A：可调节性，包含座椅深度、靠背高度、靠背倾斜角度、扶手调节的范围、便利程度、舒适感等；B：舒适性，包括座椅面/坐垫舒适程度、座面边缘舒适程度、靠背垫舒适程度和扶手舒适程度；C：便捷性，包括座椅高度、座椅深度、扶手高度、靠背倾斜角度调节装置是否方便有效，整椅或者座椅局部是否便于清洁；D：支撑性，包括各种靠背倾斜角度下对中/上背部支撑性、对腰部支撑性、座椅底部的支撑性以及扶手支撑范围；E：整体感受，包括使用和调节座椅时的整体便捷性、整体外观和整体舒适性。此外，也可以尝试自己回答以下问题，进行综合判断：坐感是否舒适；坐高是否可以调节；调节范围是否满足使用需求；腰部是否有承托；臀部区域是否足够宽松；坐 60～120 分钟后感觉如何；靠背是否可以倾仰和锁定；椅脚是否安装有轮子；是否需要扶手和需要具备怎样功能的扶手；等等。最后，还需要兼顾座椅的产品执行标准、产品质量检验报告、产品价格和售后服务等事项。

表 3.1 康奈尔人体工学座椅评价量表 V21

受访者姓名：	日期：
座椅厂家：	型号：
评价标准	
A：可调节性	非常差(0)…一般(5)…非常好(10)
1. 座椅深度调节的范围和便利程度	0-1-2-3-4-5-6-7-8-9-10
2. 靠背高度调节的范围和便利程度	0-1-2-3-4-5-6-7-8-9-10
3. 靠背倾斜角度调节的范围和便利程度	0-1-2-3-4-5-6-7-8-9-10
4. 扶手调节的范围	0-1-2-3-4-5-6-7-8-9-10
5. 座椅、靠背和扶手均可独立调节以提供坐姿时的舒适感	0-1-2-3-4-5-6-7-8-9-10
	A：可调节性得分=
B：舒适性	非常差(0)…一般(5)…非常好(10)
6. 座椅面/坐垫的舒适程度(请至少保持坐姿 90 分钟后进行评估)	0-1-2-3-4-5-6-7-8-9-10
7. 座面边缘的舒适程度(坐姿下臀部、大腿和膝盖处压力分布均匀，未有明显压力点)	0-1-2-3-4-5-6-7-8-9-10
8. 靠背垫的舒适程度(请在不同的靠背倾斜角度下进行评估)	0-1-2-3-4-5-6-7-8-9-10
9. 扶手的舒适程度(请倚靠靠背并将手臂放在扶手上进行评估)	0-1-2-3-4-5-6-7-8-9-10
	B：舒适性得分=
C：便捷性	非常差(0)…一般(5)…非常好(10)
10. 坐姿下调节座椅高度的便捷程度	0-1-2-3-4-5-6-7-8-9-10
11. 坐姿下调节座椅深度的便捷程度	0-1-2-3-4-5-6-7-8-9-10
12. 坐姿下调节扶手高度的便捷程度	0-1-2-3-4-5-6-7-8-9-10
13. 坐姿下调节靠背倾斜角度的便捷程度	0-1-2-3-4-5-6-7-8-9-10
14. 清洁座椅的便捷程度	0-1-2-3-4-5-6-7-8-9-10
	C：便捷性得分=
D：支撑性	非常差(0)…一般(5)…非常好(10)
15. 在不同倾斜角度下，对中/上背部的支撑性(未有往前推或往后倒的情况)	0-1-2-3-4-5-6-7-8-9-10
16. 在不同倾斜角度下，对腰部的支撑性	0-1-2-3-4-5-6-7-8-9-10
17. 在不同倾斜角度下，座椅底部的支撑性	0-1-2-3-4-5-6-7-8-9-10

续表

18. 扶手的支撑范围（从与大腿齐平的位置到手肘的位置）	0-1-2-3-4-5-6-7-8-9-10
	D：支撑性得分=
E：整体感受	非常差（0）…一般（5）…非常好（10）
19. 使用和调节座椅时的整体便捷性（包括上手所需的时间、调节时长和所需的操作次数）	0-1-2-3-4-5-6-7-8-9-10
20. 座椅的整体外观	0-1-2-3-4-5-6-7-8-9-10
21. 座椅的整体舒适性	0-1-2-3-4-5-6-7-8-9-10
	E：整体感受得分=
座椅的人体工程学设计总得分（%）：（A+B+C+D+E）/210×100=	

表格来源：yumpu.com。

该量表用于评价座椅的人体工程学设计。作为对座椅评估的一部分，可以基于此量表比较不同座椅的工程学设计。

3.2 生理学基础

3.2.1 坐姿脊柱稳定性控制

脊柱稳定性（spine stability）是指脊柱稳定性控制系统在生理负荷条件下限制脊柱节段过度活动，脊柱各个结构间维持正常的位置关系，以保护其免受伤害和脊神经免受压迫的功能特性。当脊柱的这一功能特性失能或者丧失时，脊柱节段活动将超过正常生理范围，造成脊柱稳定性失稳，从而产生脊柱伤害、神经压迫和疼痛等。脊柱稳定性是健康座椅设计需要考虑的核心要点之一，维系、保护脊柱稳定性和预防久坐引起的慢性腰痛是健康座椅的重要功能特性。

根据生物力学和生理学研究，Panjabi[13]提出并建立了脊柱稳定性控制“子系统模型”。根据这一模型，脊柱稳定性由被动、主动和神经控制三个子系统共同决定（图 3.15），三个子系统在结构上相对独立和功能上相互关联，通常情况下某一子系统的功能缺失或者不足可以通过其他子系统代偿，而当各个子系统功能之间无法代偿时，往往会造成脊柱稳定性破坏。

被动子系统主要由椎体、椎间盘、椎间关节突、关节囊、脊柱韧带和肌肉的非收缩成分等组成，在躯干前屈、后伸、水平旋转和侧屈至极限位置时对脊柱稳定性发挥主要作用，而在“中心区”（neutral zone，NZ）活动范围内仅作为本体感

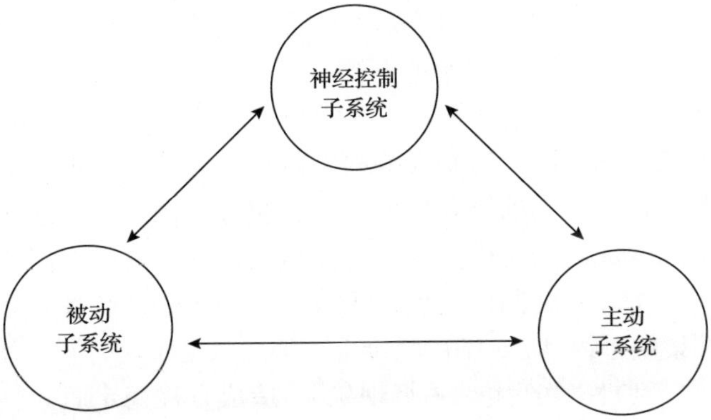

图 3.15　脊柱稳定性控制“子系统模型”示意图[14]

受器感受椎体位置变化。

主动子系统主要由脊柱稳定肌组成，主动稳定肌是分布于脊柱周围的具有维持脊柱稳定性和实现脊柱保护的肌群。根据稳定肌维稳功能的差异性，主动子系统维稳肌群通常分为位于躯干背部表层的收缩力矩较大的整体稳定肌以及位于深层的收缩力矩较小的局部稳定肌两类，前者主要包括胸最长肌、胸髂肋肌、腰方肌外侧纤维、腹直肌、腹外斜肌和部分腹内斜肌等，后者包括腰部多裂肌、腹横肌、横突间肌、棘突间肌、腰方肌内侧纤维和部分腹内斜肌等。其中，多裂肌是椎旁肌群中最大、最内侧和最深层的肌肉，因其位于脊柱的旋转中心且具有肌肉长度短和多节段覆盖等特点，收缩时可以通过增大椎间盘的压积力来增加脊柱稳定性(第一机制)，该作用对 L4～L5 节段稳定性的贡献高达 67%，是最为重要的脊柱稳定因素。腹横肌等腹壁肌肉通过其收缩活动对腹内压的影响，维系脊柱特别是腰椎稳定性，该机制称为脊柱稳定性的第二机制。

神经控制子系统主要根据来自主动子系统和被动子系统的外周本体感受反馈信息，启动、协调和控制脊柱稳定肌的活动，通过前馈控制和反馈控制等实现脊柱稳定性控制。其中，前馈控制特指神经控制子系统根据姿势干扰的性质，通过“自上而下”的前馈控制机制，在身体产生目标动作或者发生内部和外部干扰前，预先激活相关姿势肌肉活动并形成关节扭矩，部分抵消即将到来的动作和姿势干扰对姿势稳定性的影响而执行的一种开环控制；而反馈控制是神经控制子系统通过外周本体觉、前庭觉、听觉和触觉等“自下而上”的反馈控制机制形成的一种闭环控制。

上班族常用的坐姿有三种：前倾式坐姿、直立式坐姿和后仰式坐姿，不同坐姿参与活动的肌肉和脊柱的形态均不同。前倾式坐姿是最普遍的工作姿势，这种坐姿下颈部前伸，牵拉腰背部绝大部分肌肉，人体重心前置，腰椎节段被拉直，腰椎前凸消失。直立式坐姿条件下，脊柱自然生理曲度与站姿最为相近，但在要维持躯干挺直坐姿且无外部支撑时，需要躯干肌肉持续性静态收缩，久坐容易导致腰部疲劳。后仰式坐姿，又称瘫坐坐姿，因有椅背的外力支撑，可以有效地帮助脊椎分担人体重量负载，躯干肌肉群整体更加放松，人体舒适度相对最高，但容易造成脊柱韧带损伤，同时容易影响内脏器官活动。日常生活中，很多情况下人们的坐姿都不太正确，如前倾式坐姿、弯腰驼背和瘫坐等。这些坐姿都有一些共同点，腰椎前凸变成后凸，椎间盘受力失衡，韧带、肩部肌肉关节紧张，臀部肌肉压力增加，躯干和大腿间的角度等于或者小于 90°，这些姿势几乎将上半身所有的重量全部集中于第 4、5 节的腰椎上。加之久坐不动，脊柱稳定肌的神经控制系统将会失去“活性”，产生“关灯现象”，造成脊柱稳定肌失控和脊柱稳定性破坏。

脊柱稳定性控制“子系统模型”在人体工学座椅设计领域具有重要的指导意义。针对久坐腰痛的问题，设计师设计出多品类的座椅，如马鞍座椅、动态自适应办公座椅等，这些座椅的设计“核心理念”均不同程度地受到该理论模型的启发，是“子系统模型”在座椅设计领域的成功应用，例如，马鞍椅通过加大大腿-躯干角度，造成骨盆前旋，从而恢复坐姿腰椎自然生理弯曲；动态座椅通过加强坐姿肌肉，尤其是腰椎多裂肌和腹横肌的活动，预防中枢控制系统对腰椎稳定肌活动的神经控制，防止“关灯现象”发生，此外还有助于调节座面坐压，降低不舒适性。

3.2.2 动态办公座椅

虽然久坐和腰痛之间的必然因果关系尚未得到证实，但以不良姿势久坐以及持续性的坐姿静态肌肉收缩，已被证明会增加罹患腰痛的风险。研究认为，由久坐引起的腰痛是由长时间的静态低负荷坐姿肌肉活动引起的，其机制可能与静态低负荷坐姿肌肉活动引起的腰部多裂肌萎缩、腰椎活动范围减小、腰椎间盘营养障碍、退行性椎间盘疾病和神经控制失能等有关；相反，动态坐姿对椎间盘和脊柱稳定肌有更好的生理学作用，如中断持续性静态低负荷肌肉收缩、激活稳定肌中枢运动控制、缓解腰部肌肉疲劳等。科学研究发现，30%～85%的慢性腰痛患者报告其疼痛因静态久坐而加剧，34%～39%的患者报告步行等活动可以缓解其腰痛水平。

和传统的静态办公座椅不同，非静态座椅大致可分为以下两类：动态座椅(dynamic chair)和活动座椅(active chair)。前者主要指座椅靠背可独立于座面移动，后者主要指座椅是多轴的且座椅面可移动。基于以上传统静态办公座椅存在的健康问题，越来越多的座椅设计和制造厂商开始尝试各种类型的动态座椅或活动座椅并加以研究和验证，但研究结果不尽一致。例如，Wittig[15]对比了使用摇椅、球椅和跪椅等动态座椅与传统办公座椅时肌肉活动的差异，发现竖脊肌活动和腰椎屈曲活动无明显差异。van Dieën 等[16]比较了三种动态办公座椅对躯干运动学、躯干伸肌肌电图和脊柱活动的影响，发现躯干运动学和竖脊肌肌电图仅与不同办公任务有关，而不受椅子类型的影响。Kuster 等[17]通过在办公模拟条件下对比三种座椅(静态座椅、轻度活动座椅和具有明显活动功能的座椅)对坐姿肌肉活动的影响，发现动态座椅比静态座椅对腰部多裂肌和髂肋肌活动具有更积极的影响。Cardoso 等[18]对比了用户使用静态座椅和活动座椅 1 小时后的主观感受，发现双座椅面的活动座椅可降低臀部不适感。综上研究，目前针对动态座椅对坐姿肌肉活动及其运动控制的影响尚未达成共识，未来座椅设计和人机工效学研究需要针对动态座椅的类型、运动模式、坐姿肌肉活动、坐姿运动控制的急性影响和长期效应开展进一步的探索。

3.2.3 坐姿肌肉活动与疲劳

长时间维系某一特定工作坐姿会引发包括躯干、臀部和颈部等部位的多个姿势肌肉处于低负荷等长紧张性收缩状态，产生低负荷久坐肌肉疲劳现象。该低负荷肌肉疲劳现象与坐姿、座椅、工作任务和工作环境等多种因素有关，是慢性非特异性腰痛发生的独立预测因子，其内在的生理学机制主要与大脑神经肌肉运动控制、肌肉代谢产物堆积、臀部肌肉组织压迫、腰椎间盘内压增高等因素的共同作用有关。

1)能量危机假说

能量危机假说(energy crisis hypothesis)是由 Simons 等[19]在 1981 年提出的用以解释低负荷肌肉疲劳等引发的肌筋膜疼痛的科学假说，也是用以解释久坐驾驶肌肉疲劳的重要科学假设之一(图 3.16)。该假说认为低负荷肌肉疲劳在本质上是由肌肉能量消耗大于能量供给，即“能量危机”造成的，可通过抑制三磷酸腺苷(adenosine triphosphate, ATP)依赖性的肌质网 Ca^{2+}回收和肌球蛋白-肌动蛋白解离，肌肉产生持续收缩(即肌肉痉挛或者肌肉紧张)，压迫微循环毛细血管以及限制微循环血流，形成恶性循环。“能量危机假说”的主要证据包括持续肌肉收缩可形成肌肉酸性缺氧的微环境，以及多种肽类、炎症因子，如 5-羟色胺、组胺、缓激肽和 P 物质(SP)等浓度增加，从而刺激神经末梢，引起疼痛和交感神经症状。

2)灰姑娘假说

1992 年，Hägg[20]在“运动单位募集”理论基础上，提出了静态低负荷诱发肌肉疲劳现象的“灰姑娘假说”(cinderella hypothesis)。该假说认为运动单位募集遵循“顺序募集”原则，即低负荷收缩优先募集“运动单位金字塔”底部的兴奋阈值较低的 I 型肌纤维直至肌肉活动结束，而低负荷肌肉疲劳可能与 I 型肌纤维长时间收缩而不能得到充分休息所引起的选择性损伤有关(I 型肌纤维好比“灰姑娘”：最早起床，最晚睡觉)，除非这一收缩状态被“打破”或者“中断”(图 3.17)[21]。“灰姑娘假说”曾经获得来自斜方肌运动单位募集的研究证据，但也受到另外一

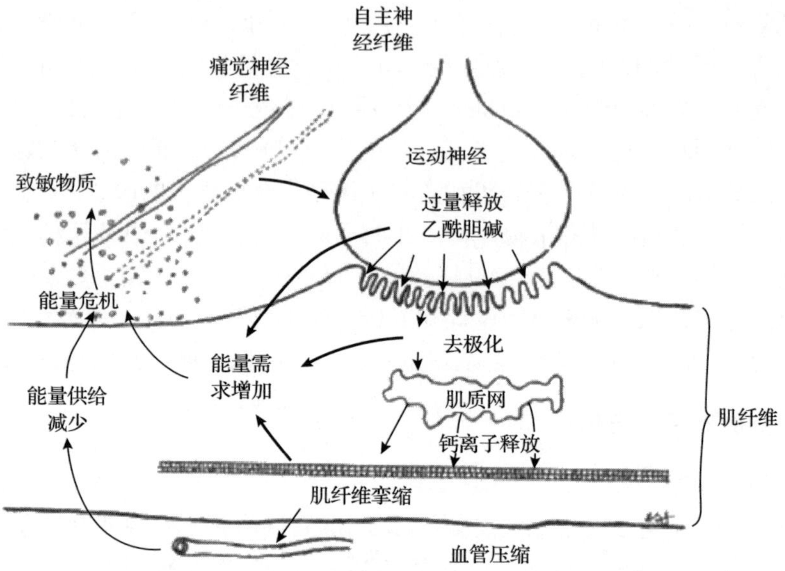

图 3.16　坐姿肌肉疲劳的“能量危机假说”示意图

图片来源：echemi.com

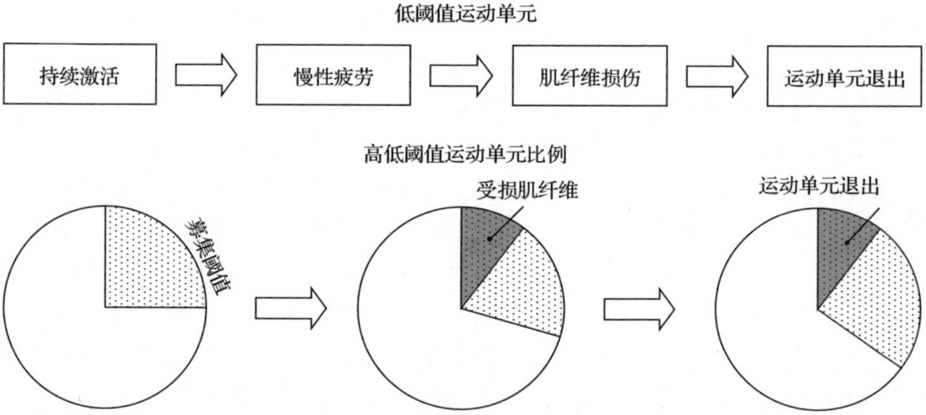

图 3.17　坐姿肌肉疲劳的“灰姑娘假说”示意图[21]

些研究的质疑。质疑“灰姑娘假说”的研究发现，在静态低负荷姿势肌肉持续性收缩过程中，参与活动的运动单位并不是一直保持持续性收缩状态的，而是通过“运动单位轮换”进行交替活动，以此来防止姿势肌肉持续性收缩引起的肌肉疲劳，为此他们提出了新的“转化模型”，该模型认为肌纤维放松/收缩时间比是调节肌肉疲劳的重要因素，任何使肌纤维放松/收缩时间比缩短或者延长肌纤维收缩时长的因素，都将通过影响肌肉舒张和造成紧张性收缩而引起肌肉“能量危机”，最终导致疲劳和疼痛。

3) 臀部肌肉组织压迫

臀部肌肉主要由臀大肌、臀中肌、臀小肌等组成，久坐过程中大部分身体负荷集中在臀部区域，导致臀部压迫增加，尤其是在不适当的座椅、持续的单调姿势和缺乏适当的休息时，这种压迫还会进一步引起肌肉紧张、坐骨神经受压、血液循环不良、骶尾关节炎症和坐骨结节炎症等不良反应，产生明显不适和疼痛。Thorfinn 等[22]研究了长时间坐姿情况下臀部组织中循环物质含量变化情况，发现在 60 分钟静坐过程中，臀部血管中葡萄糖浓度降低速率为–0.03mmol/(L/min)，氧含量降低速率为–0.50mmHg/min，乳酸/丙酮酸比值上升速率为 0.19unit/min，表明长时间保持同一坐姿会降低营养物质循环效率，且乳酸含量明显提升，增加坐姿过程中的不适感。此外，保持超过 15 分钟的坐姿会引起皮肤疼痛感觉阈限的下降，在相同条件下增加腰部的疼痛和不适感。

4) 坐姿椎间盘内压升高

椎间盘是一个营养过程(营养素供给和代谢产物排出)较为复杂的组织结构。椎间盘本身没有血管网络，其血液供给和营养过程是通过软骨终板毛细血管床和外周循环实现的，椎间盘内压是影响椎间盘营养过程的重要因素，椎间盘内压升高会严重降低椎间盘氧气供给和椎间盘水分含量，增加无氧代谢产物乳酸的堆积，减少营养素供给和代谢产物排出，引起纤维环胶原蛋白变性等。坐姿腰椎间盘内压主要受坐姿影响。躯干直立坐姿条件下第三腰椎椎间盘内压是站姿的 1.5 倍，而躯干前屈坐姿条件下第三腰椎椎间盘内压是站姿的 1.85 倍。久坐条件下，椎间盘承受静态负荷增加，内部应力分布不均，容易导致椎间盘营养障碍、椎间盘脱水、椎间盘退化、椎间盘膨出或者突出等问题，产生不适和疼痛[23]。

3.3　久坐的危害

3.3.1　久坐的流行病学研究

久坐(sedentary)是当今社会人们缺乏身体活动的主要表现方式，特指清醒状态下的各种坐、靠或躺等低能耗(≤1.5 代谢当量(matablic equivalent, MET))身体活动行为。虽然坐是人类生活必不可少的行为，但久坐对身心健康有很大的危害。随着科技的进步和社会经济的发展，久坐已经逐渐发展成为具有普遍性的人类生活方式和全球性的危害健康行为。流行病学调查研究发现，站立时平均热量消耗为(1.47±0.33)kcal/min，范围为 0.952～2.32kcal/min；坐着时的平均热量消耗为(1.29±0.24)kcal/min，范围为 0.85～1.8kcal/min。美国人每天坐着工作的时间为 8～9 小时，澳大利亚人 71%～82%的工作时间是坐在椅子上的，荷兰使用计算机工作的员工平均每天坐着的时间为 7 小时，32 个欧洲国家的人每天坐着的时间为 3.2 小时到 6.8 小时不等（占成年人清醒时间的 20%～43%）[24-26]。约有 63%的上班族表示，其身体的一个或几个部位感到极度不适，这可能导致肌肉骨骼疾病。学生是受久坐危害风险最高的群体之一。儿童和青少年一天中的大部分时间都是在教室里度过的，他们坐在学校的座椅上进行阅读和写作等活动。由于学生久坐不动的时间较长，他们的健康极易受到设计不合理的座椅和不良坐姿的影响。长时间使用此类座椅会引起学生不适和疼痛，并直接影响他们生长期间脊柱的形态和身体发育。符合学生身体结构和功能特点的座椅设计，可以促进学生养成正确的坐姿，并有助于减少肌肉骨骼疾病的发生；相反，不良坐姿、久坐不动的习惯和设计不合理的座椅会对学习产生负面影响，导致背部、肩部、颈部、腿部和眼睛疼痛等。

3.3.2 久坐与疾病

世界卫生组织估计，全世界每年有 320 万人因久坐的生活方式而过早死亡。研究表明，坐姿工作时间较长的人 12 年后过早死亡率是坐姿工作时间较少的人的 1.4 倍。伊朗学者在一项研究中指出，被调查人群在 8 小时轮班中平均坐着工作 6.29 小时，其中女性比男性坐的时间更长（分别为 6.47 小时/天和 6.07 小时/天）。此外，48.8%的被调查人员对自己的坐姿工作环境感到不舒服，73.6%的人在工作日感到疲惫[27]。6.3%的受访工人患有高血压，11.2%的工人患有高脂血症。调查还显示，颈部（53.5%）、腰部（53.2%）和肩部（51.6%）症状是上班族最普遍的问题。

办公室工作场所的久坐行为是心脏代谢疾病、2 型糖尿病、肥胖、冠状动脉疾病、肌肉骨骼疾病、某些类型的癌症和过早死亡的危险因素。国外有研究显示，从 1960 年到 2010 年，个人工作时的平均能量消耗有所下降，平均减少约 100kcal/天，同期劳动人口平均体重增加 80%。此外，一些研究结果表明，静坐时间每增加两小时，患肥胖和糖尿病的风险分别增加 5%和 7%。久坐还会增加肌肉骨骼疾病的风险，总久坐时间越长，患肌肉减少症的风险就会越大，久坐时间每增加一小时，肌肉减少症的风险就会增加 33%。其他研究还表明，久坐的职业与患某些类型癌症的较高风险相关，如结直肠癌、卵巢癌、前列腺癌和子宫内膜癌[28]。

3.3.3 久坐干预与对抗

针对久坐健康危害问题，目前采取了多种干预与对抗措施。澳大利亚、英国和荷兰等国家已经发布了健康指南，建议 18～64 岁的成年人减少每天坐着的时间。荷兰社会事务部还提供了以下的坐/站工作指南：每个工作日工作最多累计坐时不超过 5 小时；每隔 2 小时至少休息 10 分钟（站立、步行、骑自行车等）。比利时工效学会倡导每隔 30 分钟站立 10 分钟，每天站立次数不少于 12 次。由昆士兰大学发起的澳大利亚“站起来”运动指出，一天工作中 50%或者更少的时间是坐着的，为避免长时间坐着，每隔 30 分钟起身一次。还有人建议使用“坐站式工作站”改造办公场所，以减少办公室工作人员久坐的时间。这类工作站可以有效降低与心血管疾病相关的死亡风险，增加工作姿势变化的频次，可以减少因长时间坐着和重复运动引起的肌肉疲劳，减少腿部肿胀，改善情绪和心理健康水平，并增加办公室工作人员的能量消耗。拉夫堡大学的一项新研究表明，坐站式工作模式可以提高工作效率。《英国医学杂志》报道使用可调节高度的坐站式工作站时感觉工作没那么累，工作更投入，同时肌肉骨骼问题也得到了明显改善。丹麦政府规定雇主必须为员工提供坐站两用办公桌，而瑞典更是将这一坐站式办公模式推广至大多数企业。此外，使用智能久坐提醒、增加办公室运动(desk exercise)、改善坐姿工作环境，以及提供有效、健康、舒适、安全和好用的各种人体工学座椅等也是有效对抗久坐健康危害的有益尝试。

3.4　医学基础

3.4.1　慢性腰痛

慢性腰痛(chronic low back pain)是久坐办公人群的常见健康问题，特指以腰部、腰骶和臀部疼痛与不适为主要症状，持续时间超过 3 个月的疼痛综合征，是久坐带来的诸多健康问题中最为突出的一种。目前，慢性腰痛是全球范围内仅次于上呼吸道感染的临床疾病，也是成年人中最常见的疼痛和急诊科最常见的骨骼肌肉疾病。慢性腰痛的年流行率为 15%～25%，终生流行率可高达 80%以上，易发人群年龄为 35～65 岁，易患职业包括长期伏案工作人群(如办公人群等)、职业司机、职业医护人员和体力劳动者等，男性多于女性，70%的女性在怀孕期间会出现背痛且随着怀孕时间的延长比例更高。慢性腰痛明显影响人们的日常生活、学习和工作，腰痛人群中约 40%的人有意减少娱乐活动，20%的人日常生活明显受限，5%的人日常生活活动严重受限，慢性腰痛成为功能障碍、致残误工、长期请假、提早退休、社会医疗负担增加和人们日常生活质量下降的重要原因。

慢性腰痛致病原因较多，病理机制复杂，但是多种非特异性原因引起的疼痛均在一定程度上与不良坐姿、久坐、卧床和缺乏运动等引起的腰椎稳定肌萎缩以及肌肉耐力下降和中枢运动控制失能等引发的“腰椎失稳”现象有着互为因果的关系，即久坐、卧床和缺乏运动等引起腰椎稳定肌萎缩、肌肉耐力下降和中枢运动控制失能，造成腰椎稳定性下降。腰椎稳定肌萎缩引起椎间盘应力分布不均、椎间小关节活动紊乱、椎间关节炎和椎间盘内部断裂等并引发疼痛，中枢运动控制失能再进一步通过“疼痛保护性”机制，有意减少疼痛肌肉的活动，从而形成“运动减少—稳定性破坏—疼痛保护—运动减少”的恶性循环，造成进一步的腰椎稳定肌功能障碍和腰部活动限制[29]。

虽然坐姿工作与腰痛之间的一般因果关系尚未得到证实，但长期以不正确的坐姿久坐已被发现会增加发生腰痛的风险，例如可以引起腰椎活动失调、腰部多裂肌萎缩和腰椎神经控制失能等。相反，越来越多的研究指出，具有动态座面活动功能的活动座椅，或者采用站起活动的久坐中断坐姿健康管理策略，可以有效改善坐姿肌肉功能、腰椎间盘营养和脊柱负荷等，这些变化均有助于预防和改善与久坐和不良坐姿有关的腰痛、腰椎间盘退化和肌肉功能受损等。此外，采用电子压力传感等数字和智能传感技术、物联网通信技术实时识别和监测坐姿、久坐和可能存在的坐姿工作风险，并提醒使用者采取正确的坐姿或者起身适当活动，也可在一定程度上有助于维持良好的坐姿以便健康工作。例如，通过在办公椅的靠背和坐垫内安置六个柔性力传感器，以及在座椅上内置 Arduino Nano 微控制器、Wi-Fi 发射器、一个与远程服务器通信的 Wi-Fi 接收器和一个显示实时读数的图形用户界面等，可以实现 9 种坐姿的准确识别。以上研究对人体工学座椅设计具有重要启示。通过改善座椅舒适性、增强座椅的腰椎保护功能、养成良好坐姿、减少久坐时间和增加腰椎稳定肌的主动训练等，可以有效预防慢性腰痛的发生。

3.4.2 颈痛

颈痛（neck pain）是一种颈椎结构和功能异常的疾病，通常由于长期不正确的姿势或者其他因素，颈部肌肉、韧带、椎间盘、神经根或颈椎骨质等部位发生损伤或出现炎症。颈椎病可能导致颈部疼痛、僵硬、头痛、肩部疼痛、手臂麻木等症状。久坐办公是导致颈椎病的常见原因之一。在办公室长时间保持同一姿势，特别是头部和颈部处于前倾状态时，可能会导致颈椎过度负荷，加重颈部肌肉和颈椎的压力，最终引发颈椎病。

我国颈椎病患病率较高，一般人群基本患病率为 8.1%～19.1%。一些特殊职业或年龄段人群颈椎病患病率则更高。预防久坐办公引发颈椎病发生，可采取以下措施：保持正确的坐姿，包括头部挺直、双脚平放在地面上、肩部放松等，避免长时间低头或者头部前倾；每隔一段时间就站起来活动一下，进行一些颈部和肩部的伸展运动，缓解肌肉紧张和疲劳；根据个人需求，调整办公桌椅的高度和角度，使得工作环境更符合人体工程学原理，减少颈部肌肉和颈椎的负荷；使用符合人体工程学设计的椅子、支撑靠背、键盘和显示器，可以减轻颈部的压力，降低颈椎病的风险；在工作之外进行颈部和肩部肌肉的强化和柔韧性训练，有助于减少颈椎病的发生。如果已经出现颈椎病的症状，建议及时就医，接受专业治疗和康复指导。

3.4.3 肌筋膜炎

肌筋膜炎（myofascitis）是指慢性劳损、风寒等原因引起的筋膜、肌膜和韧带等产生的非特异性炎症变化和不适与疼痛反应，是一种疼痛性疾病。不适与疼痛主要源自肌肉和筋膜组织损伤时释放的炎症介质和疼痛介质，如前列腺素、白细胞三烯、组胺等，这些物质可以引起组织充血、水肿、炎症反应和疼痛感觉[30]。同时，受损肌肉和筋膜组织释放化学物质可引起肌肉收缩，增加肌肉僵硬度、肿胀和疼痛感，运动功能受限。久坐办公与肌筋膜炎有密切关系，主要是因为长时间保持不正确的坐姿，如弯腰过度、驼背等，会增加腰椎和背部肌肉的负担，造成肌肉内部微小损伤，引发肌筋膜炎。此外，久坐办公导致腰背部肌肉长时间处于静止收缩状态，缺乏足够的运动，使得肌肉和筋膜变得僵硬和紧张，易受伤害。频繁地进行一些重复性的动作，如长时间使用键盘、鼠标等，可能导致手臂、手腕和肩部肌肉的过度使用，引发肌筋膜炎等。预防久坐引发的肌筋膜炎，可以采取以下措施：保持正确的坐姿，包括脊柱挺直、双脚平放在地面上、肘部与身体成 90°等，避免长时间弯腰或者驼背；使用符合人体工程学设计的椅子、支撑靠背、键盘和鼠标，可以减轻腰背部的压力，降低患肌筋膜炎的风险；在工作之外进行腰背部肌肉的强化和柔韧性训练，有助于减少腰背部肌筋膜炎的发生。如果已经出现腰背部肌筋膜炎的症状，建议及时就医，接受专业治疗和康复指导。

3.4.4　下肢水肿

下肢水肿(lower limb edema)是一种因组织液生成能力超过淋巴系统引流能力而产生的肿胀现象，会产生明显的下肢沉重感、不适感和疼痛。久坐办公过程中产生的下肢水肿现象受久坐时长、大腿后群肌肉压迫、坐姿和肌肉活动减少等因素的影响，坐姿工作时间越长，座面特别是大腿后部压力越大，二郎腿坐姿时间越长以及下肢肌肉活动越少，下肢水肿越明显。此外，年长者较年轻人更容易产生下肢水肿。预防久坐下肢水肿的发生，除了养成良好的生活和工作作息习惯、减少久坐时长和增加身体活坐姿动外，还可以选择座面支撑材料柔软和座面结构设计合理的座椅、使用坐站结合的坐站式工作台或者采用“久坐中断”的坐姿工作方式等加以预防[31]。

3.5　本 章 小 结

座椅设计的科学构成特指座椅设计构思、设计过程、设计活动和设计方案等应符合坐姿工作的生物力学、生理学和医学等设计原理和要求，以确保座椅在功能性、舒适性、适用性和安全性等方面满足用户在不同使用场景下对座椅产品及其使用的需求。生物力学原理强调座椅设计应符合坐姿人体结构、坐姿力学和坐姿工效学特征等，以减少不良姿势带来的身体疲劳、下肢血液回流受阻、座面压力和椎间盘内压升高等；应能够根据用户的个体差异对座椅高度、座面深度、头枕位置、扶手高度和角度、腰骶支持的位置和硬度等进行调整和个性化设置，以满足座椅舒适性和使用性等要求。生理学原理强调座椅设计应兼顾人体在长时间坐姿下的生理特征和需求，如脊柱的曲线、关节的角度以及坐姿肌肉活动及其神经控制等，座椅设计应该能够提供足够的支撑和舒适度，提供降低坐姿肌肉神经控制失能风险的产品功能，以减少长时间坐姿带来的潜在健康问题。而医学原理则要求针对久坐工作对人体健康的不良影响，减少慢性腰痛、颈椎病、腰椎间盘突出、肌筋膜炎、静脉曲张等疾病风险，确保座椅设计和使用能够对人体坐姿工作产生积极有益的影响，提供健康、有效、舒适和安全的产品保障。

参考文献

[1] 王健, 罗仕鉴. 健康座椅[M]. 杭州: 浙江大学出版社, 2017.

[2] 丁玉兰. 人机工程学[M]. 2 版. 北京: 北京理工大学出版社, 2000.

[3] 周一鸣, 毛恩荣. 车辆人机工程学[M]. 北京: 北京理工大学出版社, 1999.

[4] Wickens C D. 人因工程学导论[M]. 张侃, 译. 上海: 华东师范大学出版社, 2007.

[5] Middleditch A, Oliver J. 脊柱功能解剖学[M]. 2 版. 赵宇, 盛伟斌, 译. 北京: 人民军医出版社, 2013.

[6] Harrison D D, Harrison S O, Croft A C, et al. Sitting biomechanics part I: Review of the literature[J]. Journal of Manipulative and Physiological Therapeutics, 1999, 22(9): 594-609.

[7] Schoberth H. Sitzhaltung · Sitzschaden Sitzmöbel[M]. 2nd ed. Berlin: Springer-Verlag, 2012.

[8] Keegan J J. Alterations of the lumbar curve related to posture and seating[J]. The Journal of Bone and Joint Surgery American Volume, 1953, 35-A(3): 589-603.

[9] Rasmussen J, Tørholm S, de Zee M. Computational analysis of the influence of seat pan inclination and friction on muscle activity and spinal joint forces[J]. International Journal of Industrial Ergonomics, 2009, 39(1): 52-57.

[10] Cho M, Han J S, Kang S, et al. Biomechanical effects of different sitting postures and physiologic movements on the lumbar spine: A finite element study[J]. Bioengineering, 2023, 10(9): 1051.

[11] Andersson B J, Örtengren R, Nachemson A L, et al. The sitting posture: An electromyographic and discometric study[J]. Orthopedic Clinics of North America, 1975, 6(1): 105-120.

[12] Hedge A. Cornell's ergonomic seat evaluation v21[Z]. Ithaca: Cornell University, 2007.

[13] Panjabi M M. Clinical spinal instability and low back pain[J]. Journal of Electromyography and Kinesiology, 2003, 13(4): 371-379.

[14] Panjabi M M. The stabilizing system of the spine. Part I. Function, dysfunction, adaptation, and enhancement[J]. Journal of Spinal Disorders, 1992, 5(4): 383-389.

[15] Wittig T. Ergonomische Untersuchung alternativer Büro- und Bildschirmarbeitsplatzkonzepte[M]. Bremerhaven: Wirtschaftsverlag N. W., 2000.

[16] van Dieën J H, Oude Vrielink H H, Toussaint H M. An investigation into the relevance of the pattern of temporal activation with respect to erector spinae muscle endurance[J]. European Journal of Applied Physiology and Occupational Physiology, 1993, 66(1): 70-75.

[17] Kuster R P, Bauer C M, Baumgartner D. Is active sitting on a dynamic office chair controlled by the trunk muscles?[J]. PLoS One, 2020, 15(11): e0242854.

[18] Cardoso M R, Cardenas A K, Albert W J. A biomechanical analysis of active vs static office chair designs[J]. Applied Ergonomics, 2021, 96: 103481.

[19] Simons D, Travell J. Myofascial trigger points, a possible explanation[J]. Pain, 1981, 10(1): 106-109.

[20] Hägg G M. Interpretation of EMG spectral alterations and alteration indexes at sustained contraction[J]. Journal of Applied Physiology, 1992, 73(4): 1211-1217.

[21] Kallenberg L A C, Hermens H J. Motor unit action potential rate and motor unit action potential shape properties in subjects with work-related chronic pain[J]. European Journal of Applied Physiology, 2006, 96(2): 203-208.

[22] Thorfinn J, Sjoberg F, Lidman D. Sitting can cause ischaemia in the subcutaneous tissue of the buttocks, which implicates multilayer tissue damage in the development of pressure ulcers[J]. Scandinavian Journal of Plastic and Reconstructive Surgery and Hand Surgery, 2009, 43(2): 82-89.

[23] de Geer C M. Intervertebral disk nutrients and transport mechanisms in relation to disk degeneration: A narrative literature review[J]. Journal of Chiropractic Medicine, 2018, 17(2): 97-105.

[24] Healy G N, Clark B K, Winkler E A H, et al. Measurement of adults' sedentary time in population-based studies[J]. American Journal of Preventive Medicine, 2011, 41(2): 216-227.

[25] Brown H E, Ryde G C, Gilson N D, et al. Objectively measured sedentary behavior and physical activity in office employees: Relationships with presenteeism[J]. Journal of Occupational and Environmental Medicine, 2013, 55(8): 945-953.

[26] Jans M P, Proper K I, Hildebrandt V H. Sedentary behavior in Dutch workers: Differences between occupations and business sectors[J]. American Journal of Preventive Medicine, 2007, 33(6): 450-454.

[27] GBD 2019 Iran Collaborators. Health system performance in Iran: A systematic analysis for the global burden of disease study 2019[J]. Lancet, 2022, 399(10335): 1625-1645.

[28] Kyu H H, Bachman V F, Alexander L T, et al. Physical activity and risk of breast cancer, colon cancer, diabetes, ischemic heart disease, and ischemic stroke events: Systematic review and dose-response meta-analysis for the global burden of disease study 2013[J]. The BMJ, 2016, 354: i3857.

[29] Hides J, Gilmore C, Stanton W, et al. Multifidus size and symmetry among chronic LBP and healthy asymptomatic subjects[J]. Manual Therapy, 2008, 13(1): 43-49.

[30] Xu X J, Wang W L. Efficacy observation on acupuncture plus moving cupping with compound white mustard oil for lumbar myofascitis[J]. Journal of Acupuncture and Tuina Science, 2018, 16(1): 43-47.

[31] Francisco R, Nunes C L, Breda J, et al. Breaking of sitting time prevents lower leg swelling-comparison among sit, stand and intermittent (sit-to-stand transitions) conditions[J]. Biology, 2022, 11(6): 899-909.

第 4 章 人体工学办公座椅技术构成

座椅设计的技术构成(technological composition)主要针对现代人坐姿办公下的人椅界面支撑技术、底座架构技术、办公拓展技术和数智化座椅技术等方面的问题，从人体办公姿态的生理需求出发，定位座椅各组成机构的功能需要，结合创新设计思维，总结符合办公需求的应用技术解决方案。技术创新是创新驱动的必要条件，设计者必须了解并系统性地应用创新技术，实现产品和服务的实用性与方便性[1]。其中，人椅界面支撑技术包括适用于腰背、臀部、头颈、前臂、下肢等部位的支撑技术，确保座椅与人体主要接触的部位能够提供有效的支撑性和舒适性；底座架构技术包括底盘技术、气杆技术、五星脚技术，应对座椅在不同使用状态下的动态坐姿需求，保证灵活性和可靠性；办公拓展技术包括动态坐姿适配技术、辅助站立技术、辅助收纳技术、辅助休息技术，确保座椅能够适应人类办公模式下的拓展性功能需求；数智化座椅技术包括生命体征监测技术、智能数字连接技术、智能交互技术，以适应数字时代下的个性化需求。

4.1 人椅界面支撑技术

坐姿是一种相对省力的办公姿势，主要依靠脊柱、骨盆和足部来维持身体平衡。办公座椅的人椅界面研究的是人体与座椅结构相接触的区域，主要包括座椅的腰背部支撑、座面、头颈部支撑、扶手以及下肢支撑(如腿托)这五个关键部位。研究显示，人们每天“坐”的时间已经超过了清醒时间的 55%，由“久坐”而造成的体力活动减少和身体不适已成为流行率唯一超过 50%的不健康行为。良好的坐姿能保证脊柱中的椎间盘承受均匀的压力，维持人体脊柱生理曲度(包括颈曲、胸曲、腰曲和骶曲)被认为是脊柱得到良好保护的标志。因此，办公座椅的设计需从人体工学角度出发，充分考虑这些与人体交互的界面提供的支撑能力，减小人体办公姿态下的外在负荷，进而减轻如椎间盘、肌肉、神经、血液循环引起的不适等。这些部分在设计和实现中各有侧重，需要考虑到各自的支撑形式、受力要求、动态结构和材质属性。每一部分的设计都必须协同工作，共同构成办公座椅的整体人体工学性能，这不仅关乎舒适度，更关乎用户的身体健康。

4.1.1 腰背部支撑技术

人在坐姿状态下，头部、上肢、身体躯干的重量主要由坐骨结节和周围组织承载，坐骨处承受较大压力，易导致腰椎弯曲度发生改变，若缺乏腰背部的支撑力量可能会导致腰椎前凸，增加对脊柱结构的应力(图 4.1)。在人体工学办公座椅设计中，根据人体工学原理，座椅靠背设计的主要目的是在办公过程中为脊柱的胸曲、腰曲和骶曲三个部分提供有效支持和保护，依据这些生理曲度调整椅背的形态特征，一般分为靠背弧度与倾角、腰部弧度与腰部突出量、骶支撑位置与角度[2]。

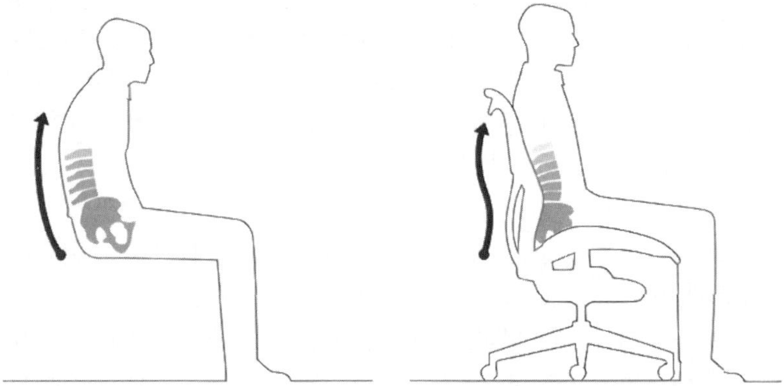

图 4.1　腰背部无支撑和有支撑的脊柱应力

图片来源：hermanmiller.com

1. 腰部支撑技术

无论是在直立坐姿还是前倾坐姿下，人体上半身躯干重量主要集中于 L4～L5 腰椎上，加之久坐不动，脊柱稳定肌容易失控，严重破坏脊柱稳定性。腰部支撑技术主要用于分担上半身躯干重量，并在一定程度上改善坐姿，减少脊柱屈曲(图 4.2)[3]。办公椅的座面尺寸与椅背形态极大影响腰部支撑，设计不合理的椅背会出现腰椎间隙，导致腰椎疼痛和肌肉疲劳。办公座椅腰部支撑主要有一体式、独立式两种，一般分为手动调节和自适应调节两种。

一体式腰部支撑技术通过靠背下部具有一定突出量的腰部弧度实现，一般采用高拉伸性的包覆材料或在包覆材料背面配备硬性支撑骨架结构，提供弧度曲线的保持以及一定的支撑性能。例如，Think 椅采用横向条状支撑骨架为腰部提供加强支撑(图 4.3)，并且支撑骨架可以上下调节高度以适应不同身高的用户。

独立式腰部支撑采用腰背分离的技术，将腰部支撑结构独立于座椅椅背之外，这样可以提供更适用于腰部曲线的支撑结构，提供更具灵活性的用户自定义调节功能。例如，永艺 Act100 办公椅腰撑部分设计有强、弱两档调节力度(图 4.4)，这样可以根据用户的不同坐姿需求进行调整：在端坐姿态时提供强力支撑，保持腰部直立和稳定；在后仰姿态时提供较弱力度的支撑，允许更大范围的活动和放

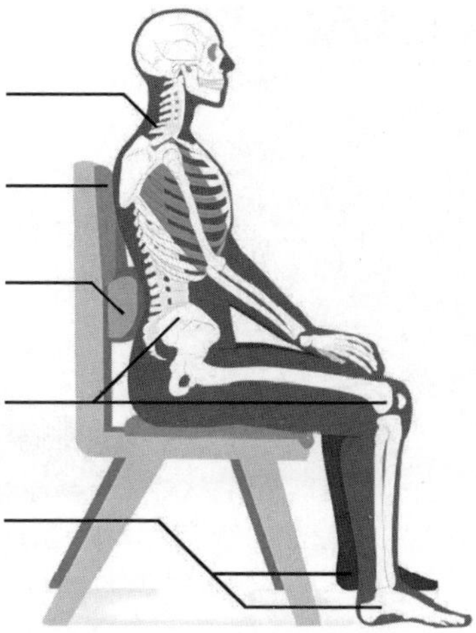

图 4.2　腰部支撑可以有效改善坐姿

图片来源：medicalnewstoday.com

图 4.3　Think 椅腰部支撑骨架

图片来源：steelcase.com

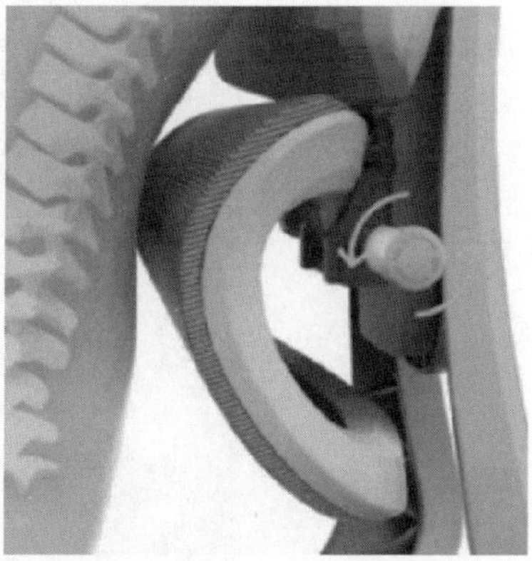

图 4.4　腰撑分级调节

图片来源：post.smzdm.com

松。这种调节功能的设计考虑了人体工学原理，旨在优化坐姿和减少长时间坐着引起的腰背部不适。

除了手动调节以外，有些人体工学办公座椅还设计有自适应腰部支撑技术，可以提供高度、深度双向调节能力，使腰部支撑紧贴人体背部曲线，提供稳定可靠的支撑。例如，Secretlab 公司的 4D L-ADAPT™腰部支撑系统（图 4.5），通过一系列 Y 形铰链网格实现贴合人体腰部曲线的功能，并能随人体背部移动而灵活自适应调整，提供在任何坐姿下的支撑功能，称为游戏椅上最先进的腰部支撑系统。

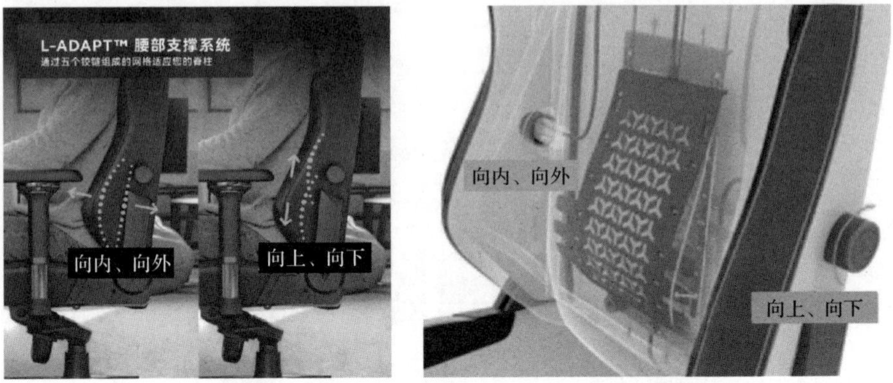

图 4.5　Secretlab 公司的 4D L-ADAPT™腰部支撑系统

图片来源：amazon.com

Steelcase 公司通过采用 3D Liveback 动态椅背技术（图 4.6），在椅背中增加空气柱结构，可根据人体背部压力改变形状并提供腰部支撑。

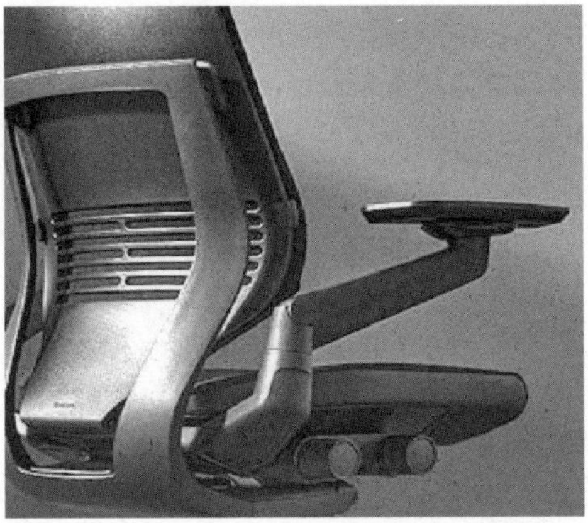

图 4.6　Steelcase 公司 3D Liveback 动态椅背技术

图片来源：store.steelcase.com

在许多工作环境中无法频繁采用非坐姿的休息方式时，可通过后仰放松坐姿缓解脊柱压力。Pape 等[4]研究发现，后仰放松坐姿下的腰部支撑对减少脊柱承压具有十分重要的作用。半躺坐姿有助于恢复由长时间坐姿导致的脊柱高度损伤，经过一段时间的负荷后，采用有支撑的半躺坐姿可以显著增加脊柱高度，可能对椎间盘的健康有益。

腰部支撑的倾角调节对舒适性有显著影响，特别是在前倾坐姿下，腰部支撑位置应稍低以贴合腰椎的弯曲角度[5]。腰部支撑的设计需控制支撑突出量，一些腰部特别突出的座椅设计已经偏离了模拟脊柱自然曲度的仿生理念，虽然对腰部的支撑更强也更明显，但是长时间使用同样会造成腰椎变形。

2. 骶骨支撑技术

当人从站立转为坐姿时，骨盆会向后旋转，骶骨是整个脊柱的基础，位于腰椎下方，通过 L5/S1 关节和软组织结构与腰椎相连。骶骨支撑技术是一种专门针对骶骨区域设计的人体工学技术，旨在通过科学的方法提供有效的支撑和舒适度，保持骶骨及其周围区域的自然生理曲线，减少脊柱的应力和张力。

研究表明，良好的骶骨支撑可以显著改善坐姿，减少由坐姿不良引起的腰痛和其他肌肉骨骼疾病。具体来说，骶骨支撑装置通常采用符合人体工学的曲面设计，提供对腰椎和骶骨的同时支撑（图 4.7），让臀部形成略微前倾角度，可以增加脊柱底部稳定性，有助于脊柱轮廓保持自然的 S 形曲线。

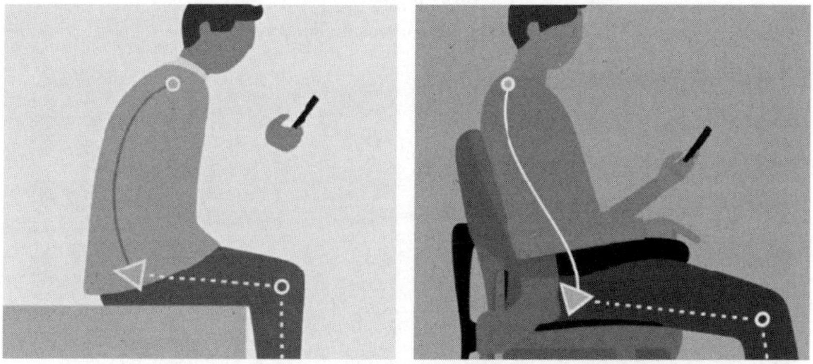

图 4.7　骶骨支撑产生脊柱曲线变化示意图

图片来源：weibo.com

许多高端办公椅配备了可调节的骶骨支撑功能，用户可以根据自身需求调整支撑的高度和深度，还具备动态适应性，可以根据用户的坐姿变化自动调整支撑力度，提供持续的动态支撑。例如，Herman Miller 公司的 PostureFit SL 骶骨承托技术通过一系列单独的支撑垫实现骶骨支撑和腰椎支撑合并，使用户坐下时骨盆略微前倾（图 4.8），并且用户可以根据需要调整骶骨支撑的高度和强度。这种设计确保了用户在不同坐姿下，骶骨区域始终得到良好的支撑，避免了长时间固定坐姿对骶骨和腰部的压力积累。

骶骨支撑技术的科学性在于其基于生物力学和人体工学原理，通过科学的设计和调整方法，确保脊柱和骶骨区域在坐姿中的自然曲线，减少不良坐姿对健康的负面影响。它不仅在短期内提供舒适感，还在长期使用中起到预防和缓解腰部疼痛的作用。Anthros 公司办公椅以独立式骶骨支撑结构改善坐姿（图 4.9），减少腰部压力，预防和消除疼痛，内置倾斜机构可在保持中立坐姿时减轻身体的压力。

通过整合传感器和人工智能技术，未来的骶骨支撑系统能够实时监测用户的坐姿和生理参数，自动调整支撑力度，提供更精准和个性化的支撑，进一步提

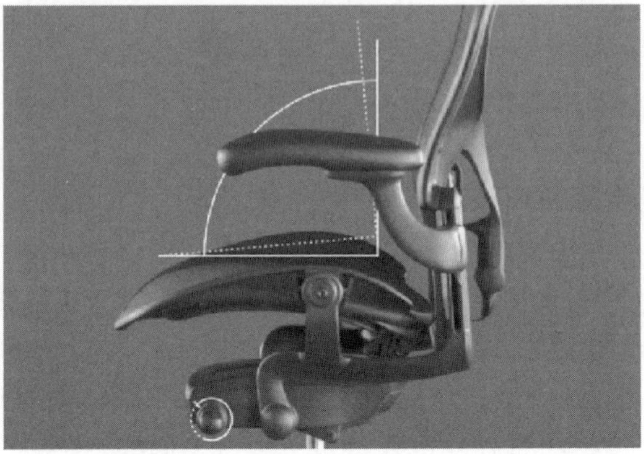

图 4.8　PostureFit SL 骶骨承托技术

图片来源：store.hermanmiller.com

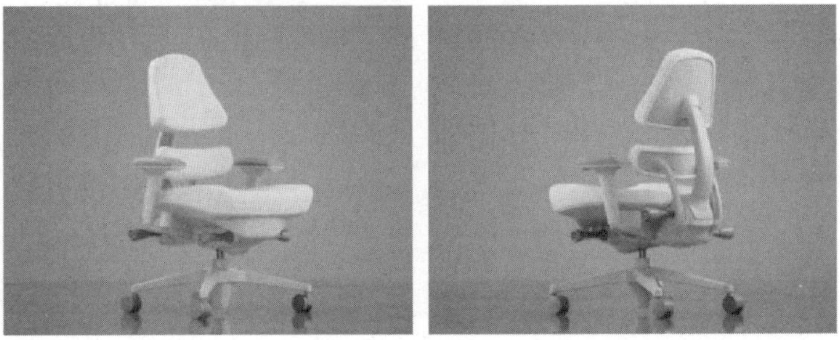

图 4.9　Anthros 办公椅的独立式骶骨支撑结构

图片来源：configurator.anthros.com

升健康保护的效果。

3. 背部支撑技术

在办公座椅使用过程中，人体背部与椅背的接触面积最大，椅背的形态及其支撑性很大程度上决定了人体的脊柱形态和舒适性，因此靠背弧度设计应按照人体脊柱曲度和相关尺寸设计，以使人体在向后倚靠时得到充分、合理的支撑。为更好地适应人体背部曲线，人体工学座椅发展出自适应椅背支撑技术，通过椅背结构实现动态支撑功能，靠背可跟随着人体背部运动产生自然滑动，根据脊柱曲线变化提供支撑，根据用户的背部形状和压力分布调整支撑力度，提供动态的支撑和舒适性。

点阵式承托技术是通过受力点自适应感应压力分布，达到分散压力点、舒适支撑的效果。Herman Miller 公司的 Backfit 技术采用像素化点阵式承托的创新型结构，配合中央脊椎与柔性肋骨，模仿人体脊柱的自然曲线，可有效消除压力点，全面支撑脊柱(图 4.10)。

靠背倾角对脊柱姿势和肌肉活动的影响显著，日常坐姿中应尽量选择靠背倾角

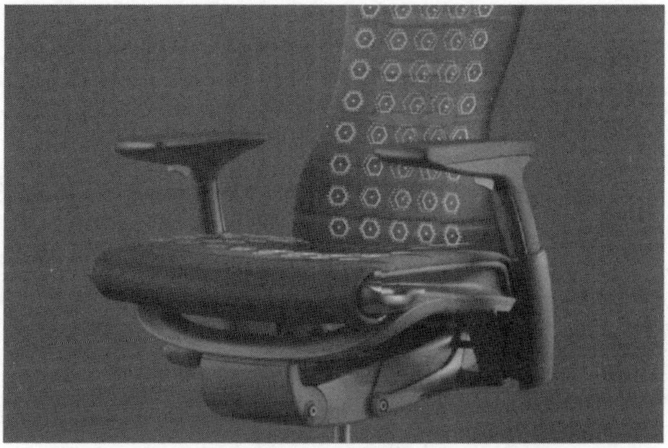

图 4.10　Backfit 技术的点阵式承托技术

图片来源：mmorpg.com

大的坐姿，以维持正常的脊柱生理曲度。研究显示，人体端坐时坐骨大约会承受体重 150%的压力，而后仰所受的压力会减小至 75%。Lengsfeld 等[6]通过有限元模拟的方式研究了座面倾角、靠背及其与座面的联动机制对脊柱曲度的影响，提出办公椅向后倾斜能使脊柱压力降低，在座面和靠背后倾的状态下脊柱在 L4～L5 椎体可以达到最大 11.7°～2.8°的曲度下降，表明办公椅座面和靠背同时后倾有利于脊柱健康。

除靠背结构上的支撑性能外，包覆网面的支撑性能也很重要。研究表明，座椅靠背的拉伸性能对胸椎和腰椎曲度影响显著。Knoll 公司的 Elastomer Flex Back Net 技术主要为腰背部支撑而设计(图 4.11)，采用高弹性网面保证支撑性与舒适性。其 Remix 高背椅采用灵活靠背框架与三点倾斜锁结构，提供额外肩部支撑，能充分满足人体调节和放松需求。

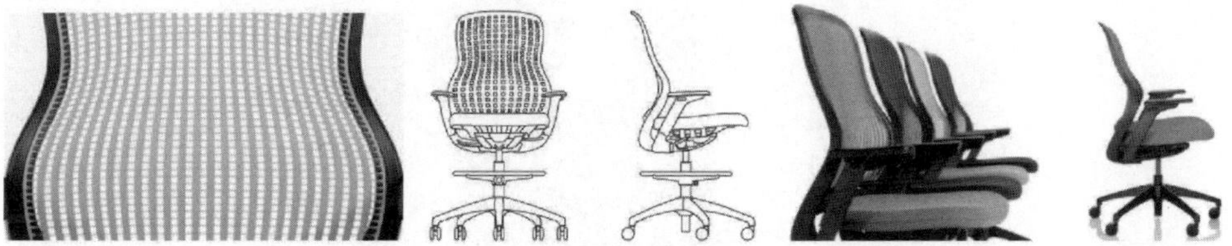

图 4.11　Elastomer Flex Back Net 腰背部支撑技术

图片来源：knoll.com, camodernhome.com

4.1.2　座面支撑技术

人体坐姿可分两种(图 4.12)，一种为一个支撑点，只有臀部与座位相接触；另一种为两个支撑点，臀部、背部与座位均接触[7]，无论哪种坐姿都离不开座面支撑技术。结合人体工学原理，座面支撑技术的主要评价标准是臀部及下肢舒适感，核心问题是优化坐姿压力分布和调节热平衡。

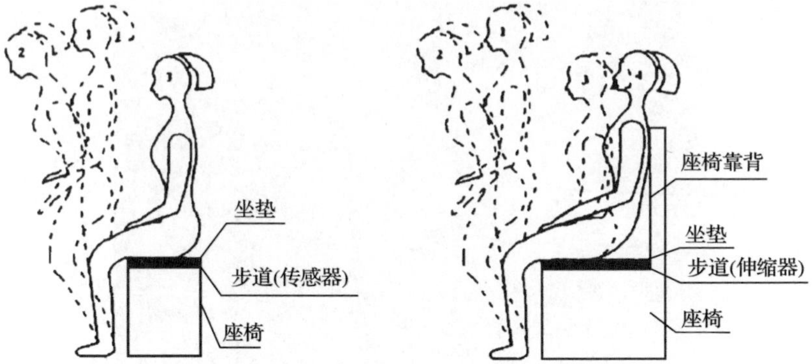

图 4.12　人体坐姿的两种支撑方式[7]

1. 优化坐压分布技术

研究表明臀部舒适感与接触面积呈正相关，接触面积大的座面容易使人保持合理的坐姿，从而适当分布椎间盘上的压力并通过坐骨结节将其传递到座面上[8]。根据人体生理学和解剖学原理，坐姿压力分布应左右对称且无明显的异常峰值，坐骨处压力最高，向四周逐渐减小，股后区的压力递减到座椅前沿接触大腿下表面的压力最小，且膝盖后部不受压力，另外臀大肌中部位置的压力不能过大[9]（图 4.13）。例如，很多坐垫的座面前段一般采用带有弧度的瀑布式软边，可以扩大大腿和座面的接触面，有利于压力分散[10]。

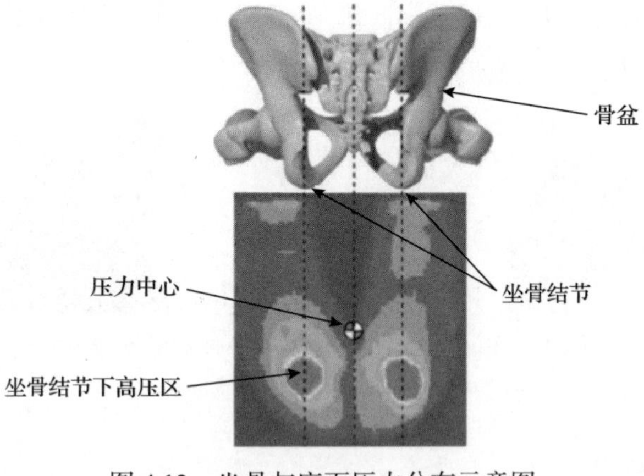

图 4.13　坐骨与座面压力分布示意图

图片来源：semanticscholar.org

一些人体工学座椅座面会采用拉伸性能很好的弹性材料，使其可以在多个方向上弯曲，这样的材料特性用于座面，能够均匀分布用户的体重，减少局部压力点，对长时间坐姿的舒适性和增加组织灌注非常重要。例如，Aeron 椅的坐垫使用了 Pellicle 悬浮网面技术(图 4.14)，在具备良好透气性的同时，具有极高的弹性和回弹性，能够根据用户的体型和坐姿提供适应性的支撑，确保用户在不同坐姿下都能获得良好的支撑和舒适感。

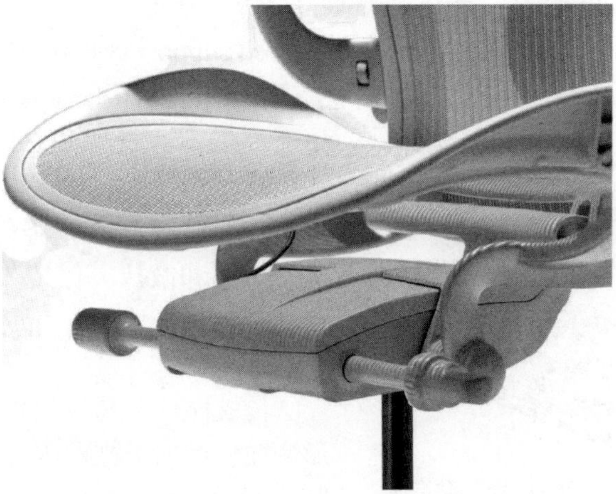

图 4.14　Aeron 椅坐垫 Pellicle 悬浮网面技术

图片来源：hermanmiller.com

采用高级压力映射传感器对座面进行分析和优化，可以实现均匀的重量分布和最大的压力缓解。例如，Secretlab 公司的冷固泡沫专利技术坐垫(图 4.15)材质中等硬度，能提供轻柔的包裹感，实现长时间坐姿压力减轻的作用。

图 4.15　Secretlab 公司坐垫支撑性与压力分布

图片来源：secretlab.co，amazon.com，creativebloq.com

2. 热平衡调节技术

人通过运动和新陈代谢与外界环境保持热平衡。久坐时，臀部与坐垫接触的位置空气不流通，易导致皮肤表面温度、湿度升高而产生不适，因此座面舒适性在调节热平衡方面主要通过座面材质结构技术实现。

主流的座面材质主要有皮质、纤维网面、泡沫、海绵等。皮质更有质感，但透气性较差；纤维网面材质透气性好，但是坐感一般，大体重使用者坐久了可能会腿麻；泡沫材质硬度较高，支撑性好，但透气性差；海绵材质柔软，包裹性好，但是透气性一般且不好清洁，不适合易出汗者；蜂窝式海绵有效地解决了透气性差的问题，并且支撑性好，能将臀部压力分散。

Embody 座椅运用盆骨支撑系统（pixelated support system）（图 4.16），将坐垫分为四层，自上而下分别是纺织面料层、布垫层、局部弹簧层和总体弹簧层，下三层均以孔状结构为主，可根据臀部形状变化，提供充足的支撑和增强气流，有利于增加空气流通和散热，保持久坐的凉爽舒适。

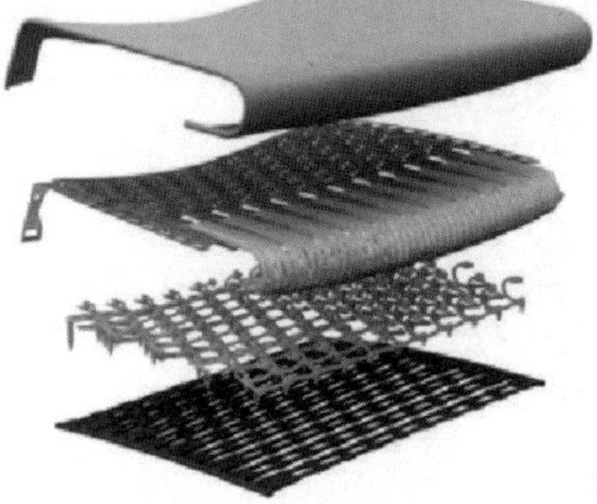

图 4.16　Embody 座椅的盆骨支撑系统

图片来源：hermanmiller.com

3. 辅助骨盆前倾技术

传统座椅容易导致骨盆后倾，脊柱呈 C 形弯曲，增加了腰椎压力。因此，有些特殊座椅通过抬高坐垫前部，促使骨盆前倾，从而维持脊柱的自然 S 形曲线，减少腰椎的压力。例如，鞍座椅通过模仿骑马的姿势而设计（图 4.17），座面前部抬高，两侧向下倾斜，类似马鞍的形状，可以辅助骨盆前倾，能够促使人体保持脊柱的自然曲线，同时膝盖会略低于髋部，双腿呈自然分开的姿势，还有助于下肢血液循环，减少久坐引起的下肢不适，适用于长时间办公或需要保持良好姿势的工作环境。

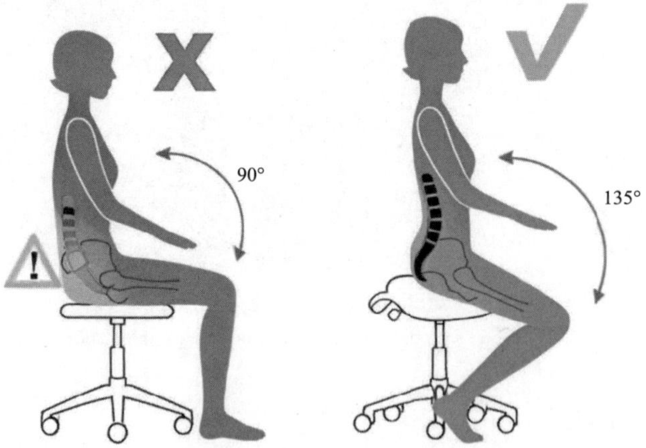

图 4.17　鞍座椅坐姿示意图

图片来源：amazon.sg

跪姿椅通过支撑膝盖和小腿促使骨盆前倾（图 4.18），用户的体重分布在膝盖和臀部之间，有助于保持脊柱的自然对齐，减少腰部压力。

图 4.18　跪姿椅支撑示意图

图片来源：amazon.com

4.1.3　头颈部支撑技术

头枕通常被视为办公椅靠背的一个衍生部分，主要负责头颈部的支撑。科学、有效的头枕设计可以显著减轻肩颈负担(图 4.19)，降低颈部肌肉的活动频率，缩小头部和肩部的前倾角度[11]，从而优化坐姿，预防由长时间工作姿态引起的肌肉疲劳和工作相关疾病，提高舒适性和工作效率。

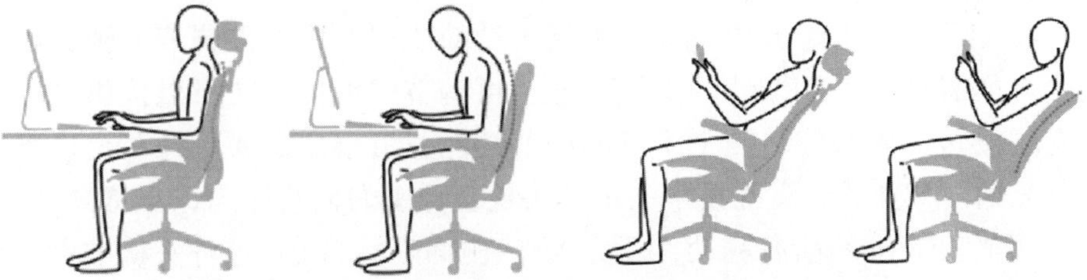

图 4.19　有、无头枕对直立坐姿及后仰坐姿的脊柱健康影响

图片来源：engineerednow.com

1. 固定式支撑

头枕的设计应基于人体工学原则，关注其功能尺寸和曲线形态。头枕支撑高度应与坐姿颈椎点高度相匹配，根据不同人种的体型差异设置调节范围[12]，人体工学办公座椅头枕高度一般推荐为 580～630mm，头枕深度为 70～80mm，头枕支撑弧度一般为固定值，直径建议为 100～130mm。头枕的材质和设计应考虑到与用户的直接交互，高弹性网面、高质量的记忆泡沫等支撑性较强的材质可以增加头枕的舒适性和适应性。

Contessa II 办公椅的固定式头枕（图 4.20）宽度达到 45cm，使用与椅背相同的网布材质，特别适合需要频繁左右转头的使用场景，提供稳定的支撑功能。Secretlab 公司推出的磁性记忆泡沫头枕（图 4.21）采用了独特的高密度黏弹性泡沫技术（PlushCell™泡沫），针对性地提供对头部和颈部的支撑能力，头枕通过磁性连接，用户可以轻松地安装或调整位置，以适应不同的使用需求和坐姿。

图 4.20 Contessa II 办公椅的固定式头枕

图片来源：amazon.co.jp

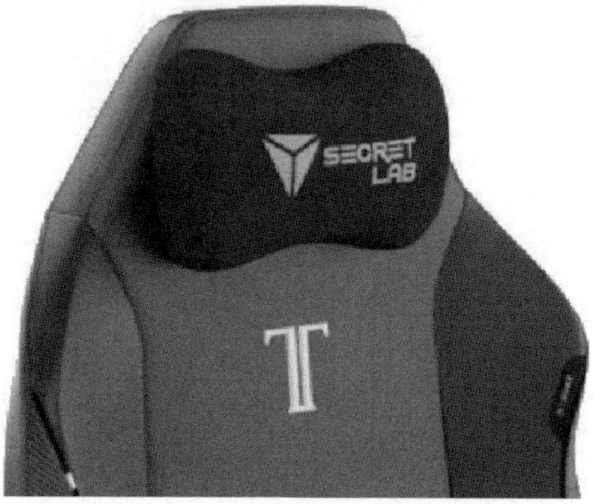

图 4.21 Secretlab 公司推出的磁性记忆泡沫头枕

图片来源：secretlab.co

2. 可调节式支撑

人体工学办公座椅头枕应根据不同人种的体型差异设置调节范围，以适应不同用户的需求，提供个性的支撑功能。可调节式头枕往往可以提供高度、深度、左右旋转、俯仰旋转四个维度的调节功能，可根据需要选择若干维度。例如，永艺的 3D 自适应头枕技术展示了头枕设计中的创新应用，支持高度 12cm 的上下调整和 7cm 的前后移动，以及 90°的俯仰旋转功能。这种头枕的设计允许用户根据个人需要和工作条件自定义设置，从而提供了高度个性化的支持。特别是对办公椅的人体工学性能来说，这种灵活的调整能够显著减轻颈椎压力，适合长时间使用计算机的职场人士。

Contessa II 办公椅在提供固定式头枕的同时，还提供可调节式头枕（图 4.22），

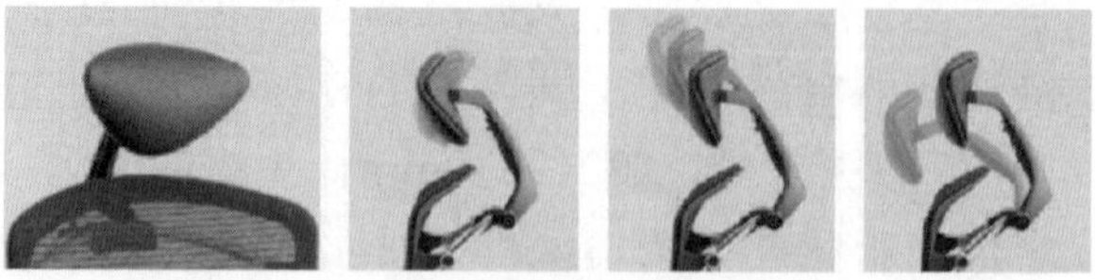

图 4.22 Contessa II 办公椅可调节式头枕

图片来源：hommagelifestyle.com

可调节式头枕尺寸较小，采用牛皮材质，提供高低、前后、仰角的调节，可以根据不同用户的身形和习惯进行个性化调整，增强了其适应性和功能性。

4.1.4　扶手支撑技术

办公座椅的扶手支撑技术是设计用来提供额外的舒适度和支持的，能够帮助减轻肩部和颈部的压力，进而有助于减轻久坐对腰椎间盘的损害。良好的扶手支撑技术在人体直立坐姿下双臂自然下垂，扶手高度贴近肘部下侧，前臂落于扶手上用于轻微辅助支撑(肘部不支撑)，使肘关节弯曲成 90°～100°(图 4.23)。根据 Steelcase 公司统计的 9 种常见办公坐姿，其中 5 种需要扶手支撑(图 4.24)，且各姿势需要的扶手高度和角度不同，因此扶手的高度、角度和灵活调节性能对于长时间工作时保持正确的坐姿非常重要。

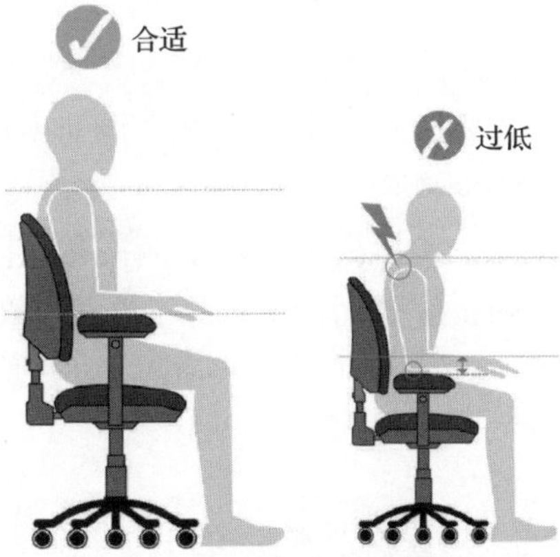

图 4.23　扶手支撑的人体工学示意图

图片来源：ohcow.on.ca

图 4.24　Steelcase 公司总结的 9 种办公姿势

图片来源：steelcase.com

根据调节方式和功能，扶手可以分为固定扶手、高度可调节扶手、四维可调节扶手、可更换扶手四类。

1. 固定扶手

固定扶手是最基本的类型，不能调整高度或位置，通常设计为与椅子整体的人体工学形状相匹配。固定扶手的人体工学办公座椅一般为直立办公坐姿设计,理想的手肘支撑点距座面高度为21～31cm,上臂与垂直参考线的夹角为15°～20°。肌电测量结果显示，人体在这个状态下肌肉活跃度达到最低，最不容易感到疲劳。很多入门级的办公椅，如宜家(IKEA)的 Renberget，就配备了固定扶手。虽然它们提供了一定程度的舒适和支持，但可能不适合所有体型的用户或长时间的使用。

2. 高度可调节扶手

高度可调节扶手允许用户根据需要调整扶手的高度，帮助用户在不同工作任务时保持手臂和肩膀的正确位置，减少紧张和疲劳。例如，Contessa II 提供了十个高度档位(图 4.25)，每档相差 1cm，按压扶手立柱上的按钮，同时抬升或按下扶手，即可进行高度档位选择。Steelcase 公司的 Series 1 办公椅配备了可调高度的扶手，用户可以通过简单的按钮或拉杆调节扶手高度，以适应不同的桌面高度和个人偏好。

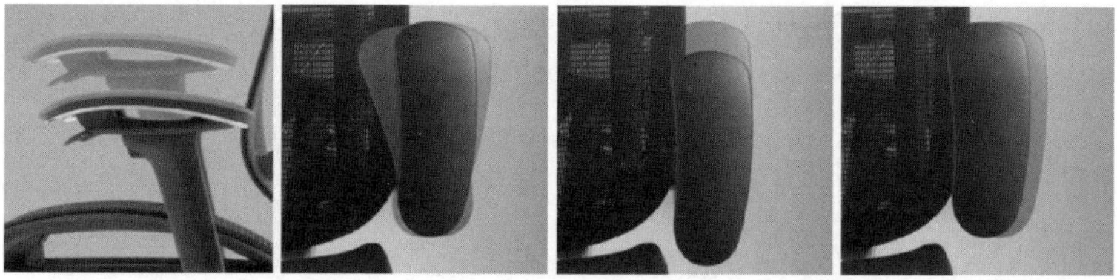

图 4.25　Contessa II 办公椅扶手可调节自由度示意图

图片来源：mobiliardi.eu

3. 四维可调节扶手

四维可调节扶手提供最高级别的可调节性，包括上下、前后、左右横向和向内外旋转的调节，允许用户完全根据个人需求定制扶手位置。例如，永艺 Flow 360 椅的扶手(图 4.26)，提供 10.5cm 高度升降区间，5cm 前后调节区间，可向内收缩和向外扩展，也可 360°旋转扶手方向，满足用户在各种办公坐姿下的手臂支撑需求，尤其是后仰时可以 180°向后调节扶手，舒适自然支撑手臂。

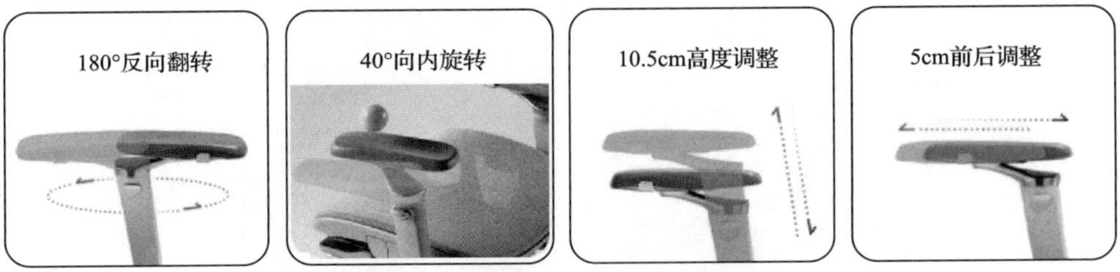

图 4.26　永艺 Flow 360 椅的扶手

图片来源：uechairs.cn

4. 可更换扶手

可更换扶手允许用户根据需要添加或移除扶手，或者更换不同样式和功能的扶手配件，提供了极高的灵活性和个性化选项。例如，Secretlab 公司的 TITAN Evo 座椅采用磁性 CloudSwap™技术（图 4.27），使用者可更换扶手顶部，选择适合支撑体验，同时提供四个方向上平滑、精确的可调节性，可将游戏椅扶手抬高至与桌子齐平，为手腕和肘部提供有效支撑，或者在需要向前坐时将其滑到下方。

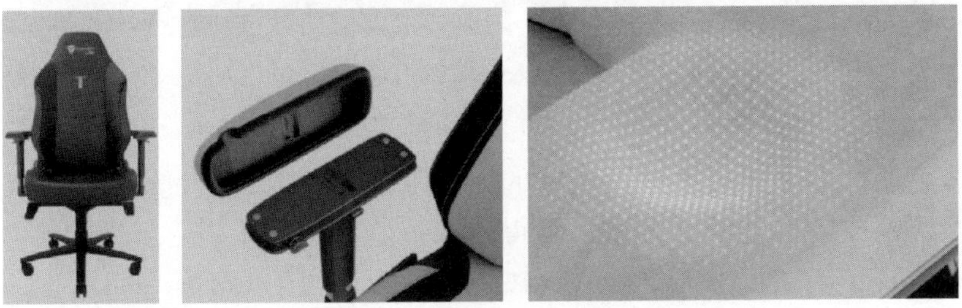

图 4.27　TITAN Evo 的磁性 CloudSwap™技术

图片来源：secretlab.co

4.1.5　下肢支撑技术

下肢支撑技术通过抬高脚部或腿部的位置来改变人体坐姿状态（图 4.28），通过提供额外的支撑帮助减轻腰部以及臀腿处压力，保持脊柱和骨盆的自然曲线，促进下肢的血液循环。下肢支撑技术主要包括脚部承托、腿部承托两类。

1. 脚部承托

脚部承托可以通过改变脚部受力高度和角度，辅助人体变换和维持坐姿，帮助保持脊柱和骨盆的自然曲线，减少腰部的负担，改善整体坐姿舒适度。例如，Steelcase 公司的 Leap 椅提供的可选脚托（图 4.29），可以在需要时拉出使用，配合可调节的座椅和靠背，为用户提供从腿部到腰部的全面支撑，促进良好的坐姿和血液循环。

图 4.28　有、无下肢支撑对坐姿脊柱健康的影响

图片来源：cfaortho.com

图 4.29　Leap 椅的可选脚托

图片来源：steelcase.com

有些为站立或半坐姿办公而设计的人体工学办公椅，通过调整座椅角度和高度，以及脚部支撑的距离和角度，使得用户可以在不同坐姿下保持腿部舒适，减少长时间坐姿带来的压力。例如，Focal Upright 公司的 Locus Seat 办公座椅支持臀部到躯干的旋转从 130°到 135°(图 4.30)，与传统坐姿和站立姿势相比，这会减轻脊柱的压力并连接肌肉，轮廓椅垫有助于减少压力点，通过旋转椅腿获得动态坐姿。这款座椅与高度可调的办公桌完美搭配，配有脚轮，方便携带，椅座也可折叠，方便存放。

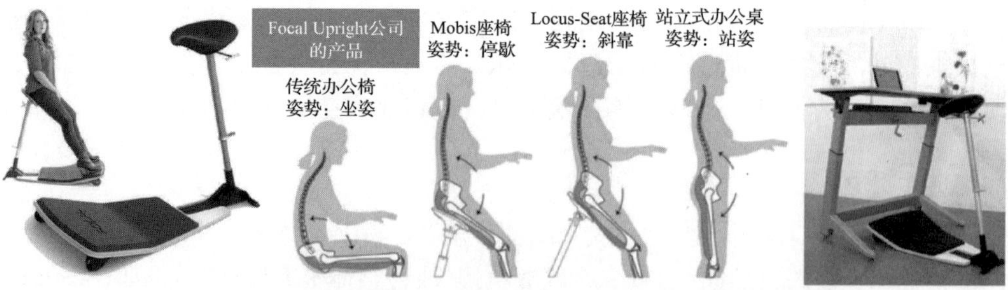

图 4.30　Focal Upright 公司办公座椅通过合理坐姿减轻脊柱压力

图片来源：ergocanada.com

2. 腿部承托

腿部承托通过将腿部整体抬高，帮助促进下肢的血液循环，减少长时间坐姿带来的静脉曲张或血液淤积问题。

人体工学办公椅的腿部承托主要针对长时间工作间隙而设计，如放松休息姿势、半躺姿势等，将腿部支撑起来，可以达到短暂休息甚至小睡片刻的目的。例如，永艺 Flow 系列座椅提供可伸缩调节的腿托机构，用户可以根据需要从座椅下方拉出腿部支撑来减轻腿部和膝盖的压力点，避免长时间坐姿导致的腿部不适和疲劳，也可将其作为一种脚部支撑，以变换多种坐姿(图 4.31)。

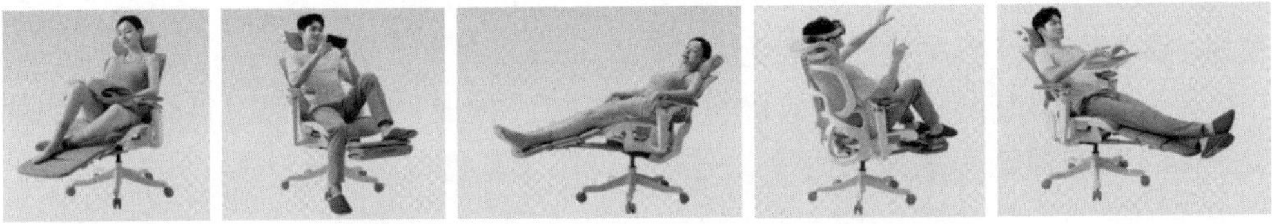

图 4.31　永艺 Flow 系列座椅支持多种坐姿

图片来源：uechairs.cn

还有一些特殊设计的座椅，通过提供腿部支撑平台实现人体动态坐姿切换，以减轻久坐引起的身体压力和不适。例如，Soul Seat 椅设计了一个分层的座椅系统，上层座位较高，用于臀部座面，下层座位较低，用于腿部支撑，可以实现蹲坐、盘腿坐、跪坐等坐姿(图 4.32)，这种分层结构减少了坐姿对臀部的压迫，更好地促进了动态坐姿和自由移动。

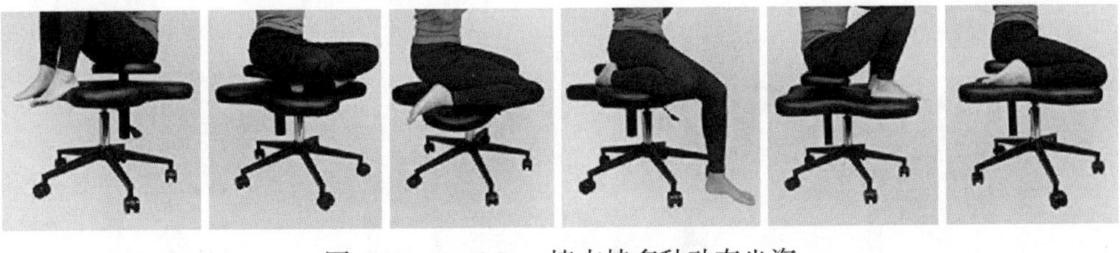

图 4.32　Soul Seat 椅支持多种动态坐姿

图片来源：amazon.com

4.2　底座架构技术

办公椅底座架构技术是人体工学办公座椅研发设计的基础技术，涵盖了底盘、气杆和五星脚三个主要组成部分。这些组件的相互协调，不仅直接影响到座椅的稳定性和安全性，还对使用者的舒适性和工作效率产生重要作用。底座架构技术决定了人体工学办公椅的整体性能，更适应现代办公环境对健康和效率的要求。

4.2.1 底盘技术

底盘技术主要用于支持人体工学座椅提供座椅承载及适应不同用户的动态变化性需求。力学承载保护关注于如何通过设计原理，如椅子重心稳定和应力分布原理，并通过可调节功能来适应不同体型的用户，确保坐姿舒适且稳定。在人体工学座椅的底座架构技术中，座椅底盘技术是核心，能够有效地分散和承载使用者的体重，确保不同体型的用户在使用过程中都能保持稳定和舒适。

底盘的结构要素基本由外形(长宽高、厚度)、结构(如蝴蝶骨形状)、底盘与中心点的关系(底盘中心点的位置起着非常重要的作用，靠前容易前翻，靠后容易后翻，靠左右时容易左右摇晃，受力不均匀。所以底盘安装在椅子上后需要试坐，并摇晃椅子进行判断)、角度(椅背与椅面的夹角)构成。接下来将从底盘技术的同步倾仰、倾仰锁定、重力自适应、全方位支撑和弹性支撑五个方面，讲述底盘的承载保护。

1. 同步倾仰技术

人体工学办公座椅的腰背部自适应调节需要遵循 Synchro-Tilt(同步倾仰)机构(图 4.33)，即座椅背部和座椅应同时倾斜，以保持背部和腿部的支撑协调，有助于在倾斜时保持脊柱的自然曲线，减轻腰部压力和预防久坐引起的脊柱不适。因此，建立靠背、座面、扶手的联动机制，可以确保人体倚靠动作发生时，与人体接触的座椅部位随着人体运动轨迹同步运动，实现坐姿更改但支撑不变的效果。

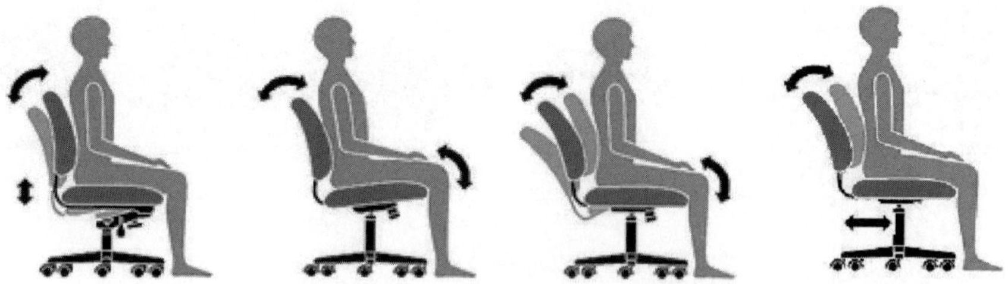

图 4.33 同步倾仰机构示意图

图片来源：bdfurnituresolution.com

座背联动机制主要通过座椅底盘技术实现，在同步调节靠背和坐垫时，确保用户的重心变化在合理的范围之内，避免倾斜或失衡现象。这种技术在结构上包括底座、摆架、弹性体和调节装置。通过调节弹性体与摆架的连接位置，改变弹性体的力臂大小，实现靠背在倾仰过程中椅座受到的回复力矩的大小变化。这使得椅子可以适应不同体型用户的需求，结构简单，且调节范围广泛，能够确保用户在各种坐姿下都能获得最佳支撑和舒适度，实现对用户的承载保护。

永艺的“座背联动”专利技术，通过座背联动的阻尼调节机构及底座联动机构实现座背联动(图 4.34)，重心变化为 0～45mm。靠背、腰撑、扶手和底盘四点联动的一体化设计，保证人体从工作位置的 95°后仰至 115°及 150°的过程中，腰部和背部始终紧贴椅背，同时座面向前移动，维持相对位置不变，从而达到放松腰部的作用。

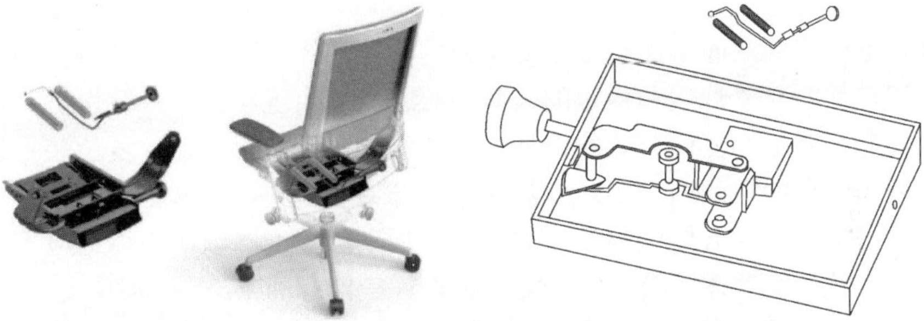

图 4.34　永艺的座背联动椅的阻尼调节机构及底座联动机构

2. 倾仰锁定技术

底盘倾仰的锁定技术允许用户手动设置椅背的最大倾斜角度，这种技术在结构上包括底座、托架、后连杆和翘板的锁定机构。翘板与后连杆连为一体，后连杆的上下两端分别与托架和底座转动连接。锁定机构一般包括一个控制杆，用于对后连杆锁定或解锁。底座的底板上设有支耳，控制杆穿过底座侧板后与支耳上的插接孔配合；后连杆上设有锁定槽，控制杆插入锁定槽将后连杆锁定，拉出锁定槽后解锁。通过这种锁定结构能实现靠背倾仰的多档位锁定。

通过这种锁定技术(图 4.35)，用户可以在调整靠背到舒适角度后将其锁定，防止靠背因外力作用而改变角度。这种设计会有效控制椅子的最大倾斜角度，避免由过度后仰导致的椅子向后翻倒的风险，进一步增强了椅子的承载保护能力。

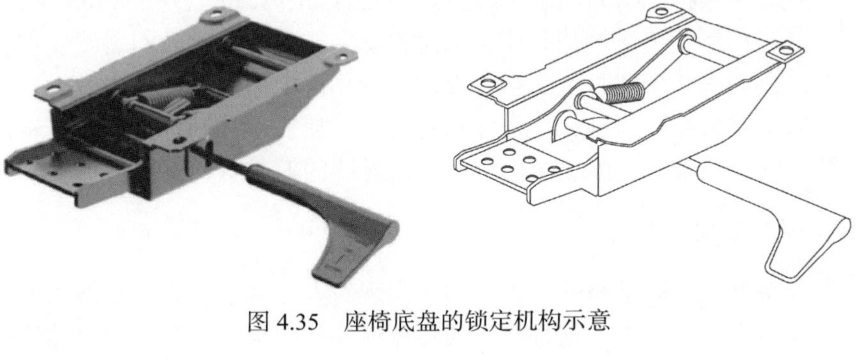

图 4.35　座椅底盘的锁定机构示意

3. 重力自适应技术

重力自适应技术通过感应使用者的体重和利用物理定律实现自动调节倾斜支撑。这种技术无需传统的倾斜杠杆或背部张力调节装置，通过使用者的体重分布和坐姿变化来调节座椅靠背、扶手、座面等结构的支持力度和角度，使椅子能够自动适应每个用户的姿势变化，以保证长时间坐姿以及特殊办公坐姿时的舒适和支持。

具有复位装置的底盘能够根据使用者的体重和施加的力自动调节，确保不同体型的用户都能享受舒适和稳定的坐姿体验，从而实现出色的承载保护。这种技术通过底座、翘板和复位装置的设计，无论复位压簧数量多少，复位装置设置在底座和翘板围合的空间内，不额外占用空间，使座椅整体外形更加美观。这种座椅结构可以根据不同人体施加的力的大小实现不同程度的后倾，以适应不同使用者的需要，从而实现体重自适应功能。翘板连接椅背的支架(图 4.36)，当翘板在椅背支架作用下转动时，直接促使复位装置变形，产生复位弹力。复位装置至少有一个复位压簧，复位压簧的数量可以根据人体的体重等指标进行设置。这种自适应性确保了不同体型用户的舒适度和稳定性，有效实现了承载保护。

图 4.36　永艺 Master 座椅底盘的复位装置

重力自适应倾斜机制的代表性产品之一是 Humanscale 公司的 Freedom 办公椅(图 4.37)，采用形状传感网格技术，通过自动、重量敏感的倾斜装置实现随用户姿势改变，自动调整头枕、扶手与背部。无论用户向后倾斜还是坐直，头枕都能自动移动以支撑头部和颈部；扶手和椅背相连，使扶手在用户移动时自动调整位置，保持手臂在健康的人体工学位置，提供连续的舒适感和支撑。

4. 全方位支撑技术

全方位支撑技术通过座椅底盘的结构实现对人体动态坐姿产生的角度变化提供稳定、灵活支撑的技术。这种技术使得座椅能够根据用户自然的身体运动进行

图 4.37　Freedom 办公椅

图片来源：freedom-25.humanscale.com

调整，持续动态地分散体重，并能在人体重心偏离的情况下提供稳定支撑，实现坐姿办公中的特殊动态需求。

Kokuyo 公司通过一种双层机械结构底盘技术，实现座椅底盘的 360°自由旋转滑动(图 4.38)。这种设计旨在模拟人体坐姿的自然运动规律，提供一种类似于在空中滑行的感觉，用户在坐着的时候可以进行微小的调整，保持动态的坐姿，从而减少久坐带来的身体僵硬和不适。同时，用户可根据需要开启或关闭座椅的滑动功能，在需要静止集中工作时固定座椅，而在需要动态调整姿势时开启滑动功能。

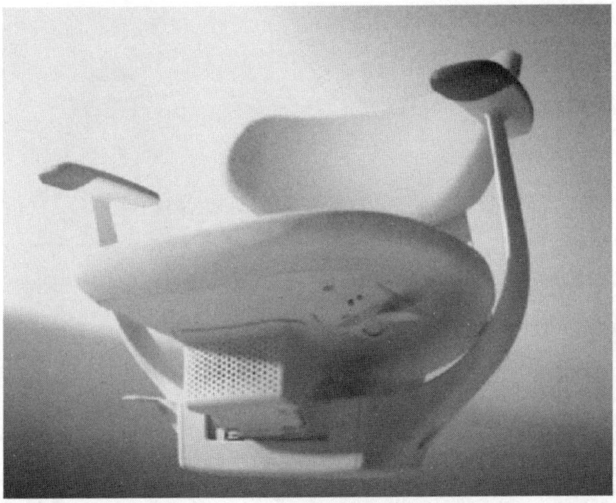

图 4.38　Kokuyo 公司的 360°自由旋转滑动底盘技术

图片来源：youtube.com

5. 弹性支撑技术

底盘的弹性支撑技术通过底盘的多枢轴连接和环形闭环结构，实现压力分散和弹性支撑。它通常包括弧形受力杆的设置，当不同体重的用户坐下时，弧形受力杆会产生变形，提供弹性支撑，增加舒适感；同时，这些部件之间通常留有微小的转动间隙，确保结构在长时间使用中不易变形，提供了更高的耐用性。

某设计师设计的 Smart 生物反馈椅(图 4.39)，装有自动调整系统装置，椅子下的支架是一个可以变形的大弹簧，和靠背一起完成椅子外形的改变，适应人体姿势。

4.2.2 气杆技术

作为影响办公椅耐用性和舒适性的核心部件，气杆是现代办公椅中用于调节座椅高度的关键组件，通过气体压力的变化来实现座椅的升降。气杆的质量和性能直接影响座椅的调节平滑度和用户的使用体验。高品质的气杆应具备良好的密封性和耐压能力，以确保长期使用中的安全性和稳定性。

气杆由外管、内管、活塞、活塞杆、控制阀等组件构成(图 4.40)，通过控制开关轴，调节控制阀实现对气体流动的控制，进而驱动活塞和活塞杆上下移动，从而实现椅子的高度调节。气杆内的气体通常是氮气，其高压密封设计确保了气杆的长期稳定性和安全性。

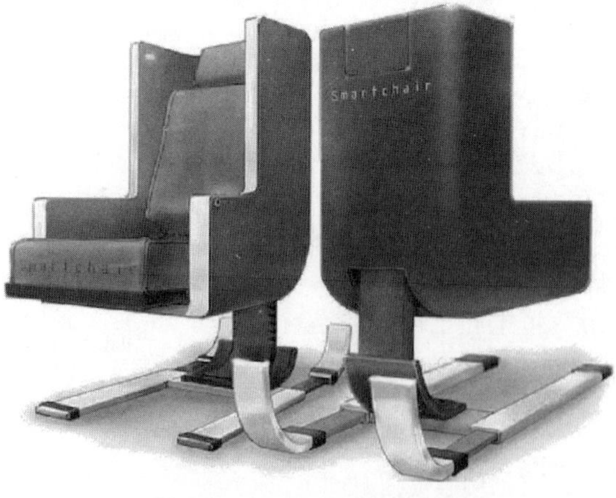

图 4.39　Smart 生物反馈椅

图片来源：trendhunter.com

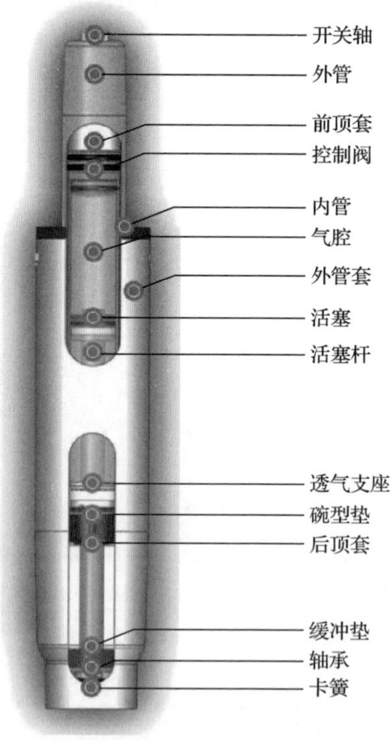

图 4.40　气杆结构示意

图片来源：zhuanlan.zhihu.com

1. 耐用性

办公座椅气杆的耐用性主要通过高强度材料的选择、高精度制造工艺、防腐蚀处理、严格的质量控制以及缓冲和减震设计来实现。气杆的外管和内管通常采用高强度的铝合金或钢材，这些材料不仅具备良好的承载能力，还能抵抗长期使用造成的磨损和变形，确保其在长期使用中的承载能力和耐磨损性。高精度的制造工艺，如精密加工和先进的密封技术，确保了气杆的密封性和协同工作能力，防止气体泄漏。

气杆的表面通常进行防腐蚀处理，如电镀或喷涂耐腐蚀涂层，以防止氧化和腐蚀，从而延长气杆的使用寿命。在生产过程中，高质量的气杆会经过严格的压力测试、疲劳测试和环境测试，确保其在各种条件下的性能和耐用性。例如，Herman Miller、Steelcase 等公司的高端办公椅均采用了先进的气杆技术，通过缓冲垫和透气支座设计，提升了坐姿的舒适性和气杆的耐用性。这些技术和设计优化使得高质量的气杆在长期使用中能够保持稳定和可靠，为用户提供持久的高度调节功能和舒适的使用体验。

2. 安全性

办公椅气缸有两种类型：气动和液压。目前，大多数办公椅使用气动方式。气压式转椅采用的是气弹簧，也就是俗称的气压棒，气压棒里充满惰性气体，调节按钮通过压差变化来实现座椅的升降。

气杆必须具备防爆设计，具有良好的密封性能，防止内部气体泄漏，确保在极端情况下不会发生爆炸，以维持长期使用中的稳定气压，从而保护用户的安全。同时应能在不同温度环境下正常工作，通常测试温度为–20～80℃，确保在极端气候条件下的性能稳定。

1）加装一定厚度的防爆钢板

在气压棒和转椅坐垫之间加装一定厚度的防爆钢板能够有效地实现防爆保护。一般来说办公椅防爆钢板的厚度不能小于 2mm，目的就是防止气压棒在使用过程中发生爆炸，击穿座面，对人体造成伤害。

2）双层气压棒设计

一些高级办公椅采用双层气压棒设计，外层气压棒作为防护层，即使内层气压棒发生爆炸，也不会对外部造成伤害。这种设计显著提高了椅子的安全性。Kapogee 公司的 KGC-120B Class 4 气压棒就采用了双层设计（图 4.41），是目前市场上质量最好的气压棒。它的外层为不锈钢材质，内层为硬塑料或高强度材料。外层为耐用的 2.5mm 厚的钢管，内层为 3.5mm 厚的钢管，并通过焊接底部进一步增加强度。这种设计确保了气压棒的强度，即使内层出现问题，外层仍能提供足够的防护。这种气压棒最多可承受 400lb（1lb=0.4536kg）的重量。

图 4.41　双层气压棒结构示意
图片来源：amazon.com

3）设置压力释放阀

压力释放阀是气压棒内的一个关键组件，当内部压力过高时，阀门会自动释放气体，防止爆炸。这种设计在提高办公椅安全性的同时，确保了气压棒在日常使用中的稳定性。标准的气压弹簧在其气缸内安装有压力释放阀，当内部压力超过设定值时，阀门会自动打开，释放多余的压力。

3. 舒适性

气杆不仅在耐用性、安全性上有着严格的技术要求，在提升办公椅的舒适性方面同样扮演着关键角色。办公座椅中的气杆还应具备良好的缓冲和减震效果，通过内置的缓冲垫和透气支座，提升舒适度体验。气杆主要实现了平稳高度调节、缓冲减震、精确控制和个性化调节等功能。

1）平稳高度调节

气杆的核心功能之一是提供平稳的高度调节能力，使用户能够根据自身需求和工作环境轻松调整座椅的高度。美国国家标准协会与商业和机构家具制造商协会共同制定的 ANSI/BIFMA X5.1 标准和欧洲的 EN 1335 系列标准明确了办公椅的尺寸、整体性能、安全性要求、测试方法等，其中包括气杆的调节能力。根据人体工学要求，办公椅气杆的高度调节范围为 10～20cm，具体的调节范围为座面离地高度 40～55cm 或 45～60cm。高质量的气杆采用精密的控制阀和密封技术，确保在调节过程中不会出现卡顿或不平稳的现象，从而提升用户的使用体验。

2）缓冲减震

气杆内部通常设计有缓冲垫和减震装置，这些组件能够有效吸收和分散座椅在上下移动时产生的冲击力，提供额外的舒适感。EN 16955: 2017 标准规定液压气杆的减震和缓冲效果测试，确保座椅在调节时平滑无冲击。气杆的设计与制造需通过至少 100000 次循环升降测试，模拟日常使用中的各种工况进行疲劳测试，确保其在高频率使用下不易出现损坏或性能下降，保证在长期使用中的平稳和舒适。气杆应能够承受不同体重用户的负载，通常要求能够承受至少 120kg 的质量，而高端产品可能要求更高的负载能力。

3）精确控制

气杆内的控制系统通过气体压力的精确调节，确保用户可以在不同高度之间实现无级调节。无级调节意味着用户可以将座椅调整到任意高度，而不仅仅是固定的几个位置。这种设计使得用户可以找到最适合自己的坐姿高度，提升舒适度。

4）个性化调节

高质量的气杆通常还支持座椅的 360°旋转功能。这种设计不仅增加了座椅的灵活性，还使用户能够轻松转向不同方向，无须频繁起身调整位置。Steelcase 公司的 Leap 椅采用了高效的气杆旋转设计，提供了更加灵活和舒适的办公体验。

一些高端气杆配备了记忆功能和自动调节功能，可以根据用户的个人偏好和使用习惯，自动调整到预设的高度和位置。例如，某些办公椅的气杆设计能够记忆用户的最常用高度，在用户坐下时自动调节到预设位置，大幅提升了使用的便捷性和舒适性。

4.2.3　五星脚技术

在办公座椅设计中，五星脚主要承担支撑和移动的作用，是保证座椅稳定性与安全性的关键组成部分。

1. 支撑技术

五星脚是办公椅底部提供支撑功能的结构，通常由金属或高强度塑料制成，如铝合金、钢或高强度尼龙，铝合金底座较轻便，钢制底座则更坚固，通过这些高强度材质获得支撑强度和耐久性。五个延伸的支脚，提供良好的支撑性和均匀的重量分布，每个支脚末端与地面的接触面积较大，增加了椅子的稳定性，防止椅子倾翻。

一些五星脚设计有加宽的底盘，以增加接地面积和稳定性。例如，ErgoChair Pro 办公椅采用了加宽设计（图 4.42），以提供更好的支撑和稳定性。

高品质的五星脚能够承受高负载，通常额定负载为 300～500lb，适合不同体重的用户使用。Herman Miller 公司的 Aeron 椅和 Steelcase 公司的 Leap 椅等高端办公椅均具备这一特点。

2. 移动技术

五星脚末端安装的滚动装置，又称脚轮，使办公椅可以轻松移动。脚轮通常由橡胶、聚氨酯或硬塑料制成，橡胶和聚氨酯脚轮适用于硬质地板，能够减少噪声和地板损伤，而硬塑料脚轮更适合地毯使用。许多办公椅采用双轮脚轮设计，

图 4.42　ErgoChair Pro 办公椅加宽的五星脚
图片来源：the-gadgeteer.com

这种设计增强了椅子的稳定性和移动性，减少了滚动时的阻力。高品质的脚轮能够 360°旋转，使椅子能够灵活地在办公空间内移动，提供更大的自由度和便利性。

一些高级办公椅的脚轮配备了锁定机制，可以在需要时固定椅子，防止其随意移动，增加工作时的稳定性。轮椅通常配备有手动或电子刹车系统，允许用户或照护者在必要时迅速停止轮椅。这些刹车系统不仅能在日常使用中提供控制功能，还能在紧急情况下防止轮椅意外滑动或倾翻。儿童推车和婴儿车通常设计有简易的锁定机制，可以锁定后轮，防止车辆在斜坡上或不注意时滑动。

在人体工学座椅中，防滑锁定机制的技术原理主要分为摩擦锁定机制、机械楔入机制、手动刹车机构。

1）摩擦锁定机制

摩擦锁定机制是最基本的锁定机制之一，通过直接增加脚轮地面之间的摩擦力来阻止脚轮滚动。当激活锁定装置时，一个制动器（如橡胶垫或金属片）会紧贴脚轮或脚轮与地面接触的部分，从而防止其移动。

2）机械楔入机制

机械楔入机制利用每个脚轮上的金属制动器，当用户踩下制动器时，金属楔子会插入脚轮和轮轴之间，从而物理阻止脚轮的旋转。

许多现有的办公椅脚轮都采用了这种机械锁定机制，通过金属制动器实现对脚轮的锁定和释放（图 4.43）。

3）手动刹车机构

在轮椅和某些类型的移动设备中，可以通过操作一个刹车杆或刹车把手来激活刹车系统，这些刹车系统直接作用于脚轮，防止其旋转。这种类型的系统通常是通过机械杆作用力来实现的。

图 4.43　采用机械锁定机制的办公椅脚轮

图片来源：ergonomictrends.com

VELA 公司的 Independence Chair™ 700 系列办公椅配备了手刹系统（图 4.44），通过一个易于使用的手刹，可以在几秒钟内锁定和解锁脚轮，防止脚轮在不需要时滚动。这个功能特别适合有平衡问题或行动不便的用户。

此外，Steelcase 公司的 Series 1 办公椅配备了可锁定的脚轮，允许用户根据需要固定座椅位置。此外，它还提供人体工学支持和可调节功能，确保使用者的舒适。Herman Miller 公司 Aeron 椅的可锁定脚轮允许用户轻松切换座椅的移动性和稳定性。宜家的 Markus 办公椅（图 4.45）提供了良好的支持和舒适度，同时其脚轮也可以锁定，提供了额外的稳定性。当用户坐下时，椅子的脚轮可以自动锁定，

图 4.44　Independence Chair™ 700 系列办公椅手刹功能

图片来源：vela-chairs.com

图 4.45　Markus 办公椅提供可锁定的脚轮

图片来源：ikea.com

防止不必要的滑动或移动。

4.3 办公拓展技术

随着工作环境的演变和现代生活方式的变化，对办公椅的功能需求也更加多样化。多样化的办公需求促进了动态坐姿适配技术、辅助站立技术、辅助收纳技术、辅助休息技术的发展。优质的办公椅不仅能在各种坐姿下维持脊柱的正确姿势，还应能根据用户姿势的变化自动调整，有效缓解长时间工作带来的疲劳；一些办公椅通过利用辅助站立技术辅助用户从坐姿到站立，尽可能减少久坐危害；辅助收纳技术解决了人在办公场景下携带的各类物品的收纳问题，为构建健康、整洁的办公环境作出贡献；辅助休息技术针对办公场景下的临时休息需求，提供稳定、可靠的大角度后仰功能。

4.3.1 动态坐姿适配技术

人的坐姿并非固定不变的，人体通过不断移动躯干以达到缓解疲劳的作用。人体工学办公座椅的动态坐姿适配技术体现在两方面：一是被动适应人体的动态坐姿需求，为各类坐姿提供适应性支撑；二是主动推动用户形成动态坐姿，激活人体的中枢运动控制，并始终提供有效且稳定的支撑。根据人体坐姿习惯和下意识的调整动作可总结出坐姿的总体变化规律[13]（图 4.46），办公座椅靠背设计应考虑在结构和功能上与坐姿相适应，提供足够的兼容性和可调性，以及在多种坐姿间转换时腰背的支撑性。

1. *被动适应动态坐姿*

被动适应动态坐姿是根据用户坐姿需要而提供适应性支撑。在办公场景下，人体无法只保证直立坐姿，还有斜躺坐姿以及办公交流、低处取物等需求下的特殊坐姿[14]，整个办公场景中，人的坐姿是动态变化的，因此人体工学办公座椅需要考虑对动态坐姿提供支撑。

点阵式支撑技术可以提高靠背支撑的灵活性，利用多个独立的点阵式单元对靠背受力进行分散控制，由每个单元的独立受力和移动，可实现对人体不动坐姿的精准响应。例如，Herman Miller 公司的 Cellular Suspension 技术（图 4.47）就是通过这样的点阵式支撑实现靠背压力的合理分布。

与这类技术类似的 Flexgrid 技术采用多个独立的悬挂单元，这些单元可以根据用户的体型、体重和坐姿进行独立调整。这种设计确保了每个悬挂单元能够灵活响应用户的动态坐姿变化，提供个性化支撑。Interstuhl 公司的 Pure IS3 办公椅

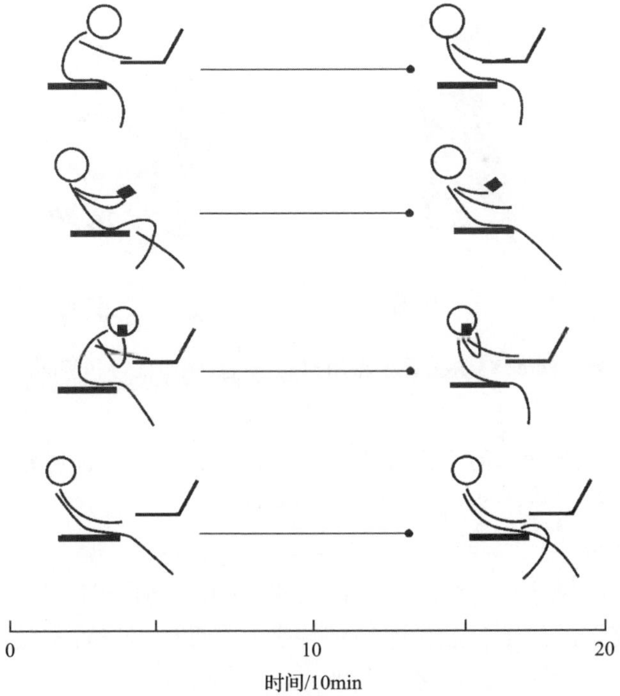

图 4.46　人体坐姿行为转换与时间的关系[13]

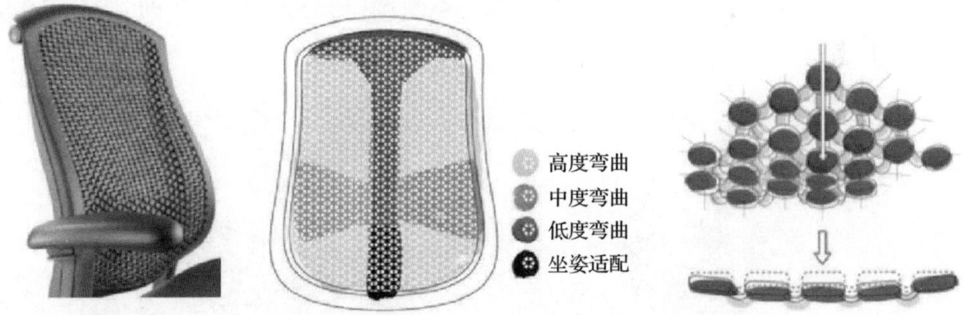

图 4.47　Cellular Suspension 技术的支撑示意

图片来源：aptdeco.com，officefurniturescene.co，ofnt.co

采用这种技术(图 4.48)，通过椅背后部的智能弹簧技术获取更大的灵活性，比传统固定靠背座椅提供更高水平的人体工学运动性和舒适性，可根据用户的动作自动调整座椅背部和座面部分，确保在任何坐姿下都能得到适当的支撑，以满足现代办公环境中的高动态需求。

2. 主动促进动态坐姿

人体工学办公座椅还应具备主动推动用户变换坐姿功能，通过不断转换坐姿

图 4.48　Pure IS3 办公椅根据用户动作自动调整椅背和座面的支撑

图片来源：ofo-orlando.com

刺激核心肌肉群的活动，使用户在坐着的时候可以不自觉地调整姿态，实现动态的坐姿，从而减少久坐带来的身体僵硬和不适。能主动促进动态坐姿的形式包括球椅、活动式坐垫等。

球椅结合了瑜伽球和传统座椅的特点(图 4.49)，用户需要持续保持平衡，从而增强核心肌肉群的活动。这种不稳定的座面有助于保持骨盆前倾和脊柱的自然弯曲，增加能量和专注力，促进动态坐姿。

活动式坐垫是一种放置在现有椅子上的充气垫(图 4.50)，能够促进动态坐姿。通过坐在不稳定的坐垫上，用户需要不断调整姿势，从而帮助骨盆前倾和脊柱对齐。

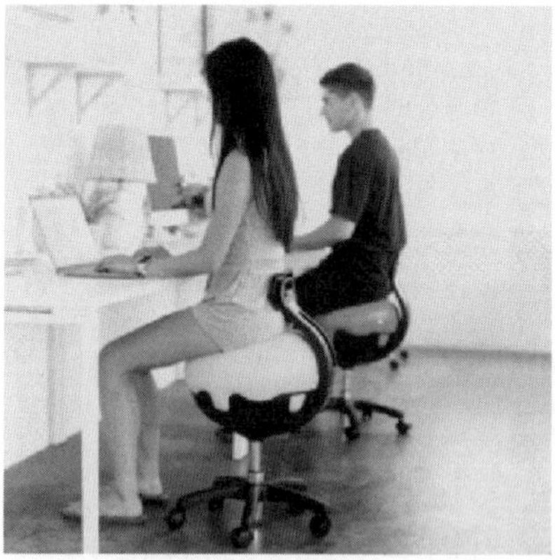

图 4.49　球椅使用户通过保持平衡实现动态坐姿

图片来源：aeromats.com

图 4.50　活动式坐垫示意

图片来源：ebay.com/itm/174646892641

4.3.2　辅助站立技术

辅助站立技术主要帮助用户更轻松地从坐姿过渡到站姿，以减轻长时间坐着对身体的负担。人体工学椅座面前端的瀑布边缘设计具有一定的辅助站立作用，座椅边缘向上弯曲有助于减轻大腿底部的压力，使得站立起来更加容易。除此以外，还有更加直接的辅助站立技术，一是通过自动升降机构将人体抬升至站立姿势，二是为坐站式办公设计的新型办公座椅。

1. 自动升降机构

配有自动升降机构的办公座椅，利用机械或电动升降系统，在用户准备站立时自动抬升座面并变换角度，顺应人体起立的姿态，帮助减轻起立时的身体负担。

日本 ARKI 公司设计的 Leopard 椅采用连杆结构(图 4.51)，座椅的支撑脚形似机器人的腿部结构，当感应到人坐下去的时候，座椅会自动调节到最适合人体背部的姿势，当人起来的时候，座椅会跟随人体动作向上弹起，同时给予助力，让人站起来更容易。

图 4.51 Leopard 椅跟随人体动作提供支撑

图片来源：theregister.com

一些电动升降座椅将整个座椅抬升及倾斜，以起到辅助人体起立的作用，如 La-Z-Boy(图 4.52)等品牌的电动升降椅，通过内置的电动机，可以帮助用户平滑地从坐姿过渡到站立。

除此之外，还有一些坐垫技术，通过升降与倾斜机构实现坐垫抬升，达到辅助人站立的作用，减少站立动作对膝盖和背部的压力。办公座椅中这项功能目前比较少见，但是在使用站立辅助设备方面有很多产品，如便携式升降坐垫(图 4.53)，通过气压杆或电动推力推动椅面向上抬升，采用 LeveLift 技术确保平稳、安全的升力，不会向前推动用户；采用易于清洁的可拆洗防水套和记忆泡沫芯，以防止压疮；具有人体工学设计的携带手柄，使用户在完成从坐姿向站姿动作的时候获得有效助力。

2. 坐站式办公座椅

还有些办公椅座面较高，与站立高度接近，方便起身，通过较高的座面高度

图 4.52　La-Z-Boy 电动升降椅

图片来源：wayfair.com

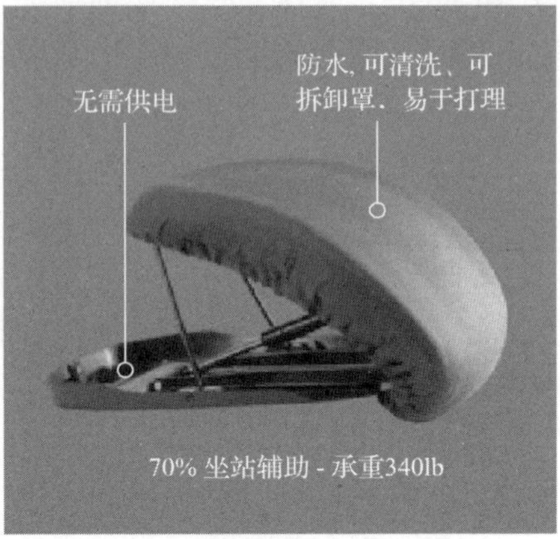

图 4.53　便携式升降坐垫

图片来源：carex.com

以及入座角度辅助人轻松站立。例如，Varier Move Stool 活动椅(图 4.54)允许用户在保持活动的同时也能轻松站起，这种设计的椅子鼓励用户保持动态坐姿，同时也支持快速站立。

Locus 座椅也采用较高的座面(图 4.55)，可调节座椅角度和高度，配合脚部支撑的距离和角度，使用户可以选择合适的办公姿势，并方便不同坐姿及站姿的调整和切换。

图 4.54　Varier Move Stool 活动椅

图片来源：philzen.com

图 4.55　Locus 座椅提供便捷坐站式办公体验

图片来源：ergocanada.com

4.3.3　辅助收纳技术

辅助收纳技术解决了人在办公场景下携带的各类物品的收纳问题，包括衣物、背包、办公用品等，为构建健康、整洁的办公环境作出贡献。

Steelcase 公司提供了适用于办公椅的衣架配件(图 4.56)，它们可以用来存放如外套、背包或耳机等个人物品，直接挂在工作站旁。衣架附件可以附着在椅子的背部或侧面，方便用户将个人物品保持在触手可及的范围内，同时避免工作空间杂乱。

图 4.56　Steelcase 办公椅的收纳衣物功能

图片来源：steelcase.com

带有小桌板的椅子设计提供了额外的功能和便利性，帮助用户在有限空间内高效工作。日本 Itoki 公司设计的办公椅(图 4.57)具备多种集成储物选项，包含：一个 A3 大小的记事板，方便用户在工作时快速记录和查看笔记；一个内置货架，可以放置书籍、文件或其他办公用品；一个挂钩，用于挂放包、夹克等物品，保持工作空间整洁有序。

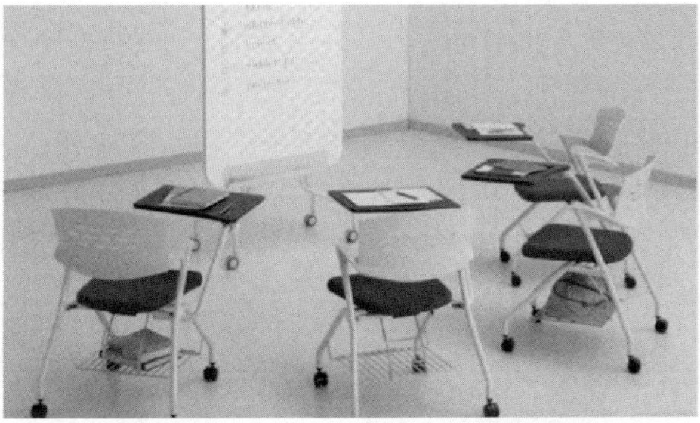

图 4.57　Itoki 办公椅的集成储物配件

图片来源：ITOKI Product Catalog

4.3.4　辅助休息技术

办公座椅的辅助休息技术主要围绕办公场景的拓展性需求，提供办公之余的休息功能，包括后仰角度、脚踏方式等，在确保稳定性的同时，提升办公座椅的舒适性体验。

1. 通过椅身机构辅助休息

办公椅往往通过椅身机构的设置，提升用户的舒适度，辅助休息。这些机构往往能被收纳，在提升舒适度的同时也节省了空间，一些办公椅设计可以将头枕、扶手或脚踏折叠或滑入椅身。

Respawn 公司的 110 Racing Styler 是一款带有可伸缩脚踏的办公椅（图 4.58），提供用户额外的腿部支撑，适用于游戏或办公场景。

Duramont 办公椅的设计允许用户根据需要轻松地伸缩或折叠脚踏（图 4.59），使其在不使用时可以节省空间，增加使用的灵活性。

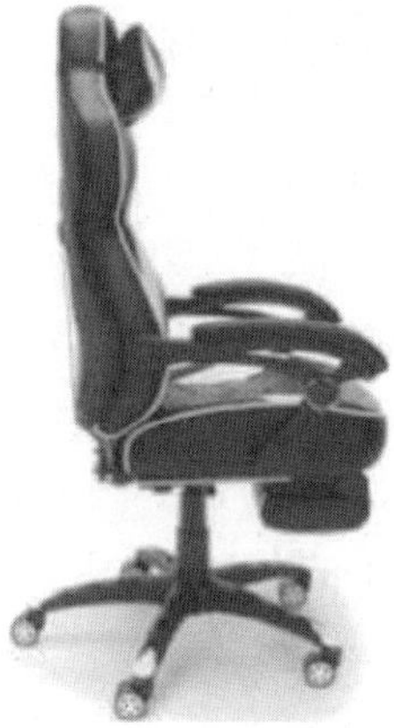

图 4.58　110 Racing Styler 椅
图片来源：newegg.com

图 4.59　Duramont 办公椅的可伸缩脚踏
图片来源：healthcarereformmagazine.com

永艺 Flow 360 办公椅的一大特色是其可折叠收纳脚架（图 4.60）。这一功能的设计使得椅子在不用时可以方便地收纳，节省空间，适合办公室或家庭使用。可折叠脚架通过简单的操作就能轻松折叠或展开，既保证了使用时的稳定性，又提

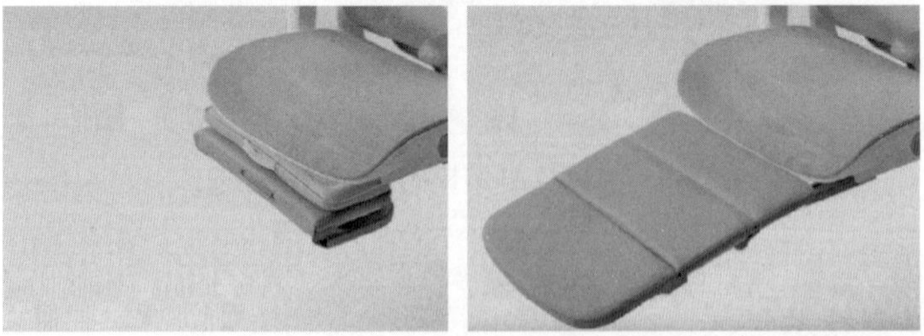

图 4.60　永艺 Flow 360 办公椅的可折叠收纳脚架
图片来源：uechairs.cn

供了灵活的存储解决方案，是一种很节省空间的方案。

还有一些具有可调节腿托/脚踏的高端办公椅，这些椅子支持用户多种坐姿的调节（图 4.61）。Merax 公司的 Inno 系列高背午睡椅的设计允许用户完全倾斜至 180°，适合午休。椅子配有调节功能，包括可调节的腿托，提供额外的腿部支持，使用户能够在工作间隙舒适地休息。

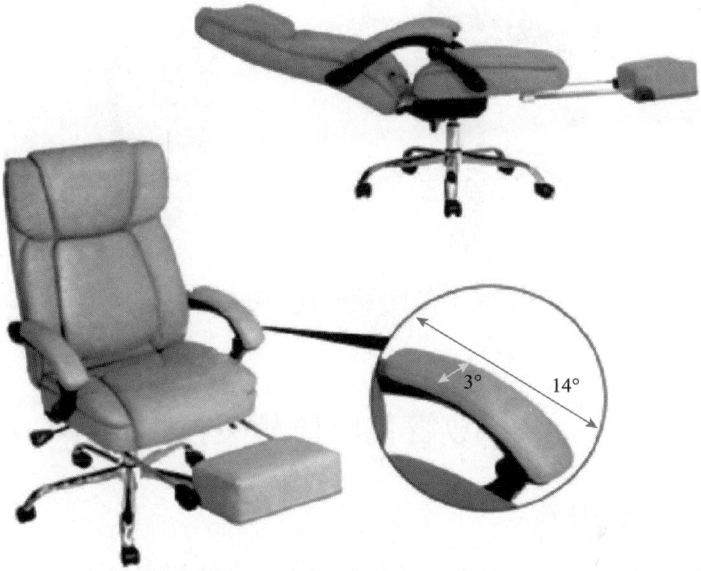

图 4.61　支持多种坐姿的办公椅

图片来源：amazon.com

2. 通过智能技术辅助休息

现代办公椅正朝着智能化和舒适化方向发展，越来越多的高端办公椅集成了按摩和加热功能，成为市场上的热门选择。这些智能技术旨在缓解长时间工作的疲劳。Chill Chair 智能按摩办公椅（图 4.62）可帮助用户在工作中减压，配备深层组织按摩滚轮，可以有多种按摩模式选择，以缓解肌肉紧张。

Homcom 可调节加热按摩椅具有 6 点振动按摩和加热技术。它采用 6 个振动按摩电机，针对背部、腿部 2 个区域，并在腰部具有加热功能，由遥控器控制。用户可以将按摩计时器设置为 15 分钟、30 分钟或 45 分钟，这样就可以入睡，它会自行关闭。

Noblemood 四点按摩人体工学椅配有 4 个按摩点（2 个背部，2 个腰部）和加热功能，最大加热温度为 50℃。椅背可以在 90°和 135°之间调节，并带有可伸缩的脚踏，采用透气的 PU 皮革和人体工学设计，确保了用户长时间使用的舒适性。

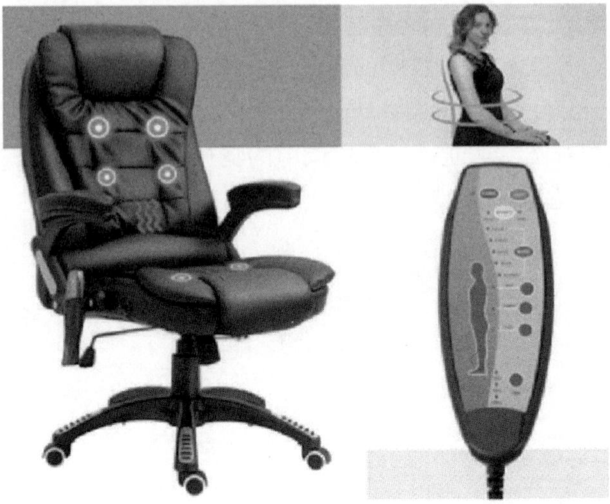

图 4.62　具有智能按摩功能的办公椅

图片来源：amazon.ca

4.4　数智化座椅相关技术

4.4.1　生命体征监测技术

随着人们对健康问题和工作环境的重视，生命体征监测技术在办公场景中的应用逐渐受到关注，成为具有潜力的发展和创新方向。在办公座椅中配备生命体征监测系统，让用户了解自己的心率、呼吸、坐姿和工作时间等状态，有利于用户进行健康管理和提升工作效率。

1. 健康监测技术

在日常办公环境中，长时间久坐和高压力工作常常导致身体健康问题，办公座椅系统可以通过监测用户的心率和呼吸频率，实时了解用户的身体状况，在监测到用户处于疲劳或高压力状态时发出提醒，建议用户放松休息，减轻压力，并结合用户的工作习惯和日常活动，提供个性化的健康管理方案。

非接触式监测技术具有简单、舒适、无感的优点，更适用于办公场景，将传感器安装在坐垫或靠背的合适位置，捕捉生理体征的细微变化，结合数据处理和分析技术，从而实现健康监测。一项办公环境优化的智能办公椅研究[15]将加速度计放置在办公椅座面海绵与座套之间，用于监测用户的呼吸频率，传感器获取的原始数据通过预处理流程后能够反映用户的呼吸模式，在监测到异常生理值时办公椅智能系统向用户进行警示。

Nexvoo 公司的 Nexchair 作为第一款健康监测办公座椅，在 3D 可调节扶手中内置了健康监测器(图 4.63)，用户可通过一键式按钮操作测量心率、血氧水平、HRV(heart rate variability，心率变异性)和疲劳指数。

图 4.63　Nexchair 健康监测人体工学椅

图片来源：amazon.com

2. 坐姿监测技术

使用分布在座椅表面的压力传感器阵列、加速度计和陀螺仪来检测用户的坐姿分布和变化，通过对这些数据的分析，可以识别不良坐姿和久坐情况，并提醒用户调整坐姿或起身活动。

杭州电子科技大学[16]提出了一种智能防久坐办公座椅，在承重椅面内设置有多个均布的凹槽，每个凹槽内设置有压力传感器，从而构成压力传感器阵列模块(图 4.64)，记录用户在椅子上的时间并实时分析传感器列阵装置的受力情况，判断用户的坐姿情况。当检测到用户坐姿不正时通过 Wi-Fi 无线传输模块向用户手机发送提醒信息，提醒用户注意保持正确坐姿。当用户坐在椅子上的时间达到用户事先设定的时间时，电动推杆会以缓慢的速度下降到最低点，迫使用户站起来，同时手机应用程序提醒用户坐着的时间过长，在 3 分钟后椅子会恢复到初始的高度，从而达到矫正不良坐姿和防久坐的目的。

压电薄膜传感技术是智能床垫和坐垫实现睡眠、坐姿、体征监测的主要技术解决方案。在办公椅靠背或坐垫中嵌入薄膜压力传感器，柔软、轻薄的特性使其能够与座椅的结构紧密结合，通过采集人体的臀部或背部压力数据，识别和监测用户的坐姿。

图 4.64　一种智能防久坐办公座椅[16]

Darma 智能坐垫嵌入光纤传感器和压力传感器(图 4.65)，监测姿势和坐姿习惯，引导用户保持正确、挺直的坐姿，同时检测呼吸模式、压力水平和心率，通过手机应用程序提示用户放下手头的工作，指导用户冥想放松。

图 4.65　Darma 智能坐垫

图片来源：techinasia.com

永艺智能办公椅通过专业压力传感矩阵实时识别正坐、前坐、后靠、左跷腿和右跷腿五大坐姿，同时配合偏振马达，实时识别入离座状态，久坐后触发振动提醒，而在久坐二次提醒时，座椅将触发智能气囊按摩腰部。同时，用户也可以通过手机应用程序(App)查看自己近期的坐姿、久坐情况(图 4.66)，从而管理自己的健康状态。

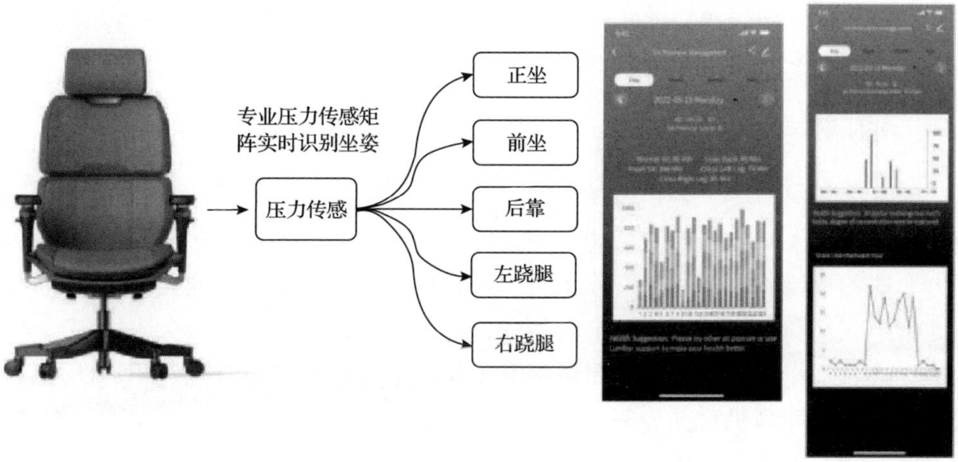

图 4.66 永艺智能办公座椅坐姿识别

3. 办公状态监测技术

通过与用户的工作设备(如计算机、手机、办公桌)进行连接，人体工学办公椅可以监测用户的工作时间、活动范围和位置变化，这些数据可以帮助用户优化工作流程和提高效率。例如，通过蓝牙或 Wi-Fi 连接，可以监测用户在办公空间内的移动情况和设备使用情况。

永艺智能桌椅系统由智能办公椅和智能升降桌组成(图 4.67)，能够实现人体工学办公椅与办公环境协同的使用效果。通过智能升降桌可获取用户工作时的高度使用和调节数据，综合桌椅数据分析用户工作习惯和效率分布，用户坐下工作时，智能办公椅感应到有人入座，联动升降桌自动调节至适合高度，智能升降桌的屏幕可展示/设置智能办公椅的相关状态(如剩余电量)/参数(如气囊支撑力度)。智能升降桌带有屏幕、喇叭模块，可作为智能椅触发提醒(如久坐提醒)的反馈交

图 4.67 永艺智能桌椅系统

互，从而两者共同构成智能化、互相协作的办公生态系统，使得办公环境更加灵活和高效，高度适应用户的办公需求。

4.4.2　智能数字连接技术

随着物联网和 5G 等技术的发展，智能数字连接技术的速度、稳定性和覆盖范围都得到了大幅提升，为智能办公座椅提供了更加稳定和高效的通信环境，增强办公椅的智能化，通过与智能手机、计算机或其他智能设备连接，实现数据传输、信息交互和智能控制等功能。例如，与计算机连接后，实现久坐提醒、坐姿提醒、接收工作提醒等功能，可以提升工作效率和进行健康管理，用户还可以通过智能手机或计算机对办公椅进行远程调节，实现座椅高低、倾斜角度、按摩功能等的控制，提升使用体验。

1. 智能控制技术

智能控制技术依赖于无线通信技术，如蓝牙、Wi-Fi 和 5G 等，使用户可以通过智能手机、平板电脑或计算机对办公椅进行远程操控，或是通过办公椅控制办公空间中的其他智能设备。

在智能控制方面，国内办公座椅产品的发展较快，如永艺智能办公椅支持用户通过 UE Smart App 连接和管理设备（图 4.68），能更加便捷地控制调整座椅的各项参数，如座椅高度、久坐提醒开关、腰背气囊支撑度等，了解自身的坐姿情况和座椅使用时长，养成健康的姿态习惯，通过坐姿切换频繁程度了解办公时间的专注度。除此以外，智能座椅也可与手机中的系统软件或第三方应用联动，如入座播报日历日程、入座播放音乐等，根据用户的使用习惯，定制个性化生活场景。

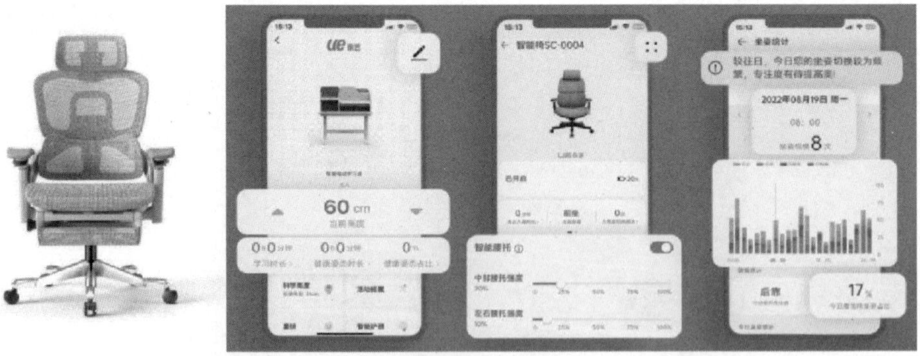

图 4.68　永艺智能办公椅的手机 App 智能控制

图片来源：apps.apple.com

2. 数据传输技术

数据传输技术依赖于无线通信协议，确保不同设备之间的数据传输和信息同步，在智能办公椅中扮演着重要角色。通过稳定的无线连接，办公椅可以将传感器采集的用户使用数据传输到用户设备或云端服务器，进行存储和分析，并通过先进的数据加密技术确保数据传输的安全性。

使用蓝牙串口通信模块可进行手机 App 与智能办公椅之间的通信，实现座椅功能控制，通过配备 Wi-Fi 通信模块和办公场所的路由器设备，办公椅能够访问局域网或互联网，实现实时数据更新、远程控制和云存储等功能。Tavares 等[17]使用内置在椅子上的 Wi-Fi 发射器和一个与远程服务器通信的 Wi-Fi 接收器，使办公椅直接与云服务端通信，在云端收集、存储和处理数据，用户可以通过计算机或手机进行实时访问。

永艺智能办公椅的电控部分由电控微控制单元(microcontroller unit，MCU)组成，负责管理机械结构智能调节、久坐提醒、坐姿识别和用户行为数字化功能，并通过串口通信与无线网络组相连，接入涂鸦云平台，实现设备管理、控制和数据上传。用户通过智能手机应用管理设备，实现设备控制和状态查询。设备入网后，可进行设备发现和快速连接(碰一碰)。这一系统通过云端和本地网络，实现智能办公椅的全面智能化管理和控制(图 4.69)。

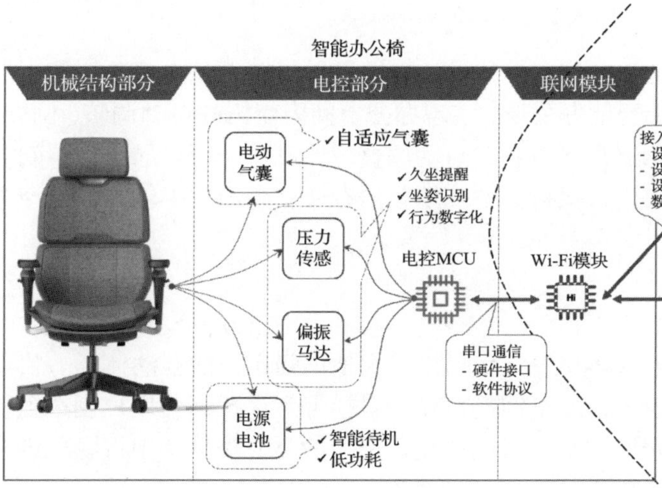

图 4.69　永艺智能办公椅智能控制系统

3. 自动调节技术

自动调节技术依赖于一系列传感器及可调节的机械结构，收集用户的坐姿和周围环境数据，通过嵌入式处理器进行分析，自动驱动调整机构进行相应调节，使智能办公椅能够根据用户的实时状态自动进行调整，如高度、倾斜角度和腰部支撑等。

Nissan 公司的 ProPILOT 椅是一款展示自动驾驶技术创新应用的智能座椅（图 4.70）。该座椅的设计灵感来自 ProPILOT 自动驾驶技术，利用摄像头和传感器识别前方座椅的位置和距离，座椅可以自主移动并通过前后座椅间的通信确保座椅在前一座椅移动后自动前进到新的位置。

图 4.70　ProPILOT 椅

图片来源：global.nissannews.com

这款座椅可以为人体工学办公座椅的设计提供启示，将 ProPILOT 椅使用的自动移动和排队技术应用于智能办公椅，实现办公空间内座椅的自动调整。例如，办公椅可以配备类似的传感器和摄像头，自动调整位置以适应用户的工作空间需求，或在用户离开后自动归位，保持办公环境整洁有序，为用户提供更加便捷和高效的办公环境。

4.4.3　多媒体交互技术

在智能办公椅中应用多媒体交互技术可以极大地增强用户的互动体验。目前市场中的智能办公椅主要通过搭载空间扬声器、触摸屏等设备，为用户创造独特的使用体验。随着工作空间形式和需求的变化，未来的办公椅设计中将融入更多的多媒体交互技术。

1. 智能交互技术

显示与触控技术：集成液晶显示屏或 LED（light emitting diode display，发光二极管）显示屏的智能办公椅，提供用户界面并能显示和播放文字、图像、视频等各种信息，如办公资料、日历、提醒事项等。这些显示屏不仅为用户提供更丰富的视觉体验，还能使用户直接在座椅上进行操作和查看信息。触控技术使用户能够通过动作控制设备，是一种更为自然的交互方式，如敲击控制座椅升降，让用户在专注办公的状态中轻松调节舒适高度。

语音识别与交互技术：配备麦克风和语音识别系统的智能办公椅，用户可以通过语音指令控制椅子的各项功能，如调节座椅高度、控制座椅倾斜、靠背支撑和坐垫加热等。自然语音交互技术使用户能够更加便捷地进行操作，从而提高工作效率。

2. 沉浸空间技术

人体工学办公椅可使用多媒体交互、沉浸空间技术为用户提供沉浸式的工作或休息环境，帮助用户在高强度的工作环境中保持专注和放松。

空间音频技术：通过嵌入式扬声器和环境声音技术，办公椅可以播放音乐或白噪声，并预设多种音频场景模式，如专注模式、放松模式、娱乐模式等。用户可以根据自己的偏好和工作环境的需要，调节环境音效的音量、频率和声场效果，营造更合适的工作或休息环境。

日本知名办公器材公司 Okamura 与 NTT 集团旗下音响品牌 NWM 共同开发了个人音响办公椅（图 4.71），座椅采用个性化声音区域（personalized sound zone, PSZ）技术，基于正负相反波形抵消的原理，将声音控制在特定区域内播放，最大限度地减少声音泄漏。当使用者坐在椅子的空间内或靠近头枕时即可清晰地听见音响传出的声音，无须佩戴入耳式耳机也能享受沉浸式听感，提升线上会议、语音通话等场景的体验，同时不干扰他人，保持办公环境的安静。

图 4.71　Okamura 与 NWM 合作将 PSZ 技术应用于办公椅

图片来源：cool3c.com

虚拟现实(virtual reality, VR)和增强现实(augmented reality, AR)技术：随着VR/AR技术的快速发展，办公环境正在经历一场革命性变革。这些沉浸式技术不仅改变了人们的工作方式，也对办公设备提出了全新的要求，未来的座椅可能不仅是提供一个舒适的座位，而是充当一个增强体验的动态平台。智能办公椅在这种新兴的VR或AR办公场景中，将面对更多动态坐姿适应、实时姿态反馈、增强交互、运动传感、多功能控制、环境适应和生物反馈监测等功能需求。通过创新的功能点设计，智能办公椅将能够更好地支持和提升VR/AR场景下的办公体验，为用户提供前所未有的舒适性、互动性和健康支持。

1)运动传感

在VR/AR场景中，用户的细微身体移动和姿态变化是至关重要的，智能办公椅需要集成高级运动传感器，捕捉这些动作并与虚拟环境同步，以提升互动的精确度和沉浸感。可以在椅子的不同部位安装高精度的加速度计和陀螺仪，实时检测线性运动、旋转和倾斜等细微动作。

Roto VR椅是一款专门为VR而设计的旋转座椅(图4.72)，它提供360°旋转功能，用户可以在使用VR头显时无须离开座椅，其专利LOOK & TURN技术与集成触觉技术相结合，给用户带来无与伦比的沉浸式体验。

图4.72　为VR设计的Roto VR椅

图片来源：rotovr.com

Limbic椅集成了运动传动器，其数据由座椅中的微型计算机处理，并通过通用串行总线(universal serial bus，USB)电缆或Wi-Fi网络发送，座椅以两个独立的专用悬托壳体支撑人的大腿，以实现无重力坐姿和自由活动(图4.73)。座椅中的运动传感器可精确控制VR以及游戏、医疗诊断和工程领域的其他应用。借助Limbic椅，不用双手就可以在3D空间中舒适、精确地漫游。

2)动态坐姿适应

在VR/AR环境下办公，用户可能需要频繁变换坐姿，如从前倾的工作姿势到后靠的放松姿势。智能办公椅需要能够实时感知这些坐姿变化，并自动调整支撑力度和角度，以确保用户在任何姿态下都能获得最佳舒适度和健康支持。

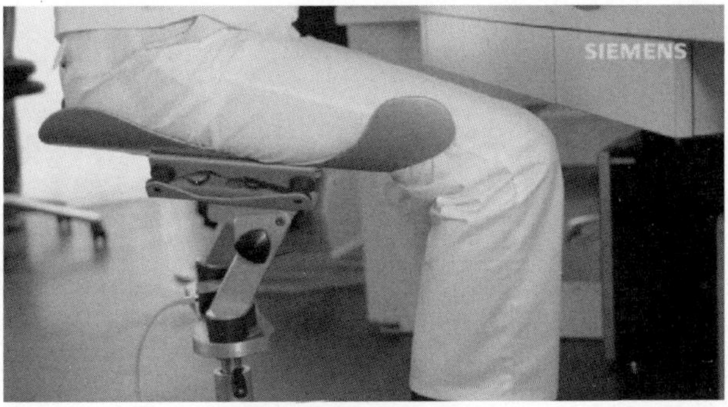

图 4.73　Limbic 椅

图片来源：resources.sw.siemens.com

Altwork 公司的 Station 是一款可躺式办公座椅(图 4.74)，具有多种符合人体工学的姿势选择，从站姿、坐姿到完全水平，以及介于两者之间的所有姿势，用户可以找到最适合自己的姿势并保存设置，只需按一下按钮，通过自动平滑滑动即可实现位置之间的轻松转换。Station 座椅的多姿态调节功能在 VR/AR 办公场景下尤其突出，根据虚拟环境中的各种需求提供最佳的坐姿支持和互动体验，让用户在沉浸式工作中保持舒适和高效。

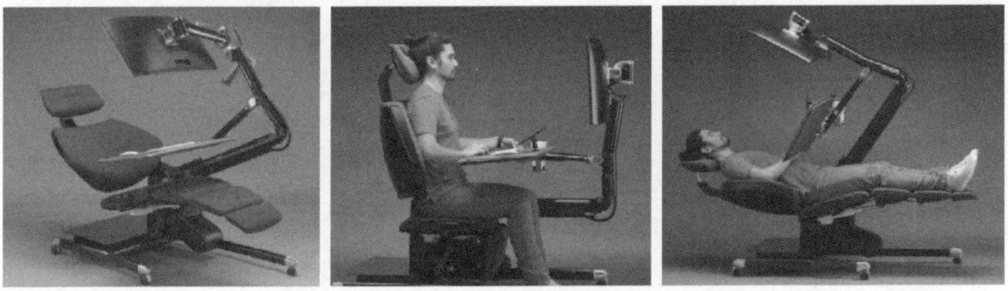

图 4.74　Station 座椅的多姿态调节功能

图片来源：altwork.com

3. 情感识别与调节技术

通过集成情感识别技术，智能办公椅可以实时监测用户的情绪状态，并根据情绪变化自动调节椅子的姿态、按摩功能、氛围灯光和多媒体设置，提供个性化的舒适体验，提升用户的工作效率和舒适度，为个性化办公环境的创建提供支持。目前，情感识别技术尚未广泛应用于办公座椅设计中，但有不少汽车制造商和科技公司都在探索智能座椅这一领域，智能办公椅可以借鉴这些技术和理念，从其他领域设计中获得启发。例如，通过视觉或传感器检测用户情绪，在用户感到疲倦时自动调整姿势，提供按摩功能，或在用户情绪低落时播放舒缓音乐，通过情感识别提供个性化的舒适度调节和环境设置，帮助用户在工作中保持良好的精神状态和高效的工作效率。

4.5 本章小结

本章详细探讨了现代人体工学办公座椅的技术构成，主要涵盖人椅界面支撑技术、底座架构技术、办公拓展技术和数智化座椅相关技术四个部分。座椅的技术构成对于提升使用者的舒适度和工作效率至关重要，通过科学的设计和先进的技术，这些座椅能够提供全方位的支撑，满足现代办公环境对健康、舒适和高效的需求。

人椅界面支撑技术涵盖了腰背部、座面、头颈部、扶手和下肢的支撑，这些部位的支撑设计确保了座椅与人体接触部位的舒适性和稳定性。腰背部支撑技术旨在通过合理的靠背和腰部支撑设计，提供对脊柱的有效保护；座面支撑技术则通过优化压力分布、调节热平衡和辅助骨盆前倾来提升臀部和下肢的舒适度；头颈部支撑技术通过科学的头枕设计减轻颈部压力；扶手支撑技术和下肢支撑技术分别通过扶手的可调节性和脚部的承托来增加手臂和腿部的舒适度。

底座架构技术包括底盘技术、气杆技术和五星脚技术，保证了座椅在各种使用状态下的稳定性和灵活性。底盘技术通过同步倾仰、倾仰锁定和重力自适应等机制提供多角度的舒适支撑；气杆技术通过高度调节和缓冲减震实现座椅的平稳升降；五星脚技术通过高强度材料和灵活的脚轮设计，确保座椅在不同地面上的稳定性和移动性。

办公拓展技术涵盖了动态坐姿适配技术、辅助站立技术、辅助收纳技术、辅助休息技术，旨在提升座椅的多功能性和实用性。动态坐姿适配技术通过点阵式支撑和悬挂单元设计，提供对多种坐姿的兼容性和支撑；辅助站立技术通过自动升降和高座面设计，帮助用户轻松实现坐姿与站姿的转换；辅助收纳技术通过椅背和侧面的收纳设计，解决了办公物品的存放问题；辅助休息技术通过大角度后仰设计，为用户提供临时休息的舒适环境。

数智化技术引入了生命体征监测、智能数字连接和多媒体交互技术，适应了数字时代对个性化和智能化的需求。生命体征监测技术可以实时监测用户的健康状况；智能数字连接技术通过无线连接和数据传输，实现座椅与其他办公设备的互联互通；多媒体交互技术通过集成显示屏和音响设备，提供更加丰富的办公体验。

未来，人体工学办公座椅将继续朝着智能化、个性化和多功能化方向发展。数字化、智能化技术的应用延展了产业链，是不可忽视的创新技术力量，为人体工学办公座椅的设计与制造企业带来新的商机和产业价值。随着 VR 和 AR 技术的进步，办公座椅将不仅提供物理上的舒适，还会成为增强体验的动态平台，满足更多的动态坐姿适应、实时姿态反馈、增强交互等功能需求。此外，自动调整技术和智能控制技术的进一步发展将使办公座椅更加灵活和高效，全面提升用户的办公体验。

参考文献

[1] 徐志磊, 董占勋, 于钊. 创新设计新思维[J]. 机械设计, 2019, 36(4): 1-4.

[2] 王田. 办公椅靠背支撑对人体脊柱曲度的影响机制研究[D]. 杭州: 浙江农林大学, 2023.

[3] De Carvalho D E, Callaghan J P. Effect of office chair design features on lumbar spine posture, muscle activity and perceived pain during prolonged sitting[J]. Ergonomics, 2023, 66(10): 1465-1476.

[4] Pape J L, Brismée J M, Sizer P S, et al. Increased spinal height using propped slouched sitting postures: Innovative ways to rehydrate intervertebral discs[J]. Applied Ergonomics, 2018, 66: 9-17.

[5] 黄蒙, 申黎明. 直立放松坐姿下办公椅类型对身体部位舒适度的影响[J]. 家具, 2016, 37(2): 6-9, 16.

[6] Lengsfeld M, Frank A, van Deursen D L, et al. Lumbar spine curvature during office chair sitting[J]. Medical Engineering & Physics, 2000, 22(9): 665-669.

[7] 杨志敏, 张亚池, 张双保. 人机工效学在椅类设计中的应用[J]. 木材加工机械, 2002, (4): 15-18.

[8] 蓝绥泓, 宋武. 办公座椅座面形状对舒适度的影响研究[J]. 机械设计, 2020, 37(3): 141-144.

[9] Makhsous M, Lin F, Hanawalt D, et al. The effect of chair designs on sitting pressure distribution and tissue perfusion[J]. Human Factors, 2012, 54(6): 1066-1074.

[10] 侯件件, 张学荣, 任利惠. 轿车座椅 R 点及体压分布仿真计算[J]. 现代交通技术, 2011, 8(4): 65-67.

[11] Yoo W G. Comparison of sitting with and without a backrest during computer work[J]. Journal of Physical Therapy Science, 2012, 24(5): 409-410.

[12] 文雅. 基于人机形态的汽车座椅舒适性研究[D]. 合肥: 合肥工业大学, 2016.

[13] 孙辛欣, 周峋, 姜斌, 等. 办公座椅坐姿行为的聚类与分析[J]. 林业工程学报, 2018, 3(5): 158-164.

[14] Dong R C, He L, Du W, et al. Effect of sitting posture and seat on biodynamic responses of internal human body simulated by finite element modeling of body-seat system[J]. Journal of Sound and Vibration, 2019, 438: 543-554.

[15] Lee J, Yoo S K. Respiration rate estimation based on independent component analysis of accelerometer data: Pilot single-arm intervention study[J]. JMIR MHealth and UHealth, 2020, 8(8): e17803.

[16] 杭州电子科技大学. 智能防久坐办公椅: CN201610066692.9[P]. 2016-07-06.
[17] Tavares C, Silva J O E, Mendes A, et al. Smart office chair for working conditions optimization[J]. IEEE Access, 2023, 11: 50497-50509.

第 5 章　人体工学办公座椅舒适性构成

作为日常生活常用的办公和居家生活用品，座椅除了具有支撑体重和维系坐姿的基本功能以外，同时还应满足使用者在心理、生理和使用性等方面感受舒适的诉求，即应具有一定的舒适性。人体工学办公座椅舒适性构成(comfort construction)涵盖舒适性理论、压力舒适性、结构舒适性和热舒适性等内容，办公座椅设计的主要目标之一就是保障使用者的坐姿健康和舒适性。其中，舒适性理论包括舒适性定义、舒适性分类和舒适性决定因素等，坐姿工作状态下的舒适性是一个综合了使用者主观感受和客观人机系统因素的概念；压力舒适性包括压力舒适性机制、压力舒适性条件等，它是由人-椅界面物理特性中的压力分布所决定的静态舒适性；结构舒适性包括结构舒适性机制、结构舒适性条件等，它是由座椅几何特性和调节特征所决定的静态舒适性；热舒适性包括热舒适性机制、热舒适性条件等，它是由人-椅界面物理特性中的温湿度所决定的静态舒适性。

5.1　舒适性理论

广义的舒适性包括舒适性和不舒适性两个基本概念。文献[1]提出舒适性有许多不同的定义和解释。研究人员尝试了不同的方法来测量舒适性，一些测量工具基于电子设备的客观结果，而另一些则是主观的基于人们的感知得到的结果。一项关于坐姿舒适度的综述[2]总结了侧重于坐舒适性主观和客观衡量标准的理论和研究，提出了一个模型来解释舒适性和不舒适性之间的关系以及影响舒适性的人、产品和环境三个关键因素。

5.1.1　舒适性定义与分类

1. 舒适性定义

长期以来，舒适性还没有一个统一的定义。一般认为，舒适性是人感受舒适的属性，而舒适是人的一种主观感觉。对于舒适性的定义，人们有不同的解释。《韦氏词典》对舒适的定义是：舒适是一种放松、鼓励、快乐的状态或者感觉。Slater[3]认为舒适是人类与环境之间，在生理、心理和物理上和谐愉快的状态。Rihcards[4]认为舒适是个人主观感觉与环境或者状况之间的反应状态。Lueder[5]认为舒适是一种主观的经验，它是生理与心理两种过程相互作用而产生的结果。

Coreltt[6]指出，舒适为身体各部位的感觉综合。当人体感觉到平衡时，可称为舒适；而一旦感觉因外在因素而分散时，则可认为有不舒适的感觉产生。Pile[7]认为所谓的“够舒适”还要考虑使用者使用方式与使用时间。美国采暖、制冷与空调工程师学会(American Society of Heating, Refrigerating and Air-Conditioning Engineers, ASHRAE)在对舒适性定义时指出，舒适性就是人对周围环境状况感到满意[8]。de Looze 等[2]和 Ahmed-Kristensen 等[9]总结了各方对舒适性的各种解释，认为以下几点是大家普遍接受而没有争议的观点：舒适是人的一种主观建构；舒适受到多种因素的影响，包括物质的、生理的、心理的；舒适是人对环境的一种反应。

与舒适性概念有关的另一个概念是不舒适性(discomfort)。从词义上理解，不舒适是舒适的反义词，没有不舒适就是舒适。这样的理解是否正确？关于舒适性与不舒适性的区别，一直以来是学术界争论的焦点。Shen 等[10]认为不舒适性就是当人们的生理平衡或心理健康，或两者都受到不利影响时产生的一般的和主观的感受。Steinmetz[11]认为不舒适性是一种缺乏舒适或轻松的感觉，感到辛苦或轻度疼痛。Hertzberg[12]认为舒适与不舒适是两种知觉状态，所谓舒适就是没有不舒适的感觉，有无不舒适的体验是决定舒适性的根本性指标，并认为在说明舒适与不舒适时，应该将时间列入考虑，就如坐在座椅上 1 小时是感到舒适的，但是持续坐 2 小时可能就会感到不舒适了。Shackel 等[13]认为舒适性与不舒适性是一个连续量表的两个对立面，是一个位于极端舒适与极端不舒适之间的中间状态。Zhang 等[14]在分析和比较已有的舒适性研究成果的基础上指出，广义的舒适性应当包含舒适性和不舒适性两个方面，它们是不同的两个概念。没有不舒适的感觉并不就意味着舒适，而舒适性的增加必然表明不舒适性程度的降低。因此，在研究舒适性的同时也必然需要研究不舒适性，两者之间应该是相辅相成的关系。

2. 舒适性分类

一般来说，舒适性包括静态舒适性、动态舒适性和操作舒适性，均以主观评价为主[15]。静态和动态舒适性是考察坐舒适性的两个彼此关联而又有所区别的研究领域。静态舒适性考察的是坐舒适性的影响因素，而动态舒适性是在静态舒适性的影响因素中加上时间因素对舒适性的影响[16]。操作舒适性是指座椅使用者操作座椅的各种功能部件和调节座椅的便利性，如操作座椅靠背倾角、扶手高度、腰靠位置、座椅深度等调节功能时的方便程度。

静态舒适性指座椅在静态状态下提供给人体的舒适特性，它与座椅的几何特性、调节特征和物理特性等坐舒适性的影响因素相关。几何特性包括座面参数、靠背参数、腰靠参数、头枕参数、扶手参数等座椅结构参数，调节特征包括座面调节、靠背调节、腰靠调节、头枕调节、扶手调节等座椅结构的可调性，物理特性包括压力分布、温湿度、硬度、摩擦等座面和靠背的人-椅界面特性[17]。

动态舒适性指座椅在动态状态下提供给人体的舒适特性，它是使用者坐在座椅上随时间变化发生动态坐姿时产生的舒适性感受，时间作为一项重要的影响因素指标，把对坐舒适性的评价放到时间轴上来看，坐不舒适性则起到了主导作用[16]。因此，动态舒适性更多取决于不舒适性的影响因素。动态舒适性主要与时间、动态坐姿和座椅的动态结构特性相关。

动态坐姿是一种鼓励使用者在就座时进行身体活动的做法，强调了就座时保持灵活性和运动的优势，可以对人体产生积极影响。为人体提供动态舒适性的座椅称为动态座椅，它是继传统的静态界面座椅之后形成的一种新型座椅结构形态，具备动态结构特性是其最大的特点。与传统的静态界面座椅不同，动态座椅能够通过其特有的动态座面和动态靠背设计，形成能够适应人体曲面造型特点和各种身体活动需要的动态自适应界面，从而对人体产生更好的动态支撑和作业辅助。

本章只讨论办公座椅静态舒适性，而动态舒适性的研究需要在静态舒适性的基础上加上时间这一坐舒适性的独立影响因素的作用，操作舒适性与静态舒适性中座椅的调节特征密切相关。按照上述三类座椅特性进行分类，与座椅的几何特性和调节特征相关的是结构舒适性，与座椅的物理特性中的压力分布相关的是压力舒适性，与座椅的物理特性中的温湿度相关的是热舒适性。

结构舒适性是由座椅的几何特性和调节特征决定的舒适性。为保证良好的结构舒适性，座椅的几何尺寸应与人体测量尺寸相适应，座椅的物理结构和尺寸能为身体的不同部位提供充分的支撑；座椅应当具有可调节特性，让使用者可变换姿势，并大范围满足各类人群的使用要求。

压力舒适性是由人-椅界面压力分布引起的舒适性。人-椅界面压力分布可以解释座椅造型、几何尺寸及材料性能对坐舒适性的影响。由于人体各部位对压力的承受能力不同，压力过高或者过低都会使人感到不舒适。借助压力分布研究可以了解到人体各部位所承受的压力，从而指导座椅的舒适性设计。

热舒适性是对周围空气及人-椅界面的温度和湿度的主观满意度。座椅的热舒适性能直接影响使用者的工作和生活质量。久坐过程中的人-椅界面会产生热量，还会产生一些气态或液态的水分子，如果不能及时通过座椅排出，那么座椅接触面的温度和相对湿度上升，会加剧不舒适性，容易引起皮肤并发症。因此，从健康的角度出发，办公座椅的热舒适性研究是非常必要的。座椅的热舒适性不仅和座椅的面料有关，还和座椅的设计密切相关。

5.1.2　舒适性决定因素

大量基础研究表明，坐舒适性和坐不舒适性是描述座椅使用性的两个不同变量，其间并非线性连续变化关系，它们各自分别具有不同的构成要素和形成机制。一般认为影响坐不舒适性的因素包括坐姿脊柱形态、腰椎间盘内压、人-椅界面压力、透气性和环境温度等环境物理因素等，且不舒适性与座椅使用时间和疲劳程度明显相关。决定舒适性的因素多为能够给使用者带来设计美感、产品制作品质感和支撑面料舒适感等一系列具有审美和情感性质的文化、审美与心理要素。为全面描述舒适性的决定因素，需要建立相应的概念和理论模型加以解释。

Zhang 等[14]提出的坐舒适性与不舒适性的概念模型如图 5.1 所示。舒适性与不舒适性是处在一个平面坐标系的坐标轴上的两个自变量，两者之间呈现非线性的连续变化过程。该概念模型的“中间状态”表明，从舒适性到不舒适性或者从不舒适性到舒适性的变化过程可以出现在曲线的某一点上，不舒适性减少了，或许能感受到舒适性；不舒适性增加了，舒适性肯定就下降了；不合理的生物力学因素会把舒适变为不舒适。

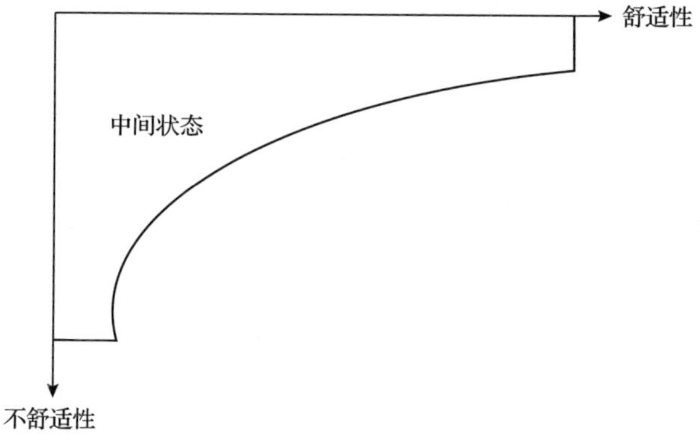

图 5.1　坐舒适性与不舒适性的概念模型[14]

该概念模型中，不舒适性的影响因素主要包括以下几个方面：①由脊柱弯曲、腰椎间盘压力、后韧带拉伸和阻碍神经养分供应等因素引起的腰痛；②由坐压分布造成的疼痛与麻木；③因长时间坐或坐姿不当导致血流不畅，引起颈肩和腰的不适；④环境温度与湿度不宜导致身体的其他症状；⑤不舒适性会随着工作时间的延长和疲劳的累积而加剧。就舒适性而言，Shackel 等[13]认为更多的是一种“审美”和“中立感觉”；Kleeman[18]认为，座椅采用了新的样式，制作精细，会给人舒适的感觉；Helander 等[19]认为，座椅的外观与舒适性得分呈正相关。

总之，不舒适性与生物力学因素和疲劳相关，舒适性则更多地与审美和主观感受相关。就舒适性与不舒适性之间的辩证关系，由于两者之间还没有一个确定的曲线关系，这只是给出一个定性的结论。不舒适性可以通过取消物理性的限制来降低，然而这样并不一定会很大程度地增加舒适性；同样，影响舒适性的主观感受因素的缺乏也并不一定会很大程度地增加不舒适性。

de Looze 等[2]提出的坐舒适性与坐不舒适性的理论模型如图 5.2 所示。该理论模型的左边是坐不舒适性的影响因素分析，坐不舒适性与物理因素相联系。外在因素是指外部因素造成的对个体内在状态的干扰，内在状态能够激发人体机械的、生化的和生理的连锁反应。座椅的物理特性、任务性质等对人体造成了外在负荷，进而会影响到内在状态。其表现形式有：肌肉活动、内驱力、椎间盘压力、神经与血液循环的参与、皮肤和身体温度的升高等。这些生化和力学反应通过人体各个感觉器官的神经传导被中枢神经系统所感知，经过大脑的信息加工，就产生了不舒适的感觉。该理论模型的右边是坐舒适性的影响因素分析，舒适性与放松、自在的主观感受相联系。在交互层面，除了物理环境和任务性质以外，还有社会心理因素(如工作满意感、社会支持等)起作用。

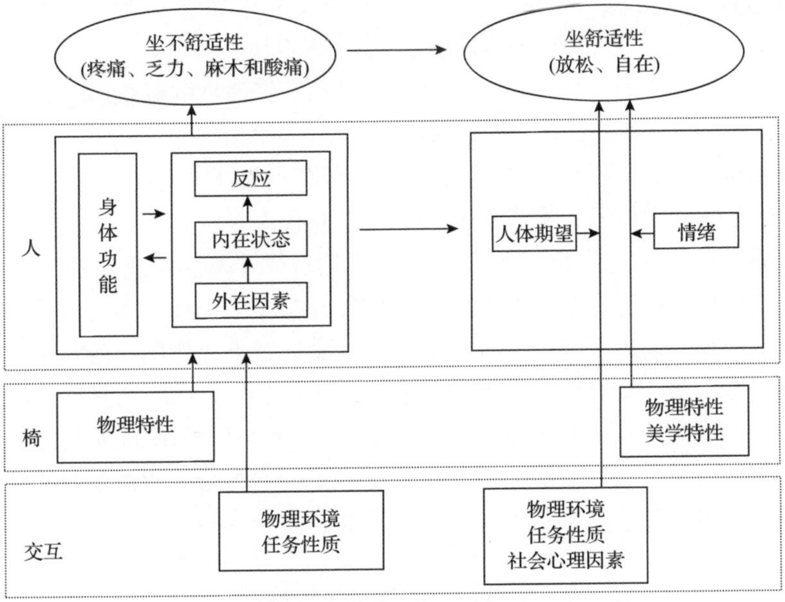

图 5.2　坐舒适性与坐不舒适性的理论模型[2]

在座椅层面，座椅的美学特性会直接影响到舒适性。在人的层面，其影响因素还包括个体期望和情绪等各种个体主观感受。

从该理论模型的建构过程可以看出，对于不舒适性研究，更适合采用对外在因素或反应的物理、生化、生理与力学测量的客观测量方法；而对于舒适性研究，或许应该再加入更多的主观测量方法。

坐舒适性与坐不舒适性是两个独立的概念，它们受到不尽相同因素的影响。在办公座椅设计中，应当更关注坐舒适性的影响因素，还是坐不舒适性的影响因素呢？如何在两者之间做出权衡和选择？

舒适性与不舒适性处于需要的不同阶段，舒适性处于比不舒适性更高的阶段[20]。一旦出现不舒适性的因素，舒适性就会立刻消失，因此不舒适性的影响因素占据了主导地位[1]。Helander[21]从座椅使用者的角度出发，认为尽管不舒适性的影响因素在座椅坐舒适性感受中起到主要作用，但是使用者很难分辨出反映到一把办公座椅上的座椅设计的工效学特性，而与舒适性直接相关的座椅美学特性却很容易感受到；认为对于普通用户，对舒适性起重要作用的或许是座椅的外观、造型，这些是他们对一把办公座椅最直接的感受。

Dainoff等[22]针对de Looze等[2]和Zhang等[14]提出的舒适性与不舒适性两阶段假设模型提出了质疑，他们从方法论和概念两个方面进行了批判。从生态工效学的框架建构舒适性模型，可以将舒适性看成产品，也可以看成适应人的能力(人体尺寸、生物力学和认知)和支持环境、工作任务要求的行为。具体来说，舒适性就是在没有不舒适性或疼痛状态下，作为一个广义的生理状态的优化的主观表达。因此，舒适必然是一个完整的人-环境-工作任务系统。

综合以上观点，对于座椅设计，既要考虑到不舒适性的影响因素，又应当顾及舒适性的影响因素。然而，不论是舒适性还是不舒适性，它们都是一个广义的概念，座椅的舒适性与不舒适性不仅受到座椅本身因素的影响，还必然受到人所处的环境、工作任务的性质以及人本身的状态等众多复杂因素及其交互作用的影响。从座椅设计和制造的实际工作角度考虑，座椅的几何尺寸是影响座椅舒适性的关键因素。腰部支撑形状、存在状态及其精准定位在保持良好坐姿、维持健康脊柱形态、保持腰椎稳定性、减少人体腰部肌肉疲劳等方面具有重要作用，是体现座椅功能的关键部位，是影响广义舒适性的关键因素。此外，座椅的适体性调节功能对舒适性影响很大，已成为座椅工效学设计必须考虑的因素。人-椅界面压力分布，特别是大腿后部肌群压力分布与血液回流阻断是导致不舒适的最主要的生物力学因素，通过界面压力对座椅舒适性进行评价是一种重要、客观和有效的方法。

5.2 压力舒适性

5.2.1 压力舒适性机制

人-椅界面是指人与座椅相互作用和相互影响的区域，主要包括坐垫界面、靠背界面、扶手界面等。压力舒适性是由人-椅界面压力分布引起的舒适性。de Looze等[2]提出，压力分布是最能够反映主观舒适性感受的客观测量量。现有对于坐舒适性的研究中，采用统计学的方法得出的结论也是如此，压力分布是与局部不舒适性统计相关性最大的客观变量[23]。

从生理学角度讲，人体臀部坐骨周围的肌肉可以承受较大的压力，而大腿下面的肌肉内部相对含有较多的神经和血管，不能长时间承受较大的压力，否则易产生麻痹、下肢血流回流障碍、下肢肿胀、酸痛等不适感，并影响神经传导。人-椅界面压力分布特征要符合人体的坐姿特点：根据人体脊椎受力特征，坐垫设计应按照臀部不同部位承受不同压力的原则进行，即合理的压力分布应是坐骨结节处最大，并向四周递减，至大腿部位压力降到最低，呈现中心压力大、外周压力小的“压力递减”分布；靠背处，腰椎部应有强大的支撑，沿此向外逐渐减小；左右两边压力应当对称分布。

对于靠背角度可调的办公座椅，当靠背倾角较大时，部分躯干重量从座面转移到靠背上去，引起了座面压力的减小。人-椅界面压力的重新分布在大多数情况下是通过背部而非腰部实现的，这也解释了为何“S”形脊柱的上半部分韧带在久坐情况下变得平坦了。座面压力向靠背的转移被认为是一种积极的作用，这一事实表现在血可以不断流入腰部血管，并及时将营养带到无血管的椎间盘。实验研究结果发现，当背部被靠背完全承托住时，椎间盘压力最低。有研究认为人-椅界面没有压力峰值是舒适的原则，这样可以避免背部和大腿区域的疼痛，因为压力峰值会引起组织受压和局部血流的不畅。因此，靠背或座面的峰值压力是重要的压力舒适性参数，且压力和坐姿两者的结合或许具有更高的辨别力[16]。

5.2.2　压力舒适性条件

结合多项基础研究，Kolich 等[24]总结了坐姿下的压力舒适性条件：坐垫界面压力峰值应位于坐骨结节区域，朝向坐垫前部和侧面的压力逐渐减小，大腿下半部下方的压力应该最小；压力应均匀、对称地分布在坐骨结节周围，坐骨处的压力值以 8～15kPa 为宜，在接触边界处压力降至 2～8kPa 为宜；靠背界面压力峰值应位于腰部区域；除腰椎和坐骨结节区域以外的接触区域不应有独立的高压点；坐垫不宜太软，以缓解运动压力。需要特别说明的是，具有弹性的坐垫可以增加人与座椅的接触面积，从而减轻压力分布的不均匀性。但是座椅的弹性承托有一个度的把握问题，太软的坐垫容易造成身体不易平衡和稳定。要尽可能做到不同体重的使用者坐上时都有一种坐垫缓慢变形中稳定的舒适感觉。

根据坐姿状态下的人体解剖学机理，徐明等[25]提出了影响坐舒适性的压力分布指标体系，共归纳了 8 个指标，分别为最大压力、平均压力、最大压力梯度、平均压力梯度、不对称系数、纵向压力分布曲线、纵向力矩分布曲线和侧倾稳定性系数。研究结果显示，较大压力和压力梯度会使人感到不舒适，压力分布不对称也会使人感到不舒适，侧倾稳定性系数大的座椅则使人感到舒适。

座椅几何特性中的座椅高度、座面倾角和靠背倾角显著影响压力分布数据。通过对相关实验结果的分析得出：①靠背倾角对于靠背接触面积的影响最为显著，对靠背平均压力、座面最大压力、平均压力梯度的影响最大；②座椅高度是影响座面接触面积的主要因素，对座面的最大压力梯度、平均压力影响最大；③座面倾角对于靠背最大压力的影响最大。从方差分析结果得到：座椅高度对座面压力分布数据有显著影响，座面倾角和靠背倾角的改变显著影响靠背压力分布数据。

周敏[26]研究了在不同坐姿时的压力分布情况，得出一些实验室条件下的结论。主观评价结果显示，座椅高度等于膝腘高度时人感觉最舒适；当座面倾角为 0°时，在无靠背情况下，人的主观感觉最佳；当靠背倾角为 10°时，人的主观评价最高。对于座面倾角，座面向前倾 5°得到的最大压力、平均压力、最大压力梯度和平均压力梯度均最小，但是在这种情况下人的主观感觉并不优于座面倾角为 0°的座面。对靠背而言，当靠背倾角为 10°时，最大压力和平均压力值最小。因此，合理的座椅高度为膝腘高度值，座面倾角 0°，靠背倾角 20°。在不能改变座椅座面的弹性、材质和座面形状的情况下，可以通过改变座椅高度、座面倾角和靠背倾角来实现人在座椅上的压力分布数据的改变，从而得到较为舒适的座椅。不同的压力分布指标具有不同的物理意义，在使用时应根据座椅的功能要求加以选择。

5.3　结构舒适性

5.3.1　结构舒适性机制

座椅结构部件中的关键因素可分为座面、靠背、椅脚和扶手四大项，从坐舒适性角度来看，主要集中在靠背(特别是靠背的腰部支撑，即腰靠)、扶手和座面。许多研究都提及腰部支撑的重要作用，从人体工程学的角度来讲，腰部是体现座椅功能的关键部位。因此，座椅的腰靠是影响座椅静态舒适性的关键因素。王正华等[27]在对座椅机械结构及人体脊骨生理结构分析的基础上，从主观和客观两方面针对腰靠对汽车座椅静态舒适性的影响进行了理论和实验研究，发现腰靠的设计及安装对人体的体压分布有显著影响。腰靠的形状和位置，对于是否能使人保持良好坐姿、减少人体疲劳具有重要作用。因此，腰靠的有无、腰靠的设计参数(腰靠的形状、大小、位置、表面材料、深度是否可调等)应当成为座椅结构中重要的影响因素指标。

研究表明，良好的骶骨支撑可以显著改善坐姿，减少由坐姿不良引起的下背痛和其他肌肉骨骼疾病。骶骨支撑装置采用符合人体工学的曲面设计，提供对腰椎和骶骨的同时支撑，让臀部形成略微前倾角度，可以增加脊柱骶部稳定性，有助于脊柱轮廓保持自然的 S 形曲线，减少脊柱的应力和张力，避免了长时间固定坐姿对骶骨和腰部的压力积累。

除腰靠和骶骨支撑外，头颈处也需要有可调节的头枕实现对前凸颈椎的支撑，背部有可调节的靠背曲面实现对后凸胸椎的支撑。头枕的高度与角度决定颈椎的疲劳度，合理的头枕高度是将其调整在 C3～C7 节段以便使颈椎得到必要的支撑，有效缓解颈部疲劳。设计合理的靠背应能够通过调节弯曲度使整个背部放松舒适地贴合于靠背，解除背部疲劳，避免产生腰酸背痛的感觉。

大量研究表明，长时间坐着不动或保持不合理的姿势会导致心血管、循环系统和肌肉骨骼系统问题。不同坐姿的坐舒适性之间存在显著差异，而座椅的物理结构很大程度上影响坐姿。陆剑雄等[28]运用人体解剖学原理，结合坐姿行为分析，探讨坐姿理论，认为坐姿变化是在人体稳定和变动之间寻求平衡，这是一个动态平衡的过程，满足坐舒适性的要求。因此，坐姿变化完全可以作为坐舒适性的重要影响因素和良好评价指标，通过优良的物理结构设计，可有效维持舒适坐姿，提升座椅的结构舒适性。

此外，座椅的调节特征对座椅静态舒适性的影响很大，已成为座椅舒适性设计中重点考虑的因素。座椅的调节特征最具代表性的结构在于扶手和座面，它们的调节特性极大地影响坐舒适性的感受。例如，带有头枕的完全可调办公座椅可以缓解一些与姿势相关的健康问题，将头向后靠并触碰头枕会迫使肩部推向靠背并抬起胸部以形成更好的坐姿，这样会抬起横膈膜，获得最佳的结构舒适性和提高注意力，从而提升工作效率。

5.3.2　结构舒适性条件

一把能增加结构舒适性并降低健康损伤风险的人体工学办公座椅，需要在物理结构和调节特征两方面满足结构舒适性条件[29]。

从座椅结构部件的物理结构来看，需要满足以下条件。

(1) 脚轮。座椅使用带脚轮和五点式底座，使移动更容易，并最大限度地减少倾倒。人体工学办公座椅的脚轮必须适用座椅所在的地面类型。所有脚轮都适用该通用规则：在较软的地面上使用较硬的脚轮，在较硬的地面上使用较软的脚轮。因此，软地面脚轮具有较硬的轮面，这对于地毯等软地面非常适合。橡胶锁定脚轮可用于防止座椅倾倒。

(2) 座面。座面是座椅的关键部件，支撑人体大部分的体重。座面通常由密集的小细胞泡沫垫或弹簧线圈制成的坐垫构成。变形或压缩的劣质坐垫会导致不适、不平衡以及臀部和背部疲劳。座面应至少比两侧的臀部和大腿宽2.5cm。此外，座椅的前部应略微向下倾斜，并在膝盖后部和座面前缘之间留出拳头大小的间隙，以减轻大腿后部的压力。

(3) 靠背。足够的腰部支撑和骶骨支撑是靠背最重要的元素。腰靠应该足够小，可以贴合腰部，避开骨盆和肋骨后部，或者弯曲以提供足够的支撑。靠背应该足够大，以提供中背部和上背部的支撑，为用户提供足够的骶骨支撑，使用户坐下时骨盆略微前倾，根据用户的坐姿变化自动调整支撑力度。用户可根据自身需求调整支撑的高度和深度。

(4) 扶手。扶手的高度和宽度是可调节的。目前许多人体工学办公座椅的扶手深度也可调，还可以向内和向外旋转。扶手应由柔软的材料制成，宽度至少应为5cm，以提供足够的表面积。

从座椅结构部件的调节特征来看，需要满足以下条件。

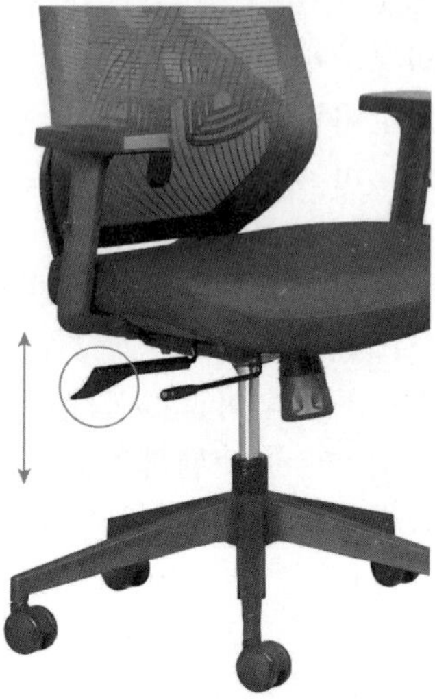

图 5.3　座椅高度调节

图片来源：karo.co.za

(1) 动态坐姿。长时间静态坐姿通常会导致背部、颈部和肩部肌肉疼痛，通过不断刺激这些肌肉并增加血液流经这些肌肉，可以减轻这种疼痛。当办公座椅结构部件的物理结构配备调节特征允许动态坐姿的机构时，就可以实现这一点，可以通过加入同步机构实现动态坐姿。

(2) 座椅高度调节 (图 5.3)。座椅高度至关重要，研究表明，座椅高度为 40～44cm 时的坐姿不适评分较低[30]。调整座椅高度时，双脚应平放在地面上，膝盖略低于臀部水平。坐姿状态下双手置于工作台面上完成键盘操作任务时，座椅应当调整至合适的高度，确保上臂与前臂夹角为 90°，前臂与地面平行。不要将座椅调得太低，否则膝盖会高于臀部，给腰椎间盘和髋关节带来更大的压力，此外，要够到工作台面，必须抬起手臂，这会造成肩部和颈部肌肉紧张。

(3) 腰靠位置调节。腰靠应设计为始终紧贴脊柱的自然曲线，如图 5.4 所示。通常情况下，腰靠在垂直和水平位置均可调节；腰靠的位置随着靠背倾斜角度的变化始终位于使用者的腰部，防止出现“搓背”现象。

图 5.4　腰靠位置调节

图片来源：karo.co.za

(4) 座椅深度调节。可配备座椅滑块使座面前后移动以适应大腿的长度，确保座椅前缘和膝盖后部之间有 2～3 指的间隙，如图 5.5 所示。这将减少膝盖后方的紧张感，提供适当的大腿支撑，并改善血液流动。座椅深度不能太深，否则会坐在没有背部支撑的座椅边缘。

（5）靠背倾角调节。带有完全可调靠背的办公座椅可让躯干和大腿之间的角度在 90°～130°改变，靠背通常可以锁定在此范围内的任何位置，如图 5.6 所示。建议保持靠背处于自由浮动（摇摆）运动，以便坐在座椅上和活动时靠背能提供持续支撑。始终保持与靠背的持续接触，以最大限度地提高结构舒适性并改善肌肉刺激和血液循环。

图 5.5　座椅深度调节

图片来源：karo.co.za

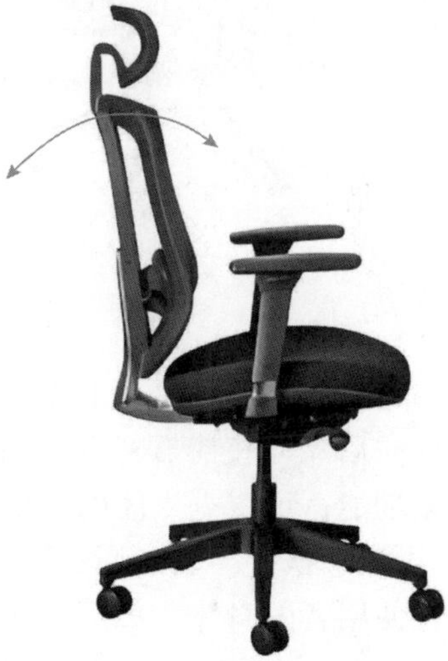

图 5.6　靠背倾角调节

图片来源：karo.co.za

（6）座面倾角调节。座面倾角调节会改变整个座椅相对于地面的角度。与靠背倾角调节一样，改变座面倾角会将部分上身重量转移到座椅的靠背上。配备同步或自由浮动机构的办公座椅可调节座面倾角。同步机构上的机械连杆以固定比例同时改变座椅的靠背和座面倾角，如图 5.7 所示。同步机构通常具有 2∶1 的比例，这意味着座面每转动 10°，靠背就会转动 20°。大多数人体工学办公座椅都具有同步机构。自由浮动机构允许独立于靠背改变座面倾角，如图 5.8 所示。此外，自由浮动机构上的座面倾角可以设置为前倾，这种前倾通常限制在 5°左右，从而减少腰椎区域的椎间盘压力。根据美国职

图 5.7　同步机构

图片来源：karo.co.za

业安全与健康管理局(Occupational Safety and Health Administration, OSHA)的说法，前倾座椅有助于增加下肢的血流量，同时降低腰部椎间盘压力。

图 5.8　自由浮动机构

图片来源：karo.co.za

(7)靠背张力调节。靠背倾斜角和靠背张力调节相辅相成。理想的张力可使用户轻松地向后靠在座椅靠背上，同时仍有足够的阻力支撑背部。有些座椅内置有自动张紧功能，可根据人体的体重自动张紧靠背。

(8)可调节扶手。可调节扶手允许自定义扶手之间的高度和距离以及扶手的位置以适合使用者的身体，如图 5.9 所示。坐在座椅上时，手臂应与地面平行，肘部弯曲约 90°。向前、向后和向内旋转的扶手可提供正确的前臂定位，以获得更好的支撑和结构舒适性。扶手取决于座椅用途，并非总是必要的。

图 5.9　可调节扶手

图片来源：karo.co.za

(9) 可调节头枕。并非所有人体工学办公座椅都配有头枕，也并非每个人都需要头枕。头枕的高度和角度都需要适当调节，可调节头枕通常不会连续使用，它仅在需要放松时用来支撑颈部和头部，或帮助减轻颈部、背部和肩部的压力和僵硬，如图 5.10 所示。

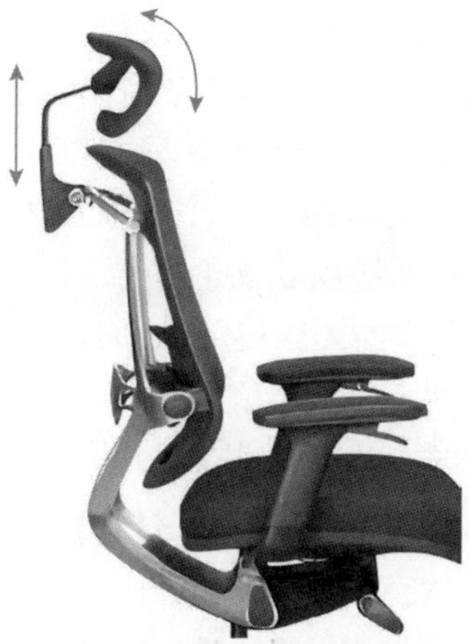

图 5.10　可调节头枕

图片来源：karo.co.za

5.4　热舒适性

5.4.1　热舒适性机制

人体温度约为 37℃，要使体温保持稳定，就需要保持产热量和散热量的平衡。在普通气温的条件下，人体通过传导、对流、辐射和水分蒸发来散发热量以保持 37℃左右的体温。一般认为当皮肤温度达到 34℃时，人体开始启动基础排汗机制，通过出汗来达到热平衡。如果汗液不能被及时排出，则会给人带来黏腻的不舒适感。即使是在热舒适的环境中，人体也会有不间断的水分蒸发（无感蒸发），每个成年人每天需排出 700～1200g 汗水蒸气，虽然蒸发量较小，但是也应及时从皮肤表面排出以确保人体的热舒适感。

当人处于坐姿状态时，背部、臀部、下肢以较大面积与靠背和坐垫接触，因此，座椅热舒适性是一个不可忽略的问题，它很大程度上影响人体和座椅接触部位的散热和皮肤的呼吸功能，当其温湿度特性与人体生理机能不相适应时，将引起人体局部的不舒适感，从而加速人体疲劳的形成，严重时甚至可能导致皮肤疾病的发生。

座椅的热舒适性是温湿度条件共同作用的结果。人体的温湿度舒适性受到皮肤表面汗液蒸发程度的影响，通过汗液的蒸发调节人体的能量代谢[31]。当环境温度较低(20～23℃)时，皮肤通过汗液蒸发来降低身体温度的作用不大；而当环境温度较高时，人体的热平衡更多地依靠皮肤表面汗液的蒸发来调节，此时如果环境中的相对湿度增加，人体皮肤表面的汗液排出量并无太大变化，但皮肤表面的蒸汽压力与空气的压力差减少，导致人体皮肤表面的汗液不能顺利蒸发，通过汗液蒸发带走的热量减少，从而影响人体的热舒适性。不管是处于舒适温度还是高温环境中，人们如果想获得良好的热舒适性，就要让人体皮肤表面的汗液顺利排出。

人体和材料接触所产生的温冷感，主要来自人体与材料接触的部位和周围环境所产生的温差，当外界温度比皮肤表面的温度高 0.4℃或者低 0.15℃时，人体即会产生温暖感，人体既不感到暖也不感到冷时的温度称为生理零度，此时的温度一般为人体皮肤的表面温度，即 32℃左右。

当人体接触座椅材料时，人体皮肤表面的汗液就会从座椅的近臀侧向远臀侧移动，一般认为人体表面的汗液通过座椅材料传递的方式有三种：一是座椅材料接触高湿空气的一侧直接从空气中吸收水分，水分子经过材料纤维内部向与低湿空气接触的另一侧转移；二是水分在材料纤维中的毛细管之间传递；三是水汽直接从材料之间的空隙穿透至另一侧。

人体皮肤总面积约为 1.6～2m^2，当人坐在办公座椅上，并处于靠在座椅靠背上的坐姿时，和坐垫接触的皮肤面积约占总面积的一半，此时座椅上与人接触的部分相当于给人体穿上的又一层衣服，只有座椅材料具有良好的导热、透气和透湿性能，才能保证人体的汗液顺利地穿透它，给人以良好的热舒适性。有关座椅材料的导热性、透湿性和透气性三项热舒适性的热物理指标的详细说明参见第 6 章。

5.4.2 热舒适性条件

影响热舒适性的因素有很多，通过对办公座椅坐垫与靠垫制作过程及其构成的了解，其主要因素包括材料、厚度和形态三个方面。其中最主要的因素是材料，导热性、透湿性和透气性是衡量材料热舒适性的重要热物理指标。需要在办公座椅的坐垫与靠背等人-椅界面的座椅结构部件的材料、厚度和形态三个方面满足热舒适条件[32]。

1. 材料

座椅的材料可以分为表面材料和填充材料。常见的表面材料有布面、网面、皮质、布面或皮面与网面的拼接，从而获得更好的热舒适性。常用的填充材料是泡沫，泡沫材料种类很多，主要使用发泡棉。不同密度的发泡棉会对热舒适性产生一定的影响，密度越大的海绵，空隙越小，透气性和透湿性会相对越差。

泡沫垫还可以阻碍皮肤表面的水蒸气传输。泡沫成分不同时，坐垫的渗透性会随着压缩而变化。这表明，对于使用相同类型办公座椅的不同人来说，热舒适性可能会有所不同，这取决于每个人压缩坐垫和靠背泡沫垫的位置和程度。王元明等[33]认为三种水分子移动方式共同作用构成了材料的透湿性，并且测量了聚氨酯泡沫、聚酯纤维针织物、天然皮革、人造皮革和聚氨酯薄膜五种常用的座椅材料在 21℃时的透湿性能，得到几种材料的透湿性能：聚酯纤维针织物>聚氨酯泡沫>人造皮革>天然皮革>聚氨酯薄膜。

对坐在采用透气材料的座椅和采用传统多孔泡沫的座椅上的受试者进行测试发现，当受试者坐在泡沫垫座椅上时，腰部和臀部皮肤温度上升最多，但坐在采用透气悬挂材料的座椅上温度变化最小。即使在采用透气材料的座椅上坐了 30 分钟后，测试对象的坐姿温度仍然保持恒定，与站立温度相当。选择毛织物面料作为座椅的蒙皮最适宜解决座椅的透气性差的问题，一般认为选用聚氨酯泡沫作为坐垫材料能较好地满足透气和散热性能要求，不过透气性能最好的材料是天然纤维。

2. 厚度

常见的办公座椅坐垫厚度为 5～15cm，一般来说网面和布面的办公座椅较薄，皮质的办公座椅较厚。在夏季，人们会倾向于选择较薄座面的办公座椅，因此单网面的办公座椅越来越流行。在研究热舒适性时，主要考虑填充材料的厚度，同种填充材料，厚度越大，其散热性和透湿性越差，因此其热舒适性也就越差。

提高热舒适性将通过允许空气流向身体或从身体散发水蒸气对身体产生中性热效应。织物覆盖泡沫衬垫长期以来一直是座椅构造的传统方法。这种衬垫具有绝缘性能，可防止热量从身体传导出去。Fisher 等[34]开展的一项关于轮椅坐垫所用不同材料的研究发现，在使用10cm 厚泡沫橡胶垫的座椅上，受试者大腿和坐骨下的皮肤温度显著上升。

3. 形态

现有办公座椅的坐垫和靠背形态越来越复杂，尤其是皮质的办公座椅形态各异。形态的变化不仅可以为办公座椅外形加分，同时也对热舒适性产生一定的影响。当人坐在不同形状的坐垫上，其与坐垫的接触面积不同，压力分布不同，因此人与坐垫接触面的温度也会有所不同。

5.5 本章小结

舒适性是办公座椅首要的设计原则，也是办公座椅研究的热点方向，为办公座椅设计科学化、创新化提供理论依据。座椅的舒适性直接影响到使用者的坐姿体验和身心健康，舒适性通常也是购买办公座椅或提高办公作业效率的标准。如果人们购买和使用舒适的座椅，那么他们就会期望在一天中工作更有效率、身体更健康。

本章全面探讨了人体工学办公座椅的舒适性构成，从舒适性定义与舒适性模型入手，依据对静态舒适性影响因素的分类，深入剖析了压力舒适性、结构舒适性和热舒适性的机制及其条件。人-椅界面压力分布测量已成为研究办公座椅舒适性的主要方法，重点考虑腰部的压力舒适性。座椅的几何尺寸是影响结构舒适性的关键因素，腰部支撑和骶骨支撑是体现座椅功能的关键部位；座椅的舒适性调节功能对结构舒适性影响很大，已成为座椅工效学设计必须考虑的因素。

国外对舒适性和不舒适性理论的研究较为深入，多集中在热舒适性及人的坐姿上；国内对舒适性的研究聚焦于力学舒适性，研究方法多结合压力分布测量技术，重点考虑腰部不舒适性，并关心使用者的情感意向。近十年来，如何减少坐姿肌肉疲劳和能量消耗成为坐舒适性研究的热门话题。随着人工智能、大数据时代的到来，结合神经网络、机器学习建立舒适性预测模型评价办公座椅舒适性的方法逐渐兴起。未来办公座椅舒适性的研究与建立预测模型密不可分，研究表明基于各种算法和计算机建立的模型对办公座椅舒适性的研究是可行的，不仅可以从客观的角度科学地预测办公座椅舒适性，也可以用来指导设计影响舒适性的各因素。在此基础上，图像识别、语音识别等技术也有望融入该领域的研究中，从而使办公座椅舒适性研究与人工智能和大数据时代相衔接[35]。

人体工学办公座椅融合了人体工程学与各种新材料、新技术、新功能，致力于为使用者提供安全、健康、舒适的办公环境。舒适性的研究体系已相对成熟，但是舒适性涉及领域广泛，影响因素众多，其本身是一个很复杂的概念。舒适性的定义与理论框架构建的研究不够深入，还没有建立起一个完善的舒适性影响因素模型，因而对于办公座椅的舒适性评价也还没有形成一套客观系统的体系，针对不同领域的舒适性评价指标也没有进一步的细分。未来需要把舒适性与不舒适性看成两个完全不同的概念分别独立加以研究，对坐舒适性和坐不舒适性的理论模型进行修正，并建立细化的影响因素指标体系，运用系统工程方法对办公座椅舒适性进行全面评价，为进一步研究办公座椅的舒适性问题提供理论依据。

参考文献

[1] Helander M G, Zhang L J. Field studies of comfort and discomfort in sitting[J]. Ergonomics, 1997, 40(9): 895-915.

[2] de Looze M P, Kuijt-Evers L F M, van Dieën J. Sitting comfort and discomfort and the relationships with objective measures[J]. Ergonomics, 2003, 46(10): 985-997.

[3] Slater K. Human Comfort[M]. Springfield: Charles C. Thomas Publisher Ltd., 1985.
[4] Richards L G. On the psychology of passenger comfort[M]//Oborne D J, Levis J A. Human Factors in Transport Research, Vol. 2, User Factors: Comfort, the Environment and Behavior. London: Academic Press, 1980.
[5] Lueder R K. Seat comfort: A review of the construct in the office environment[J]. Human Factors, 1983, 25(6): 701-711.
[6] Corlett E N. Human factors in the design of manufacturing systems[J]. Human Factors, 1973, 15(2): 105-110.
[7] Pile J F. Modern Furniture[M]. New York: John Wiley and Sons, 1979.
[8] ASHRAE. Thermal Environmental Conditions for Human Occupancy: ANSI/ASHRAE Standard 55-2020[S]. Atlanta: American Society of Heating, Refrigerating and Air-conditioning Engineers, Inc, 2020.
[9] Ahmed-Kristensen S, Stavrakos S K. Definition of comfort in design and key aspects—A literature review[C]. Proceedings of NordDesign Conference, Aalborg, 2012: 1-12.
[10] Shen W Q, Parsons K C. Validity and reliability of rating scales for seated pressure discomfort[J]. International Journal of Industrial Ergonomics, 1997, 20(6): 441-461.
[11] Steinmetz S. Random House Webster's College Dictionary[M]. 2nd ed. New York: Random House, 1997.
[12] Hertzberg H T E. Annotated bibliography of applied physical anthropology in human engineering[R]. Fairborn: Wright-Patterson Air Force Base, 1958.
[13] Shackel B, Chidsey K D, Shipley P. The assessment of chair comfort[J]. Ergonomics, 1969, 12(2): 269-306.
[14] Zhang L, Helander M G, Drury C G. Identifying factors of comfort and discomfort in sitting[J]. Human Factors, 1996, 38(3): 377-389.
[15] Makris M. How does it feel and how is it measured? Assessing sitting comfort and postures of rear-seated car passengers in stationary and driven scenarios over time[D]. Gothenburg: Chalmers University of Technology, 2023.
[16] 刘志平. 动态界面座椅改善坐不舒适性的工效学研究[D]. 杭州: 浙江大学, 2011.
[17] 马佳, 范智声, 阮莹, 等. 汽车座椅舒适性研究综述[J]. 上海汽车, 2008, 35(1): 24-27.
[18] Kleeman Jr W B. The Challenge of Interior Design[M]. New York: Van Nostrand Reinhold, 1983.
[19] Helander M G, Czaja S J, Drury C G, et al. An ergonomic evaluation of office chairs[J]. Information Technology and People, 1987, 3(3): 247-263.
[20] Hancock P A, Pepe A A, Murphy L L. Hedonomics: The power of positive and pleasurable ergonomics[J]. Ergonomics in Design: The Quarterly of Human Factors Applications, 2005,

13(1): 8-14.
[21] Helander M G. Forget about ergonomics in chair design? Focus on aesthetics and comfort![J]. Ergonomics, 2003, 46(13/14): 1306-1319.
[22] Dainoff M, Mark L, Lin Y, et al. Forget about aesthetics in chair design: Ergonomics should be the basis for comfort[C]. International Conference on Ergonomics and Health Aspects of Work with Computers, Beijing, 2007: 19-25.
[23] 盛洁. 基于体压分布的人椅系统舒适性预测[D]. 重庆: 重庆大学, 2017.
[24] Kolich M, Taboum S M. Ergonomics modelling and evaluation of automobile seat comfort[J]. Ergonomics, 2004, 47(8): 841-863.
[25] 徐明, 夏群生. 体压分布的指标[J]. 中国机械工程, 1997, 8(1): 65-68.
[26] 周敏. 座椅温觉特性与坐姿体压分布的实验研究[D]. 南京: 南京林业大学, 2007.
[27] 王正华, 喻凡, 庄德军. 汽车座椅舒适性的主观和客观评价研究[J]. 汽车工程, 2006, 28(9): 817-819.
[28] 陆剑雄, 张福昌, 申利民. 坐姿与座椅设计的人机工程学探讨[J]. 人类工效学, 2005, 11(4): 44-46, 49.
[29] Karle M. Comfortable office chair for a healthy & productive work day[EB/OL]. https://karo.co.za/knowledge-center/comfortable-office-chair/. [2024-07-10].
[30] 杨涛, 陶庆, 侯晓东, 等. 久坐行为与坐姿舒适性评价[J]. 科学技术与工程, 2023, 23(23): 9868-9874.
[31] 赵鹤, 林金国, 李吉庆. 座椅的热舒适性及其评价方法的探讨[J]. 质量技术监督研究, 2014, (4): 76-80.
[32] 王美兰, 贾旭霞. 办公椅座面热舒适性探究[J]. 科技创新与应用, 2016, (6): 46-48.
[33] 王元明, 崔灵芝. 汽车座椅材料的热舒适性[J]. 汽车工艺与材料, 2006, (12): 21, 25.
[34] Fisher S V, Szymke T E, Apte S Y, et al. Wheechair cushion effect on skin temperature[J]. Archives of Physical Medicine and Rehabilitation, 1978, 59(2): 68-72.
[35] 张适韫, 申黎明. 办公椅舒适性研究现状可视化分析[J]. 包装工程, 2024, 45(20): 205-213.

第 6 章　人体工学办公座椅材料构成

人体工学办公座椅设计与材料选择直接影响用户的舒适、健康及工作效率。根据座椅的设计构成，主要的材料包含主体材料、软包材料与配件材料。主体材料如铝合金、钢材和尼龙，因强度高和轻量化特性被广泛应用[1]；软包材料方面可选用透气性良好的网布、能够自适应人体压力的记忆棉、抗菌防污的涂层材料等，以提供最佳的支撑和舒适感；配件包括脚轮、五星椅脚基座、气压杆、扶手、头枕和紧固件，采用聚氨酯、尼龙、铝合金等材料，确保座椅的耐用性和功能性[2]。先进材料的应用，给人体工学座椅功能带来提升空间，碳纤维、钛合金和高强度塑料等高性能材料，轻便且坚固，能够大幅度提高座椅的动态性能与耐用性。环保材料，如生物基塑料、可回收金属和天然纤维等，可以减少座椅在生产和废弃时的碳足迹，满足生态的需求。本章阐述的材料选择方法和其中的设计理念，将为人体工学办公座椅的研究和应用提供重要的参考。

6.1　主 体 材 料

6.1.1　办公座椅主体材料概览

随着新材料和新技术的不断涌现，人体工学座椅的设计迎来新的变革。各种材料精彩纷呈，为座椅提供了更多可能性，在满足用户个性化需求的同时，进一步提升了座椅的稳定性与舒适性[3]。材料选择时，制造商需综合考虑座椅使用场景、用户需求、结构功能及制造成本等多个因素，以保障座椅达到目标性能[4]。

座椅的主体材料构成直接影响用户的坐姿体验和工作效率。人体工学座椅多为复合型结构，一般由座椅骨架、座椅填充层、座椅表皮、塑料件、相关配件等几个关键部分组成，如图 6.1 所示。座椅骨架是核心支撑部件，分为靠背骨架部分和坐垫骨架部分。骨架主体部分应根据人体工程学的原理设计，以保证坐姿的舒适性。骨架通常采用高强度且轻便的材料来构建，常见的材料包括高品质钢材和工程塑料。高品质钢材，如高强钢、镁合金、铝合金等金属材料，通过精密的金属焊接工艺，起到座椅定型和支撑人体重量的作用。而工程塑料，如 PP、聚氨酯(polyurethane, PU)、丙烯腈-丁二烯-苯乙烯共聚物(acrylonitrile butadiene styrene, ABS)等，轻便、灵活、有韧性、易成型，能够适应不同体型使用者的需求[5]。通过玻璃纤维增强等先进处理技术，工程塑料的强度与耐用性得到进一步提升，能够应对复杂多变的设计需求，无论是流畅的曲线、精细的纹理还是复杂的内部结构，均能实现精准呈现，满足设计师对座椅外观美学与功能实用性的双重追求[6]。

现代座椅采用不同复合材料的组合，追求骨架和塑料件的一体化，如 Steelcase 公司的 Leap 座椅，如图 6.2 所示，通过精密的模具和先进的成型技术，确保各个部件之间连接紧密、稳固，形成符合人体需求的曲面，提供贴合人体、舒适自然的支撑，同时降低材料成本。

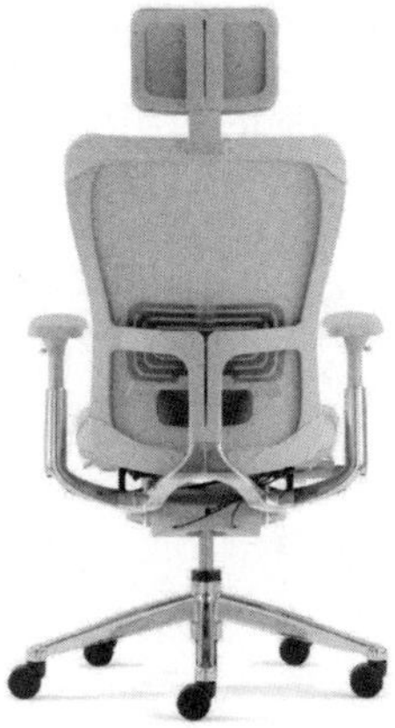

图 6.1　座椅椅背的主体框架设计

图片来源：haworth.com

图 6.2　自然舒展的 Leap 座椅设计

图片来源：steelcase.com

通过采用高强度、轻便的金属材料或高性能的碳纤维、工程塑料，形成人体工学座椅的基本骨架，实现座椅静态坐姿舒适、动态调整舒适的需求，为稳定、舒适且耐用的使用体验奠定基础。

6.1.2　主体材料的性能与设计需求

1. 座椅主体轻量化技术

座椅轻量化技术主要针对材料的轻量化与结构优化。以塑代钢是最常用的方法，例如，使用 PP、聚碳酸酯(polycarbonate，PC)或 ABS 等工程塑料制作座椅的骨架、支撑件和装饰件等，可以实现座椅的整体减重[7]。

结构优化是在材料选择的基础上，通过优化座椅的结构设计，进一步减轻座椅的重量。例如，采用镂空设计、减少不必要的壁厚、优化支撑结构等方法，可以在不降低座椅性能的前提下实现减重[8]。将座椅中的多个部件进行集成化设计，减少部件数量和连接件的使用，从而减轻座椅的整体重量。如图 6.3 所示，为了更好地支撑人体以及更轻量化的设计，受悬吊桥的启发，Yves Béhar 将这些出色的工程结构设计理念运用到 Sayl 座椅的设计中，实现完美的轻量化设计。

2. 材料与设计的结合

高强度支撑材料与设计的完美结合，不仅是材料特性的简单应用，更是设计师对材料性能的深入理解和巧妙运用。高强度支撑材料不仅为座椅提供坚实的骨架，还为多样化的设计造型提供可能。例如，采用碳纤维材质的背部骨架支撑可以设计纤细轻盈的外观，同时保证足够的承重能力；而工程塑料可以通过注塑成型等工艺制作成复杂多变的形状和结构，满足创意需求。如图 6.4 所示，Liberty 座椅的扶手与椅背采用衔接一体的设计，可融入任何环境中，成为引人注目的办公座椅。

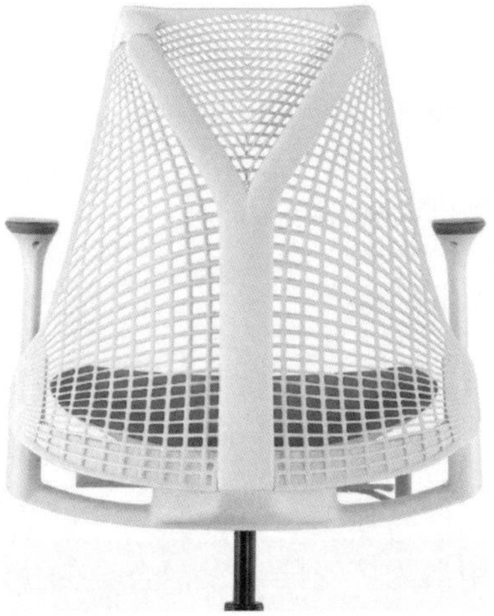

图 6.3　轻量化设计的典范——Sayl 座椅

图片来源：hermanmiller.com

图 6.4　扶手与椅背一体式衔接设计——Liberty 座椅

图片来源：humanscale.com

3. 材料易加工性能

高性能金属材料主要采用机械加工与焊接的方式，大部分易加工性较好。工程塑料的处理稍显复杂，但成果丰富。高可塑性的塑料(如 ABS、PP 增强型等)，通过加温处理或改变塑料内部分子排列结构，可以灵活调整物理属性。通过精密的温度控制与注塑成型技术，塑料的加热熔融与冷却固化过程得以精确调控，从而灵活调整其物理属性，实现复杂结构件的精确加工。Okamura 公司的 Sabrina 人体工学椅如图 6.5 所示，是易加工性材料应用的优秀案例，主体结构巧妙地结合了金属的高强度与塑料的易加工性，既保证了座椅的稳固耐用，又赋予其精致美观的外观。

图 6.5　铝合金结合塑料的环形 Sabrina 椅

图片来源：okamura.com

6.1.3　座椅常用主体材料选择与应用

1. 金属骨架部分主体支撑材料的应用

座椅采用的主体材料主要包含碳钢、铝合金、高强钢、镁合金、工程塑料、碳纤维和发泡材料等，如图 6.6 所示。其中应用最为广泛的是以铝合金为主的金属材料，尤其在座椅靠背和坐垫骨架部分。非金属主体材料主要为塑料及其复合材料。金属和非金属的性能有较大的区别。如表 6.1 是常用的主体材料参数[9]。

铝合金轻质高强、耐腐蚀、易加工，密度仅约为 2.7g/cm^3，远低于碳钢；在抗拉强度上，高性能铝合金可达 572MPa 以上，相同强度要求下，铝合金座椅骨架重量仅为钢制骨架的三分之一左右；拥有优秀的耐腐蚀性能，经阳极氧化处理后，表面形成的致密氧化铝薄膜能有效抵御多种环境侵蚀；铝金属易加工，可精确控制尺寸公差至±0.1mm，制造既纤细又结构复杂的支撑部件，兼具刚性与韧性。通过精密的锻造或压铸工艺，铝合金可用于制造纤细而坚韧的支撑靠背，显示轻盈与力量的完美结合。

人体工学座椅多采用全铝合金一体锻造工艺，如座椅靠背和坐盆部分，镁合金骨架可以设计成一体式结构，并在关键部位增加加强筋提升强度[10]。

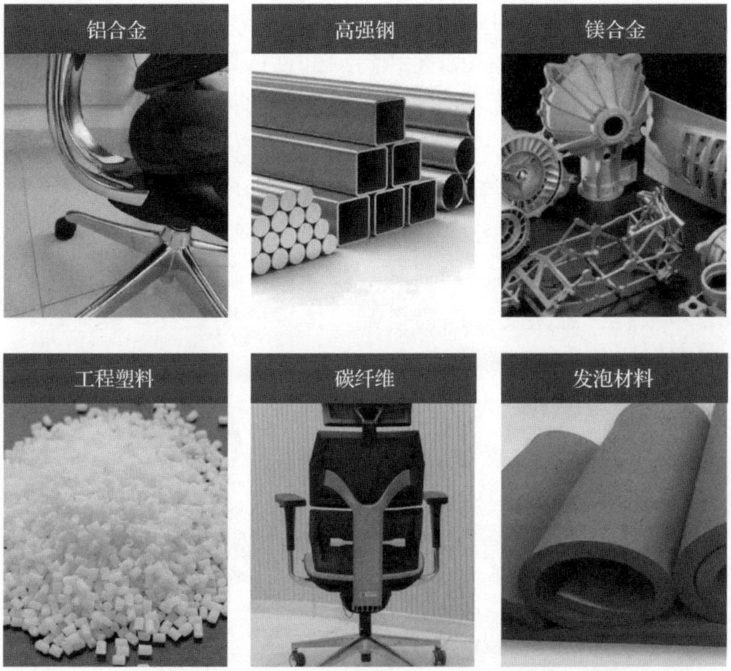

图 6.6　座椅主要的应用材料

表 6.1　常用材料的性能参数

材质	密度/(g/cm^3)	弹性模量/GPa	抗拉强度/MPa	泊松比
碳钢	7.81～7.85	196.206	300	0.3
铝合金	2.63～2.85	72	320	0.35
镁合金	1.8	45	290	0.35
钛合金	4.5	120	1100	0.33
碳纤维	1.5～1.8	230	3500	0.28
PP	0.9	1.4	50	0.45
ABS	1.04	4	70	0.4

2. 塑料作为主体材料的应用

塑料件主要应用于主体骨架、靠背、扶手、底座等关键部位。PU 柔软、弹性好，具有良好的触感和舒适度[11]。ABS 具有出色的抗冲击强度、宽广的耐热范围及卓越的低温韧性，确保座椅部件在极端环境下的稳定性与耐用性。PC 则具有突出的韧性，即便在极端条件下也能保持极高的尺寸稳定性与形状精度。此外，PC 的透光率高达 90%以上，座椅在采用透明或半透明设计时，能够展现出独特的视觉美感。尼龙（聚酰胺，polyamide 或 nylon）简称为 PA，有不同的类型，如 PA6、PA12 等，具有高强度、高刚性和高耐磨性等特点，在加工过程中能够保持较好的尺寸稳定性和形状精度，还可以通过改性处理来提高加工性能和机械性能。以 Wilkhahn 公司的 In 椅为例，如图 6.7 所示，座椅整体采用了 PA 等材料的创新组合，不仅可确保座椅的强度与稳定性，还最大限度地发挥了两种材料的优势。

图 6.8 为 Steelcase 公司的 Karman 网面座椅，座椅的塑料支撑边框常采用 PA 或 PU 材质，具有优异的弹性、高强度、耐热性、耐磨性和耐化学腐蚀性，提供柔软支撑和缓冲减震，悬架支撑座椅搭配一体式网面靠背，极为轻巧的流线型框架可以消除腿部和身体上的疼痛压力点。

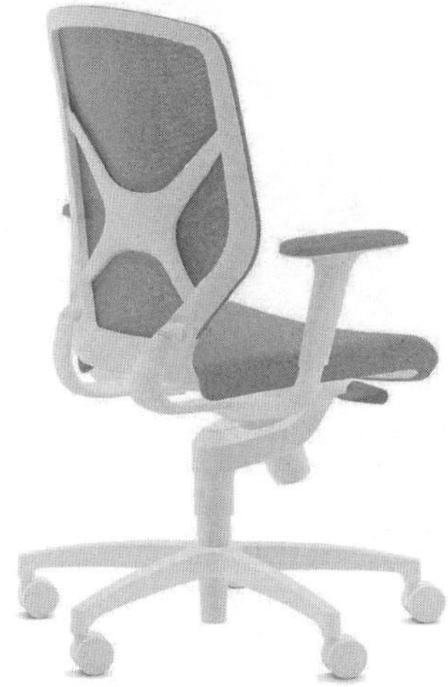

图 6.7　高性能 PA 制作的靠背元件

图片来源：wilkhahn.co.jp

图 6.8　Karman 网面座椅

图片来源：steelcase.com

3. 高性能复合材料的应用

碳纤维、玻璃纤维等复合材料具有卓越的物理和化学性能。碳纤维的密度约为钢的五分之一，但抗拉强度却可达到钢的 7 倍以上，超轻且超强的特性使得碳纤维复合材料作为座椅主体支撑骨架，在大幅度减轻座椅重量的同时，依然能够使座椅承受超过 200kg 的静态载荷，确保稳固而安全的使用体验。

高性能复合材料还具有卓越的耐腐蚀性和热稳定性，以及可回收性和环境友好性。因此，在追求高效、安全、舒适与环保并重的座椅设计理念下，碳纤维、玻璃纤维等高性能复合材料成为座椅主体支撑骨架的优选材料。如图 6.9 所示，Interstuhl 公司的 VINTAGEis5 16V7U 椅采用了航空玻璃纤维弹片，有别于传统弹簧的线性力度反馈，可让用户享受支撑力度与自重的力度平衡。

图 6.9　由特种玻璃纤维材料制作的 VINTAGEis5 16V7U 椅
图片来源：interstuhl.com

6.2　软包材料

6.2.1　办公座椅软包材料类别及性能

在材料科学的演进历程中，办公座椅的软包材料经历了从天然到合成，再到环保与新型材料的转变，体现人们对座椅舒适度、耐用性和环保性的追求。

1. 座面表面材料类别及性能

座面表面材料大致可分为四大类：真皮、人造革、织物和皮革与织物的混合材料。

真皮具有独特的手感和自然纹理，是传统的高端座面材料，强度高，色彩和花纹丰富多样。真皮的多孔结构使得气体能够自由流通，保证了座椅的吸湿排湿性和透气性。

人造革是一种以纤维织物为基材，表面覆盖合成树脂的复合材料，可以模拟真皮的各种纹理和颜色，透气性和手感上稍逊于真皮，但易于清洁、保养、价格亲民。

织物种类繁多，材质多样，有网布、绒布材、合成纤维织物、天然纤维织物等。网布材质透气性和弹性良好、耐用、不易变形老化，且让空气在座椅内部自由流通。例如，Herman Miller 公司的 Aeron 椅，以创新的网布材质和符合人体工学的设计而闻名，成为办公椅市场的标杆。

图 6.10　采用高性能的尼龙和聚酯纤维网布材质的 Zody 椅
图片来源：haworth.com

合成纤维织物，如尼龙、聚酯纤维等，耐磨性和抗皱性优良，易于清洁和维护。如图 6.10 所示，Haworth 公司的 Zody 椅采用高性能的尼龙和聚酯纤维网布材质，具有独特的背部支撑系统和符合人体工学的设计，能够提供极佳的舒适性和支撑性。另外，天然纤维织物不耐磨、不易清洁，一般办公座椅较少选择。

近年来，市场上研发出一种新型的座面材料——皮革与织物的混合材料。通过将皮革和织物巧妙地拼接在一起，既保留皮革的豪华感和耐磨性，又具备织物的透气性和舒适性，提升座椅的整体美观度、舒适度和耐用性。

座面表面材料都有独特的特性和适用场景，如表 6.2 所示。

表 6.2　座面表面材料性能特点对比

类别	优点	缺点
真皮	手感细腻，毛孔位置分布均匀，耐用度持久，弹性好	造价昂贵，暴晒会产生裂纹，易磨损，易老化，养护复杂
人造革	价格相对便宜，易于清理，且利用率较高	透气性差，受温度影响大
织物	弹性好，透气性好，手感松软	易吸附尘土、液体物，不易清理
皮革与织物混合材料	具备豪华感与耐磨性，同时非常透气及舒适	价格昂贵，工艺复杂

2. 座椅填充材料类别及性能

常用的座椅填充材料主要是海绵、乳胶和记忆棉。海绵具有良好的弹性和柔软度，密度和硬度可以根据具体需求调整。海绵坐垫的结构类似于三明治，由聚酯布(或真皮、其他织物)、海绵、尼龙底板堆叠而成，能够提供稳定的支撑和缓冲效果。高端办公椅采用 PP 棉（聚丙烯纤维棉）与海绵结合的方式，使得座椅的外观更加饱满坚挺，提升舒适性和透气性。

乳胶弹性和透气性优良，但需要开模具，普通椅子上较少应用。高端按摩椅采用天然乳胶作为填充材料，为使用者提供更加舒适的坐感。

记忆棉是一种高科技填充材料，其结构能够根据坐姿变化来自动适应。例如，Steelcase 公司的 Leap 椅采用记忆棉填充，坐垫和靠背设计符合人体工学，记忆棉填充材料可以有效地分散压力，减少长时间坐姿对身体的负担。各种座面填充材料性能特点如表 6.3 所示。

表 6.3　座面填充材料性能特点对比

类别	优点	缺点
海绵	舒适性高：柔软且具有较好的弹性，提供良好的支撑和缓冲 方便清洁：易于清洁和消毒	寿命相对较短：长期使用后易塌陷、变形、老化 不利于通风：易滋生细菌和异味
乳胶	回弹性高：不易坍塌，长期使用不变形 透气性好：散热效果好，减少闷热感	价格偏高：相对于其他材料，成本较高 易受损：受环境影响大，高温和阳光直射易老化
记忆棉	慢回弹特性：提供良好的包裹感和释压效果 贴合人体曲线：减少压迫感	回弹性不高：对某些人来说可能感觉过于柔软 支撑力较弱：相对于乳胶，支撑力较小

3. 软包材料与坐姿搭配特性

选择座椅时，需要权衡舒适度与姿势矫正效果，找到最适合的座椅类型。硬面和网布座面对身体有一定的压迫效果，适合保持端正坐姿，但缺点是不如软面坐垫舒适。坐骨神经痛等患者应避免使用硬面[12]（如木质或聚氯乙烯（polyvinyl chloride, PVC）等），可以选择软座面（如海绵椅、皮面等）或网布座面（如尼龙网布、藤面、麻面等）。

软座面能够持久支撑各种不端正的坐姿，如歪坐、斜坐、盘腿坐、瘫坐和跷二郎腿等，身体压在坐垫上的压力相对分散，能够在坐骨附近对身体重量进行一定分解，使座面与坐骨非刚性接触，提供良好的坐感体验。

网布的物理特性介于海绵座面和硬质木面之间，既不会完全均匀分解受力，也不会集中于一处，对脊椎的竖直有一定约束效果，不会让坐骨处局部疼痛。如图 6.11 所示，网布本身由无数细微孔洞构成，点阵设计能够完美适应各种体型与坐姿，为使用者的背部带来紧密的贴合感。网布材料能够有效地分散身体重量，刺激血液与氧气的流动，对于需要长时间保持坐姿的工作人群，网布坐垫的优势尤为显著。

此外，网面材料还展现出卓越的动态张力特性。网面人体工学椅巧妙地在座椅与靠背中融入多个具有差异化张力的横向区域。当用户落座时，网面材料会自动延展织物，提供恰到好处的支撑，确保脊椎能够维持自然的 S 形曲线，有效减轻疲劳感。随着用户坐姿的变化或身体的斜倚，椅子能够灵活滑动，以适应不同的姿势需求，实现动态的舒适贴合。

图 6.11　座椅网面材料

图片来源：nnnuu.com

6.2.2　软包材料对座椅舒适性的影响

座椅的舒适性是指人体对座椅的软、硬、角度和温湿度等的满意程度，包括生理舒适和心理舒适。在生理舒适方面主要集中于热舒适性，包括导热性、透湿性和透气性；在心理层面主要关注用户的感官体验，包括视觉体验、触觉体验、听觉体验、嗅觉体验等，设计师对于材料的选择更多地是建立在直觉、灵感和经验的感官基础上[13]。

1. 生理层面

1) 导热性

人对材料表面的冷暖感觉主要由材料的导热系数决定，人体热量的传递大部分也是通过传导完成的。因此，座椅材料的导热性能是衡量座椅热舒适程度的重要指标，可以用导热系数来表示。导热系数与材料的组成结构、密度、含水率、温度等因素有关。为了适应不同的热环境，应选择导热系数不同的座椅材料，以保证人体的热舒适。永艺 Flow530 办公座椅在坐垫材质方面，采用的是网面+乳胶+定型海绵+塑壳，如图 6.12 所示，相比普通的海绵舒适度要高很多，不闷热，比普通网面的支撑性和耐用性也好很多。

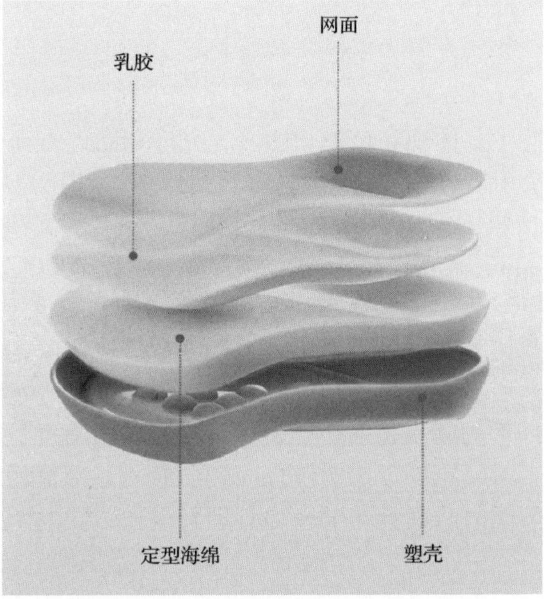

图 6.12　永艺 Flow530 办公座椅的软包材料分解

图片来源：uechairs.cn

2）透湿性

人体和座椅接触之间分布着气态或液态的水分子（当气温较高人体出汗较多时或无感蒸发时），这些水分一部分从人体和座椅接触的边缘向外散发，另一部分从座椅材料向外渗透。水分透过座椅材料的方式有三种：一是与高湿空气接触的纤维从高湿空气中直接吸湿，水分子由纤维内部传递至织物的另一面，并且向低湿空气中放湿；二是在材料中通过纤维与纤维之间的毛细管作用传递水分；三是水汽直接通过材料之间的空隙穿透至另一侧弥散放湿。材料的透湿性能是三种水分子透过方式共同作用的结果。材料的透湿性测试被美国材料与试验协会（American Society of Testing Materials，ASTM）定义为一项“舒适性试验”，描述了水分透过织物的挥发速率，用每 24 小时每平方米的克数来表示。该试验可用于度量织物分散或转移人体出汗产生水分的能力[14]。

3）透气性

由于空气分子的流动，将人体热量传递出去对流散热，人体散热效率和织物的透气性相关。透气性常以织物的透气量来衡量。座椅材料有织物、皮革、PU 泡沫塑料（海绵材料），不同类型材料透气率的检测标准不同[15]。例如，ISO 4638:1984 和 GB/T 10655—2003 规定了高聚物多孔弹性材料空气透气率的测定方法；ASTM D737-18（2023）和 GB/T 5453—1997 规定了纺织品织物透气性的测定方法；QB/T 2799—2006 规定了皮革透气性的测定方法等。

2. 心理层面

1）视觉体验

材料的视觉特性主要体现在色彩、图案、光泽和肌理方面。色彩是视觉感受中最为直观和显著的因素，可以根据空间的整体色调和用户的需求，选择合适的座椅外包色彩营造氛围。Humanscale公司与丹麦知名的高端家具与纺织品公司Kvadrat合作的Freedom系列产品为当今的人体工学设计和混合型工作模式增添色彩，如图6.13所示。图案是以生活中的自然形象为基础整理、加工、变化得到的，应用较多的是几何图案，可以产生丰富的变化。光泽是指在一定的背景与光照条件下，材料表面所呈现的光亮程度。一般面料越光滑、色彩纯度越高，产生的光泽越强，对人产生的刺激越强烈。肌理是天然材料自身具有或人为设计而成的纵横交错、高低不平、粗糙平滑的纹理结构。肌理是形体的表征，由外而内地映现事物的特征，不同的肌理会在生理和心理上引起不同的情感反应。

图6.13　Humanscale与Kvadrat合作的Freedom系列产品
图片来源：humanscale.com

2）触觉体验

触觉主要包含冷暖感、软硬感、粗滑感，是物理量也是一种心理量。由物理学方面可知，当物体与皮肤接触时，物体与皮肤间温度不同，会存在一定程度的热交换，垂直于界面的热流量随时间的变化导致皮肤温度上升或下降[16]。材料的冷暖判断还是一个复杂的心理过程，触碰柔软的材料，会在心理上产生温和的感觉。座椅软包材料的质感包括表面的光滑度、柔软度、弹性等特性，直接影响用户的触感体验，或触感温暖舒适的亲近感，或触感凉爽、坚硬的距离感。

软硬感是人在抚摸、抓捏物体时产生的主观感受，受生理和心理因素影响。研究发现，坐卧类家具应具有一定的软硬度，分散和缓冲体重带来的局部重量过大产生的压力，因此用海绵、发泡材料、乳胶等覆盖在支架上缓冲坚硬感。而表面材料，如皮革、纺织物等软性材料也给人较好的软硬感。Humanscale 公司的无铬半苯胺皮革柔软光滑，图 6.14(a)所示。针织面料具有很强的韧性，支撑效果极佳，以多种色调和图案搭配塑形结构作品，为家具平面增添层次感，如图 6.14(b)所示。梭织包覆面料经过精心制作，具有丰富的编织效果和颜色，如图 6.14(c)所示。

(a) 皮革　　(b) 针织面料　　(c) 梭织包覆面料

图 6.14　软包材料触觉体验的软硬感

图片来源：humanscale.com

粗滑感是用手触摸或摩擦材料表面产生的感觉，主要受材料表面的摩擦阻力大小及变化影响。一般办公环境中可以选择表面较为粗糙的软包材料。如果办公环境偏向现代、简约风格，则可以选择表面光滑的软包材料，其具有优雅的外观和触感，能够提升座椅的整体品质感。

3)听觉及嗅觉体验

材料除了具有优良的触觉和视觉特性外，同样具有听觉和嗅觉特性。听觉特性主要指材料的吸音、隔音效果。具体来说，坚硬、密致的材料可以反射声音，而柔软、疏松、有弹性的材料可以吸收声音并使声能消失。嗅觉是指材料的挥发性气味带给人的感觉。嗅觉体验方面，软包材料的选择应尽可能减少刺激性气味，避免使用可能产生不良气味的材料。此外，材料的透气性和吸湿性也影响座椅的嗅觉体验，透气性好的材料有助于减少潮湿和霉味。

6.2.3　软包材料特性与设计应用

材料的理化特性决定了材料的工程和使用维度，而感知特性决定了材料的美学与情感维度。工程维度涉及材料的技术属性如何转换为可行的应用；使用维度涉及材料作为人机交互接口的可能方式；美学与情感则是用户的直接体验效果。材料特性决定了选材的方法和标准。科学的材料选择可以采用以工程为导向或以感知特性为导向的选材策略[9]。

1. 以工程为导向的选材与设计

软包材料的性能包括材料的耐磨性、耐脏性、防火性、环保性等。不同场景的材料使用，可以参照前文的描述进行选择。

在人体工学方面，要满足对人体坐姿的支撑和适应性。例如，坐垫和靠背的软包材料应具备良好的弹性和贴合性，能够根据人体的曲线进行自适应调整，从而分散压力，减少长时间坐姿带来的疲劳感。永艺的功能性人体工学座椅软包材料有特种网布（化纤纺织面料和尼龙弹性丝混纺）、牛皮、人造革（PU人造革、PVC人造革、超级纤维人造革）、天然皮毛纺织面料等。部分产品采用植绒面料，更具亲肤感，极大增强用户体验。

图 6.15　考虑女性感知特性的永艺 MISS 椅

图片来源：uechairs.cn

2. 以感知特性为导向的选材与设计

感知包含较为客观的感觉和主观的知觉。软包材料的外观和触感是设计的重要因素。美观的外观可以提升产品的整体品质感，而舒适的触感能增强用户的使用体验。因此，在选择软包材料时，需要关注色彩、纹理、光泽等方面的特性，以及对皮肤的友好性。例如，永艺推出的 MISS 椅（图 6.15），综合考虑女性的生理及情感需求，其头枕、椅背和坐垫使用高弹性的尼龙网材质，透气性好，久坐不闷，同时还具备承重力好、抗拉扯性强等特点。

6.3　配件材料

6.3.1　办公座椅配件材料类型和特点

办公座椅的配件主要包括座椅脚轮、五星椅脚基座、气压杆、腿托、扶手、头枕、紧固件和电子配件等，材料类型多样且各具特色。

1. 座椅脚轮

办公座椅的脚轮安装在座椅脚的底部，可以 360°旋转，即使在施加重量时，也可继续移动。办公椅的脚轮绝大多数用软性材料制造，如 PA 脚轮、PU 脚轮、PP 脚轮、TPU(thermoplastic polyurethane，热塑性聚氨酯)脚轮和橡胶(rubber)脚轮等，主要的特性指标是耐久、噪声与地面摩擦。各类材料的特性及应用优势如表 6.4 所示。

表 6.4 人体工学办公座椅脚轮常用材料的特性及应用优势

材料类型	特性	应用优势
PA	高强度和耐磨性，适用于地面和硬地板	适用于各种办公环境，尤其是需要高强度和耐用性的场所
PU	柔软又安静，保护地板不被划伤，耐用性强	适合硬地板，如木地板、瓷砖地板等，不会留下划痕
PP	质轻，成本低，具有一定的耐磨性	常用于中低端办公椅，适合远程使用
TPU	结合了 PU 和塑料的优点，柔软耐磨，静音效果好	适合于各种地面，尤其是对静音有高要求的环境
橡胶	弹性高，静音效果佳，不会损伤地面	适用于需要高静音效果和保护地板的环境，如医院、图书馆等

选择脚轮材料，需要权衡耐磨性、成本和环境影响。常见的轮滑通常由耐用的聚合物，如 PA 或 PP 制成，并通过玻璃纤维增强来提升强度。Steelcase 公司的 Leap 椅采用了二次成型包覆 PU 的 PA+玻璃纤维椅轮，如图 6.16(a)所示。类似地，Herman Miller 公司的 Aeron 座椅则使用玻璃纤维增强的尼龙椅轮，如图 6.16(b)所示。Humanscale 公司的 Freedom 椅采用了橡胶椅轮，抓地力强且防滑，如图 6.16(c)所示。

(a) PA+玻璃纤维椅轮

(b) 尼龙椅轮

(c) 透明橡胶椅轮

图 6.16 各种材料的椅轮

图片来源：amazon.com

2. 五星椅脚基座

五星椅脚是办公座椅的支撑基础，对于整体的稳定性和耐用性至关重要。常见的椅脚基座材料主要有尼龙、铝合金和镀铬铁三种类型。

1)尼龙椅脚基座

尼龙椅脚基座，颜色多样，经济性好。特别是添加玻璃纤维改性的尼龙，具有出色的承载能力和耐磨性。宜家的 Markus 座椅使用尼龙注塑成型的椅脚基座，成本低且强度高、耐用性好，如图 6.17 所示。然而，尼龙椅脚基座不耐氧化和紫外线照射，生产过程中需要添加抗氧化剂来保证基座的承载能力和使用寿命。

2)铝合金椅脚基座

铝合金椅脚基座，质轻、强度高、耐腐蚀且美观。Herman Miller 公司的 Mirra 2 座椅就采用铝合金椅脚，提升座椅整体的质感和使用寿命，如图 6.18 所示。铝合金的生产工艺有铸造、挤压和氧化，成本相对较高，易刮伤。

图 6.17　Markus 座椅尼龙注塑成型五星椅脚基座

图片来源：ikea.com

图 6.18　Mirra 2 座椅采用铝合金椅脚基座

图片来源：hermanmiller.com

3)镀铬铁椅脚基座

镀铬铁椅脚基座，通常称为金属基座或钢基座，具有较高的承载能力，外观闪亮。由铁管或铁板经过冲压、焊接和电镀等工艺制成。Steelcase 公司的 Gesture 座椅采用镀铬铁的椅脚基座，具有更亮的光泽，提升精致感。

3. 气压杆

气压杆用于调节座椅的高度，主要由内部气室、柱体、密封件以及底座和顶部组件构成，如图 6.19 所示。柱体是气压杆的骨架，通常是高强度钢材制造的无缝钢管，表面进行喷塑、电镀和喷漆等处理。密封件则由耐磨的合成橡胶或工程塑料制成，防止气体泄漏。底座和顶部组件通常由坚固的金属合金制成。材料的选择和加工工艺的精细程度直接影响气压杆的性能和使用寿命，需要严格的质量控制和安全测试。

(a) 办公座椅气压杆

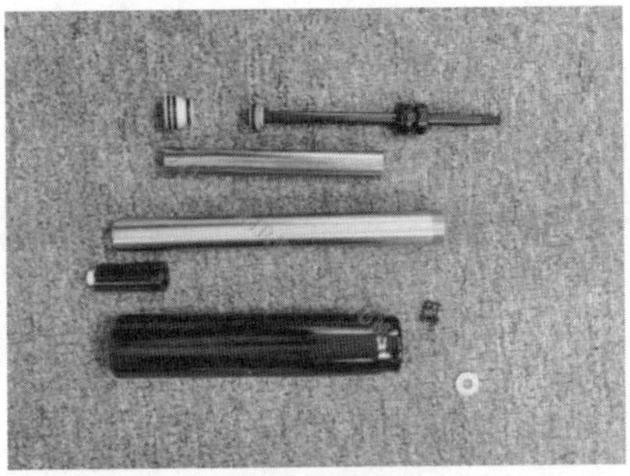

(b) 气压杆零部件

图 6.19　气压杆图例

图片来源：allchairparts.com

4. 腿托

腿托是办公座椅的选配件，提供仰躺姿势的变换。腿托的材料包括框架支撑的金属、塑料、填充的软垫材料，以及覆盖其上的包裹材料。金属腿托，采用铝合金或钢材，保证腿托的稳固性和耐用性。塑料腿托，在色彩和形状的设计上比较灵活，虽然硬度和负载能力不如金属，但可以采用强化塑料和结构优化设计，达到良好的承重性能。

软垫材料由记忆泡沫、高密度海绵、PU 泡沫或类似的柔软材料制成，影响腿托的舒适度。如图 6.20 所示，永艺 Flow360 座椅的隐藏式腿托采用铝合金框架

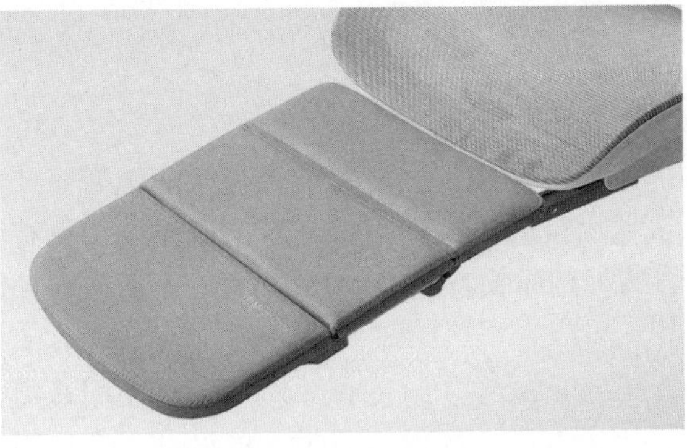

图 6.20　永艺 Flow360 座椅的腿托

图片来源：uechairs.cn

支撑，确保腿托的耐用性和稳定性；腿托表面覆盖柔软的记忆泡沫垫层，提供额外的舒适感和支撑，可以根据用户的体重和腿部形状进行适应性调整，提供准确的支撑，减弱压力点；同时采用高质量的皮革覆盖材料使腿托美观、耐磨、易清洁。

5. 扶手

办公座椅扶手提供肘部支撑，减轻用户肩膀和颈部的压力，保证长时间坐姿的舒适性。不同材料的扶手在舒适性、耐用性和功能性方面各有特点。PP 等材料用于基本款扶手，高级的扶手采用尼龙、PU、金属部件等组合材料。Haworth 公司的 Zody 座椅采用 PU 发泡成型的扶手，如图 6.21(a)所示，内部支撑结构采用钢管和铝合金的组合设计，确保坚固耐用，表面材料柔软舒适。Herman Miller 公司的 Eames Soft Pad 座椅则使用了全金属扶手，如图 6.21(b)所示，增强了座椅的整体稳定性和耐用性，赋予了座椅高级质感。高端办公椅在扶手设计中还可以融入皮革元素，例如，Herman Miller 公司的 Eames Executive 座椅扶手就采用优质皮革覆盖，提升触感和细节，如图 6.21(c)所示。

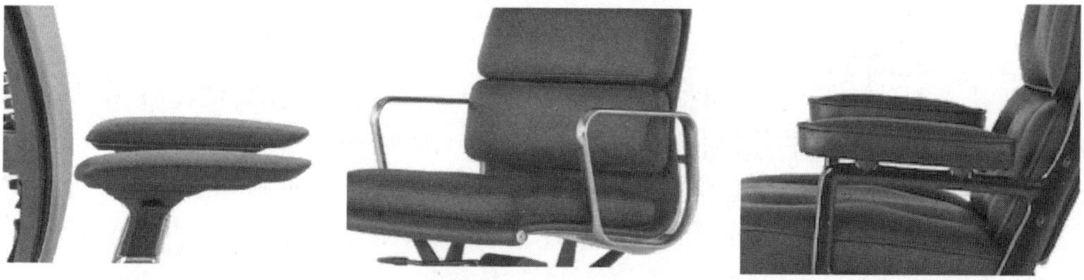

(a) Zody座椅采用PU发泡成型扶手　(b) Eames Soft Pad座椅采用全金属扶手　(c) Eames Executive座椅采用皮革扶手

图 6.21　办公座椅扶手材料

图片来源：haworth.com; hermanmiller.com

6. 头枕

头枕是提升颈部舒适度的组件，能够减轻长时间坐姿而产生的压力和疲劳，可以作为选配件。头枕由枕芯和枕面组成，目前常见的头枕有六类：普通网棉头枕、乳胶网棉头枕、透气网布头枕、PU 皮面头枕、不透气杜邦网布头枕和绒布头枕，如表 6.5 所示[17]。

如图 6.22 所示，Steelcase 公司 Gesture 座椅头枕使用蜂窝式的高密度海绵作为枕芯材料，枕面采用透气网布材料，原生一体设计，允许用户进行高度和角度多方向调节，卓越的回弹性和透气性使得头枕在长时间使用中保持高效支撑。

表 6.5　人体工学座椅头枕常用材料

头枕材料类型	枕芯材质	枕面材质	特性
普通网棉头枕	泡沫	网棉	柔软度和舒适度适中，提供良好的头部支撑和舒适体验
乳胶网棉头枕	乳胶	网棉	回弹性和支撑性高于普通泡沫，市场上应用比例较小
透气网布头枕	记忆泡沫或高密度海绵	透气网布	波特性好，弹性佳，能够保持头部干爽，适合长时间使用，市场上较常见
PU 皮面头枕	泡沫或高密度海绵	PU 皮	较硬，触感光滑，舒适性不如网棉，但能传达身份与尊贵的意义，适用于高端办公椅
不透气杜邦网布头枕	泡沫	杜邦网布	热舒适性较差，市场应用比例较小
绒布头枕	泡沫	绒布	热舒适性差，市场应用比例较小

图 6.22　Gesture 座椅的记忆泡沫及网布头枕
图片来源：sspai.com

7. 紧固件

座椅中的紧固件、小五金和标准件，如螺丝、螺母、垫圈等，决定座椅的组装和稳固性。紧固件通常由金属材料制成，不锈钢最常用。另一种常见的材料是镀锌钢，通过在钢材表面涂覆锌层防止锈蚀。金属紧固件，轻质、耐腐蚀；塑料紧固件，绝缘、轻巧，但耐高温性和机械强度通常低于金属紧固件。

8. 电子配件等

电动办公座椅中的电子配件，主要包括电动机、传感器、控制系统和充电模块等，主要承担高度调节、坐姿监测和智能互动等特定的功能，可以根据座椅的特点进行选购。

座椅中还有一些辅助配件和设计细节，如调节机构，通常由金属或塑料制成；拉链用于可拆卸连接件，在坐垫套和椅背套等部位应用；边角加固，通过双层或多层布料加固坐垫和椅背边缘，有效预防磨损和开裂。

6.3.2 配件材料在设计中的选择和应用

配件材料选择需要从以下几个方面综合考虑。

1. 多元功能需求

五星椅座必须具备足够的稳定性和耐用性，常采用铝合金或高强度尼龙材料；气压升降杆需要提供平稳的高度调节功能，通常选择钢制气杆；扶手材料需要考虑舒适度和支撑性，常用软质塑料或 PU 材料。

2. 用途与环境适应性

从传统办公区到家庭办公室，再到共用空间和会议室，每种环境对配件材料的要求各不相同。例如，户外使用的座椅需要具有防水、防紫外线的特性，而室内办公椅更注重耐磨性和清洁性。

3. 审美设计与品质体现

高品质的材料不仅能提升座椅的外观，还能传递优良的工艺和品牌价值。例如，铝合金底座不仅具备强度高、重量轻的优点，还能通过抛光处理展现出时尚感；高档真皮材料则不仅舒适，还能提高座椅的整体质感。材料的质地、色彩和表面处理等因素都应在设计中精心考虑，以确保座椅在外观和触感上均能达到预期效果。

4. 成本与性能平衡

不同材料的性能和成本差异显著，需要在两者之间寻找平衡点。例如，高强度塑料虽然成本较低，但在耐用性和美观性上可能不及铝合金；而高档皮革虽然质感优越，但成本较高，适合用于高端产品。

5. 定制需求与个性化设计

不同用户对于座椅的功能、样式和舒适度等都有不同的偏好，要求配件材料在设计上具有一定的灵活性和可定制性。可替换配件的设计满足不同用户的个性化需求，而多种颜色和材质的选择能提供更多的定制化方案。通过多样化的配件材料选择，可以实现产品的差异化设计。

Herman Miller 公司的 Aeron 座椅是材料选择和应用的典范，满足了多功能性、环境适应、审美设计、成本效益和定制需求。

6.4　新　材　料

人体工学座椅的材料正朝着高性能、智能化和环保的方向发展。同时，先进材料、结构与生产工艺相互承载与制约，共同引导材料的发展趋势。

6.4.1　高性能先进材料的应用

人体工学椅常用的高性能先进材料主要由金属类及高分子类材料构成。先进金属材料，如铝合金与钛合金等，在保持高强度与高硬度的同时，具有良好的耐磨损性和抗老化性能，能够在长时间使用中保持物理特性。而玻璃纤维增强复合材料、碳纤维加强材料、高强度塑料等高分子材料在保持高强度的同时，完成了材料的轻量化，而且高分子材料制造形状灵活，改性方便，具有高设计灵活性。

1. 铝合金与钛合金

铝合金的高强度、轻量化和耐腐蚀，也符合现代感风格美学设计的要求。以 Aeron 人体工学椅和 Freedom 座椅为例，其主要框架、五星椅座、调节杆与转轴都采用了铝合金材料，使得椅子结构安全、坚固耐用、轻便并易于移动，如图 6.23 所示。

(a) Aeron座椅　　(b) Freedom座椅

图 6.23　铝合金框架的 Aeron 座椅与 Freedom 座椅

图片来源：hermanmiller.hk; humanscale.com

钛合金具有比铝合金更高的强度、耐腐蚀性和耐高温性能，但加工难度的提高导致生产和加工成本也提高，同时重量也稍重(依然低于钢材)。因此，仅有 Aeron 与 Freedom 等少量座椅使用钛合金。

2. 碳纤维与玻璃纤维材料

碳纤维增强材料轻便且坚固，常应用于座椅骨架和支撑结构中。如图 6.24(a)所示，Aeron 座椅采用碳纤维框架，整椅重量减轻 30%，同时大幅提升耐用性和支撑性。碳纤维的高强度和低重量使得椅子的移动更加便捷，且长期使用不易变形。

玻璃纤维增强复合材料具有比碳纤维稍弱但依旧优秀的强度、刚度与耐热性，更轻、成本更低且更加环保。如图 6.24(b)所示，玻璃纤维材料在 Herman Miller 的 Mirra 2 等人体工学椅框架与靠背支撑部位的使用，显著提升了座椅的强度和耐用性。

(a) Aeron座椅　　(b) Mirra 2座椅

图 6.24　碳纤维框架的 Aeron 座椅与玻璃纤维框架的 Mirra 2 座椅

图片来源：hermanmiller.hk; millerknoll.ecomedes.com

3. 高强度塑料

高强度塑料(如 PC 和 PA)在保持轻量化的同时，提供了良好的韧性和耐冲击性。Steelcase 公司的 Leap 椅采用高强度塑料作为椅背材料，使得椅背具有良好的弹性和形变恢复能力，能够更好地贴合用户背部曲线，提供持久的舒适支撑。

6.4.2 环保材料的应用

人体工学座椅在材料选择和生产工艺上越来越注重环保和可持续性。

1. 生物基塑料与可回收塑料

生物基塑料由可再生生物质如玉米淀粉或甘蔗制成，而可回收塑料是将废弃塑料回收再生的塑料，可以大幅减少塑料废弃物与新塑料生产的消耗。如图 6.25 所示，宜家的 Odger 座椅符合人体工学，采用生物基塑料与可回收塑料作为主要材料，不仅在生产过程中减少了碳足迹，还能在使用寿命结束后进行生物降解，减少环境污染[18,19]。

图 6.25　宜家 Odger 座椅

图片来源：ikea.com.hk

2. 天然纤维

天然纤维，如亚麻、竹纤维等，具有优异的透气性和环保性能。在一些高端人体工学椅中，天然纤维被用作坐垫和椅背的表面材料，用于提升使用者的舒适感和健康水平。例如，Odger 椅中混入了部分木粉，而 Herman Miller 公司的 Main Line Flax 椅使用了天然纤维织物（图 6.26）。

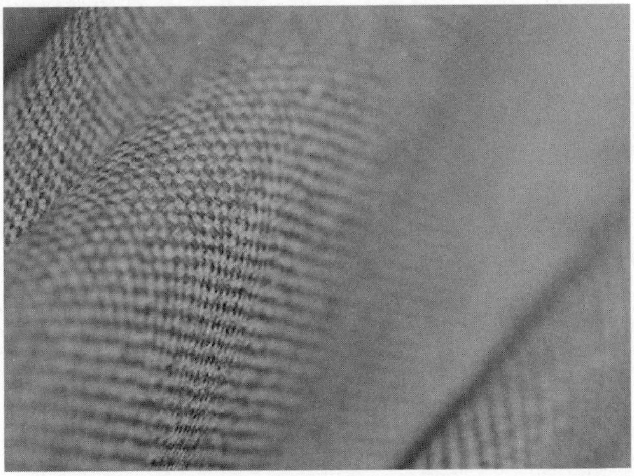

图 6.26　Main Line Flax 椅材料（纯新羊毛 75%，亚麻 25%）

图片来源：hermanmiller.com

3. 可回收金属

采用可回收金属，可以减少矿产资源开采，降低能源消耗和环境污染。Steelcase 公司的 Think 椅大量采用了可回收铝合金和钢材，且整椅 95%质量的材料在椅子寿命结束后都可以被再次回收利用，符合循环经济的理念[20]。

6.4.3 智能材料与智能技术的创新应用

智能材料不仅提升了椅子的舒适性和功能性，还为人性化和个性化的坐姿调节设计的实现提供了可能。

1. 纳米材料

纳米材料具有独特的物理化学性质，在人体工学座椅中展现出巨大的潜力。例如，纳米银涂层可以赋予座椅表面抗菌和自清洁功能，提供长效的抗菌防护，有效抑制细菌滋生，保持座椅表面的清洁和卫生，确保使用者在长时间办公中仍能享有干净卫生的座椅环境[21]。

2. 智能织物

智能织物中嵌入了传感器，能够感知用户的体重、姿势和温度变化，并根据这些信息自动调节椅子的支撑和舒适度。例如，Steelcase 公司的 SILQ 座椅采用了智能织物，使用材料轻巧、强韧，用高度灵敏的智能系统替代复杂的机械结构，满足人体自然移动的需求，如图 6.27 所示。智能调节系统可以大幅提升用户的舒适度和工作效率。

图 6.27 运用智能织物的 SILQ 座椅

图片来源：steelcase.com

3. 相变材料

相变材料是具有随着温度变化调节座椅表面温度功能的新型材料，能够根据用户体温变化自动调节椅垫和靠背的温度，将其保持在一个舒适的温度范围内，避免寒冷或长时间坐姿造成的过热等不适感，提升了用户的舒适度[22]。例如，为解决夏季久坐产生的座椅积热问题，邓嘉昱等[23]使用了由三水合乙酸钠与膨胀石墨混合形成的相变材料，通过相变过程对座椅进行降温，解决了因为热量影响而闷热难受的舒适性问题。

4. 与可穿戴设备的融合

未来的人体工学椅将与可穿戴设备紧密结合，实现更加智能的支撑调节。通过与智能手环类健康监测设备连接，实时获取用户的健康数据，自动调整椅子的各项参数，提供更科学的支撑和舒适体验。如图 6.28 所示，Backrobo 公司的 Air

Smart Chair C2 座椅配备了自适应腰部支撑、加热按摩功能以及久坐管理应用程序，可以通过智能设备监测用户的健康数据，并自动调整椅子的各项参数。

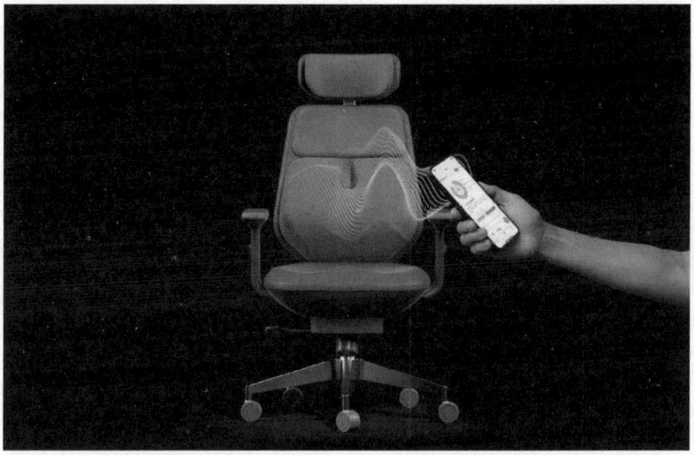

图 6.28 Air Smart Chair C2 座椅与健康监测 App

图片来源：backrobo.com

5. 3D 打印材料和技术的应用

利用 3D 打印技术，选择合适的材料，根据用户的身体数据制作完全契合的座椅，可以大幅提升坐姿的支撑性及用户的舒适度。TPU、PC、ABS 等材料常被用于座椅的 3D 打印，而 ABS 塑料、聚乳酸(polylactic acid, PLA)塑料与聚甲基丙烯酸甲酯(poly(methyl methacrylate), PMMA, 通常被称为亚克力)也常被用于模型的打印，以加快产品的开发[24]。另外，金属 3D 打印也逐步走进制造领域，不锈钢、钛合金、铝合金、镍基合金材料，甚至钴铬合金、铜合金、镁合金等在航空航天、汽车制造、医疗器械许多领域进行应用，给人体工学座椅的设计与制造提供有益的借鉴。

6.5 本章小结

材料构成在人体工学办公座椅的设计中起着至关重要的作用，不仅决定了座椅的结构强度和耐用性，还直接影响用户的舒适性和使用体验。此外，材料的选择还关系产品的美观性、环保性和成本效益。通过合理选择和应用材料，可以实现座椅的多功能和高性能，提升用户体验。

本章详细探讨了人体工学办公座椅的材料构成特性及选择应用规则，包括主体材料、软包材料、配件材料和新材料。主体材料方面，铝合金、钢材和尼龙等高强度、轻量化材料被广泛应用于座椅骨架和支撑部件，以确保座椅的结构稳定性和耐用性。软包材料的选择和应用则显著提升了用户的坐姿体验和舒适度，从早期的棉麻布料到现代的记忆棉和高弹海绵，体现了人们对舒适性和耐用性的不断追求。配件包括脚轮、五星椅脚基座、气压杆、扶手和紧固件等，这些配件采用 PU、尼龙和铝合金等材料，确保了座椅的功能性和使用寿命。此外，电子配件为办公座椅提供了高度调节、坐姿监测和智能互动等功能，提升了座椅的智能化水平。

新材料的引入，如碳纤维、钛合金和高强度塑料等高性能材料，显著提高了座椅的动态性能与耐用性。同时，环保材料的应用，如生物基塑料和可回收金属等，有助于减少座椅在生产和废弃时的碳足迹，符合可持续发展的要求。个性化定制和模块化设计也将推动材料选择的多样化和灵活性，进一步提升办公座椅的用户体验和市场竞争力。通过合理利用新材料和新技术，未来的办公座椅将更具创新性和前瞻性，推动整个办公家具行业朝着更加环保、高效和智能化的方向发展。

参 考 文 献

[1] Jiang X S, Meng X J. A structural design of a child seat based on morphological elements and ergonomics[J]. Computational Intelligence and Neuroscience, 2022, 2022(1): 1-8.

[2] Hitka M, Naď M, Langová N, et al. Designing chairs for users with high body weight[J]. BioResources, 2023, 18(3): 5309-5324.

[3] Georgantzia E, Gkantou M, Kamaris G S. Aluminium alloys as structural material: A review of research[J]. Engineering Structures, 2021, 227: 111372.

[4] Han H T, Dong C S. Buckling analysis for carbon and glass fibre reinforced hybrid composite stiffened panels[J]. Journal of Composites Science, 2024, 8(1): 34.

[5] Riaei S, Daneshmandi H, Razeghi M, et al. Features of an ergonomic chair designed for surgeons performing microscopic surgeries[J]. Malaysian Journal of Medicine & Health Sciences, 2021, 17(2): 203-209

[6] Alojado R, Custodio B, Lasala K M, et al. Designing an ergonomic chair for pedicurists and manicurists in Quezon City, Philippines[J]. Procedia Manufacturing, 2015, 3: 1812-1816.

[7] Bai Y F, Kamarudin K M, Alli H. A systematic review of research on sitting and working furniture ergonomic from 2012 to 2022: Analysis of assessment approaches[J]. Heliyon, 2024, 10(7): e28384.

[8] 白煜，丁晓红. 基于拓扑优化的复合材料汽车座椅骨架设计[J]. 上海理工大学学报，2017, 39(1): 75-80.

[9] 尹建伟. 材料设计研究的 3 个视角[J]. 包装工程，2021, 42(10): 14-18.

[10] 史从宜, 陈婉倩, 张钦展, 等. 材料多维感知的适老化座椅设计[J]. 设计, 2023, 36(10): 110-113.

[11] 芦国桢, 熊先青. 办公座椅设计对用户舒适度的影响[J]. 家具, 2022, 43(5): 54-58.

[12] Zemp R, Taylor W R, Lorenzetti S. Are pressure measurements effective in the assessment of office chair comfort/discomfort? A review[J]. Applied Ergonomics, 2015, 48: 273-282.

[13] Edwards K L. Materials and design: The art and science of material selection in product design[J]. Materials & Design, 2003, 24(5): 401-402.

[14] Zhang X, Cheng Z L, Zhang M Y, et al. Comfort prediction of office chair surface material based on the ISSA-LSSVM[J]. Sensors, 2022, 22(24): 9822.

[15] 赵鹤, 林金国, 李吉庆. 座椅的热舒适性及其评价方法的探讨[J]. 质量技术监督研究, 2014, (4): 76-80.

[16] 刘淑丽. 家具材料的情感化研究[D]. 呼和浩特: 内蒙古农业大学, 2013.

[17] 曹艳超, 于娜, 胡天怡, 等. 办公椅头枕设计工效学调查与分析[J]. 家具, 2021, 42(5): 31-34.

[18] 戴向东, 詹秀丽, 吴义强, 等. "双碳"目标驱动下的家具工业低碳转型与智能制造模式[J]. 中南林业科技大学学报, 2024, 44(10): 1-16.

[19] Yüksel E, Kiliç M. Eco-friendly approach in furniture design[C]. Proceedings of the 27th International Conference, Istanbul, 2015: 357-368.

[20] Steelcase. Product environmental profile (PEP) of think[EB/OL]. https://www.steelcase.com/content/uploads/2019/06/2016_sc_americas_pep_think_updated.pdf. [2024-10-20].

[21] Liu X J, Gan K, Liu H, et al. Antibacterial properties of nano-silver coated PEEK prepared through magnetron sputtering[J]. Dental Materials, 2017, 33(9): e348-e360.

[22] Kumar P R. Thermal comfort enhancement in ergonomic chair design using phase change materials[J]. The American Journal of Engineering and Technology, 2023, 5(5): 11-16.

[23] 邓嘉昱, 王瑜, 文佳贝, 等.一种基于相变材料和半导体制冷的车载散热坐垫及方法: CN202310376456.7[P]. 2023-04-10.

[24] Kermavnar T, Shannon A, O'Sullivan L W. The application of additive manufacturing/3D printing in ergonomic aspects of product design: A systematic review[J]. Applied Ergonomics, 2021, 97: 103528.

第 7 章　人体工学办公座椅设计构成

产品设计是产品开发过程中最重要的环节之一，是制造业的灵魂。产品的功能、造型、美学、结构、质量、成本和可制造性、可维修性、报废后的处理以及人-机(产品)-环境关系(办公系统)等，原则上都是在产品的设计阶段确定的。据统计，产品生命周期成本的 80%～90%是由设计阶段最早的 10%～20%环节决定的。因此，产品创新设计的能力已成为决定企业乃至国家在全球化竞争中地位的首要因素。成功的产品能够实现高情感价值，过去宣扬的“形式追随功能”(form follows function)已经不再重要，社会已经进入“形式和功能必须实现梦想”(form and function must fulfill fantasy)的时代。一件设计好的产品不仅要满足用户的生理需求，还要满足用户心理上的健康需求。

随着信息技术的发展、新时代设计范式和知识生产方式的演进，数智驱动的设计成为未来设计发展的方向。大数据、大模型的不断发展，为座椅设计行业带来了数据驱动的用户体验、生成式人工智能(artificial intelligence，AI)设计，设计进入了群智创新时代。

7.1　需求分析与定位

对人体工学办公座椅的设计进行需求分析是一个综合了市场、用户、文化和美学等要素的复杂过程。设计师需要对各要素进行深入思考，以确保最终设计出的人体工学办公座椅能够满足市场需求、用户期望和文化审美要求。

7.1.1　市场分析

1. 市场分析的概念与意义

市场分析(market analysis)是市场营销的职能之一，为市场营销决策提供依据，是企业掌握市场规律所必须借助的手段。市场分析作为产品设计的重要前置环节，其目的在于通过深入的市场调查，对当前市场需求、用户状态、竞争对象及环境进行全面而细致的分析研究，为设计目标的决策提供科学依据[1]。

在人体工学办公座椅设计的需求分析中，市场分析具有一系列的作用，包括确定座椅市场需求与趋势、识别竞争对手的差异化策略、预测座椅市场变化与潜在机会、指导新产品的开发与改良、平衡成本与效益、促进技术创新与可持续发展等。

2. 人体工学办公座椅的市场分析

1) 市场需求分析

对人体工学办公座椅进行市场分析，首先需要进行市场需求分析。从市场需求层面来看，现代工作模式的转变和健康意识的提升是推动人体工学办公座椅需求增长的主要动力。

在需求分析过程中，不仅要关注现有的显性需求，如收集现有的研究资料、品牌资料、设计资料及市场资料等，还要深入挖掘隐性需求，包括服务提供者、服务合作伙伴和服务接受者的经验、灵感、观察力和视觉感受等。

例如，永艺在成立之初就明确了目标客户群体，毕加索系列的办公椅采用了 U 形力学头枕，与颈部完美贴合，椅背使用新型尼龙网布，不仅与消费者产生了共鸣，也提升了品牌的形象和好感度。再如，Steelcase 公司在研发其标志性产品 Gesture 座椅的过程中，就敏锐地捕捉到了智能手机时代对人类办公姿态的深远影响。如图 7.1 所示，Gesture 座椅的问世，成为人体工学办公座椅领域进行产品研发与市场需求分析时值得借鉴的典范。

图 7.1　Gesture 座椅

图片来源：steelcase.com

2) 竞争格局分析

竞争格局分析是市场分析的另一个重要方面。在市场上，国外知名公司如 Herman Miller、Steelcase 等凭借其先进的技术和品牌影响力占据一定市场份额；国内品牌如永艺股份、联友椅业集团等也凭借本土优势与适配国人的人体工学在市场占据一定地位。

3）趋势预测

人体工学办公座椅的市场分析，不仅包括对当前市场需求和用户状态的准确把握，还包括对竞争对手的全面分析和对未来市场趋势的科学预测。通过这一系列的分析和研究工作，可以为人体工学办公座椅的设计提供有力的市场依据和支持，从而开发出更符合市场需求、更具竞争力的优质产品。

7.1.2 用户分析

1. 用户分析的概念与意义

用户（包括服务提供者、合作伙伴和服务接受者）研究是产品设计以及产品服务系统设计的关键，尤其是最终用户（服务接受者）的研究。一般来说，用户研究包括生理研究、心理研究和行为研究[2]。

在后工业社会下，服务型经济逐渐取代产品生产经济成为主导。这一转变标志着以技术为主的传统创新模式正在向以用户愿景为主转变[3]，即从以产品为中心转向以用户为中心。在这种背景下，有效地获取和理解用户需求，并在设计描述中准确地定义产品需求信息，成为在当今激烈竞争的全球化市场环境中产品设计成功的必要前提。

因此，在开发人体工学办公座椅时，我们首先要明确的是：用户是谁？我们为谁设计？他们需要什么？

2. 人体工学办公座椅的用户分析

1）用户体验的五个需求层次

产品服务是基础，良好的用户体验是目标。用户体验可以划分为五个需求层次，如图 7.2 所示，包括感觉需求→交互需求→情感需求→社会需求→自我需求，这五个需求层次是逐层增高的[4]。

感觉需求用户是对座椅产品或者“人-椅-办公环境”系统的五官感觉，包括视觉的、听觉的、触觉的、嗅觉的和味觉的等，是对座椅产品或者系统的第一感觉，是产品用户体验设计的第一步。交互需求是用户与座椅产品或者系统交互过程中的需求，包括工作或者完成任务的时间、效率，是否舒服、是否顺利、是否出错、是否有帮助等。情感需求是用户在使用座椅产品或者系统过程中所产生的情感，如从座椅本身和使用过程中感受到关爱、互动和乐趣。情感需求强调座椅产品的设计感、故事感、交互感、娱乐感和意义感，一件座椅产品要有吸引力、动人和有趣。

在基本的感觉需求、交互需求和情感需求得到满足后，人们要追求更高层次的需求，自我需求是座椅产品如何满足用户自我个性的需要。例如永艺研发的 BUFF 100 玩家电竞椅，在舒适的人体工学基础上还有着前卫的造型设计，完美诠释了如何通过座椅产品来满足用户对于新奇追求及社会需求、自我实现的深层次需求，如图 7.3 所示。

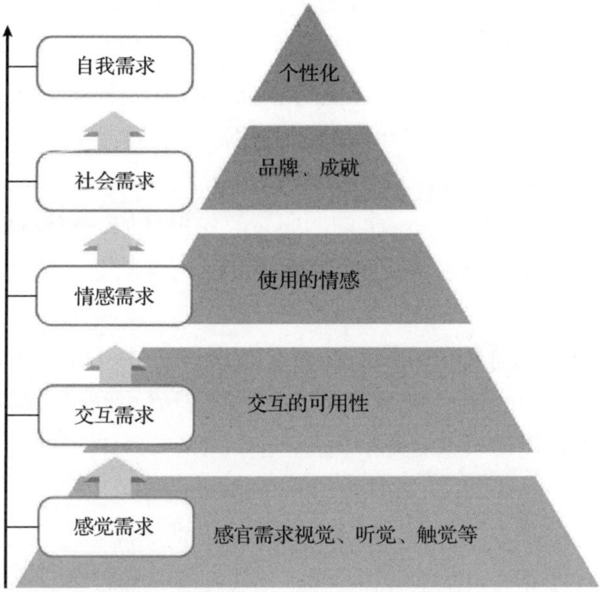

图 7.2　用户体验的五个需求层次

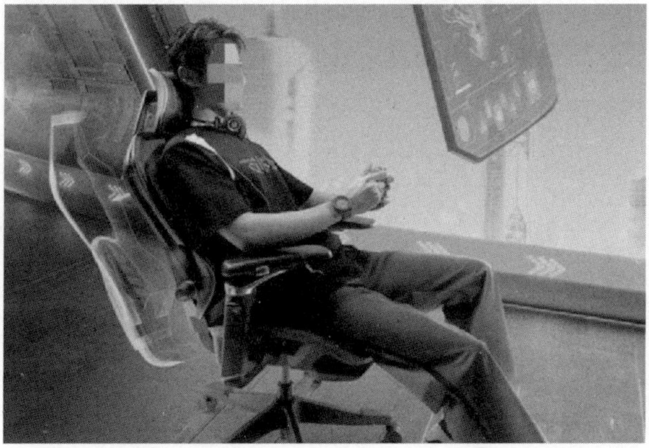

图 7.3　永艺 BUFF 100 玩家电竞椅

图片来源：uechairs.cn

2) 以用户为中心的设计

以用户为中心的设计(user centered design，UCD)是一种设计产品、系统或者服务的思想，它将使用产品的用户置于开发中心。

为了实现这一目标，设计师需要进行深入的用户研究，包括生理研究、心理研究和行为研究[3]。人体工学家具行业有着较高的资质、技术、人才壁垒，行业准入门槛较高。人体工学本质是使工具的使用方式尽量适合人体的自然形态。基于人体工学理论与技术制作的家具称为人体工学家具，永艺撑腰椅聚焦于久坐人士腰酸腰疼的问题，设计分区撑腰、可调撑腰、随动撑腰和主动撑腰四条产品线，让用户根据自己不同的需求选择适合的撑腰产品。在座椅选择中，用户不仅关注座椅的舒适性和健康性，还对其外观、调节便捷性有较高要求。

3)具身体验设计

具身体验设计(embodied experience design，EED)是一种设计理念和方法，旨在通过关注用户的整体体验，特别是身体感受和互动过程，来创造更加人性化和舒适的产品。

具身体验设计理念同样在人体工学办公座椅设计中起着重要作用。例如，需要考虑到人体的自然曲线与姿势，以及各种动态姿势，确保长时间坐姿的舒适性和支撑性。具身体验设计理念还强调通过用户测试与反馈不断优化设计，进行迭代改进。

4)用户参与式设计

用户参与式设计(participative design)与具身体验设计的核心理念一致，强调将用户纳入设计过程的各个阶段。在人体工学办公座椅领域，Vitra 公司开发了一款数字应用工具 Office Chair Finder，如图 7.4 所示，用户只需要对 7 个细分指标中的问题进行回答，就能匹配出最适合的 Vitra 办公椅，体现了公司对用户体验和个性化需求的重视。

图 7.4　Vitra 模块化设计

图片来源：vitra.com

7.1.3　文化要素

在人体工学办公座椅的设计构成中，文化要素起着举足轻重的作用。随着全球化进程的加速推进，不同国家和地区之间的文化背景与审美观念逐渐融合，为座椅设计带来了新的挑战与机遇。

1. 文化背景与历史

人体工学办公座椅设计不仅是功能和舒适度的体现，也深深嵌入了文化背景和历史演变的脉络。不同文化对座椅的形态、材质和使用方式有着不同的理解和期待。例如，在日本，传统的榻榻米和坐垫文化对现代办公座椅设计产生了影响，强调简单、低调和自然的材质。而在西方，尤其是欧美国家，办公座椅的设计更注重大气与奢华，如皮质材料和大气的靠背设计。

2. 工作文化与习惯

不同国家和地区的工作文化也影响着办公座椅的设计。在亚洲一些国家，员工通常长时间工作，这对座椅的舒适性和支持性提出了更高的要求，并且部分地区有午睡习惯，则对头枕、腿托的设计提出了更多的要求。而在一些西方国家，灵活办公和开放办公模式的流行，促使设计师开发出更加多功能和灵活的座椅，以适应不同的办公环境和工作方式。

正因工作午睡习惯有所不同，美国的 Herman Miller 公司所生产的人体工学办公座椅均未配备头枕设计，而国内永艺公司在头枕和腿托的设计上申请了诸多专利，如图 7.5 所示。

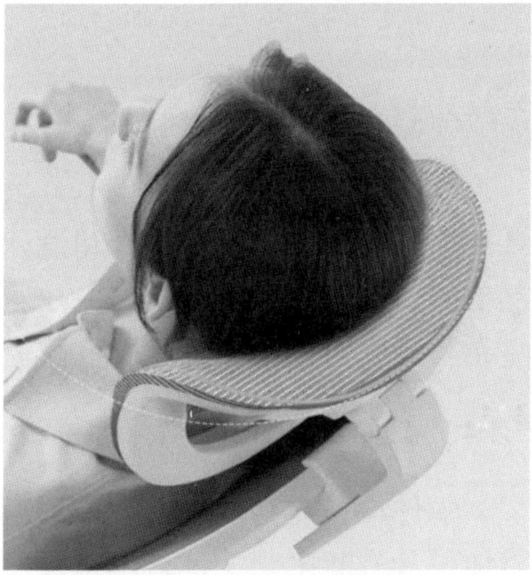

图 7.5　永艺曲面头枕

图片来源：uechairs.cn

3. 社会文化与价值观

社会的价值观同样影响着办公座椅的设计方向。在一些强调环保和可持续发展的文化中，设计师更倾向于选择可回收材料和环保生产工艺，开展绿色设计和可持续设计。而在一些崇尚科技和创新的文化中，高科技材料和智能功能成为座椅设计的亮点。

例如，德国的 Interstuhl 公司设计的 SILVER 椅由铝合金压铸而成，如图 7.6

所示，具有利落的德式线条以及工业感；而美国的 Steelcase 公司则十分强调环保，如图 7.7 所示，其产品 Think 椅采用了约占整个座椅重量三分之一的可回收材料。

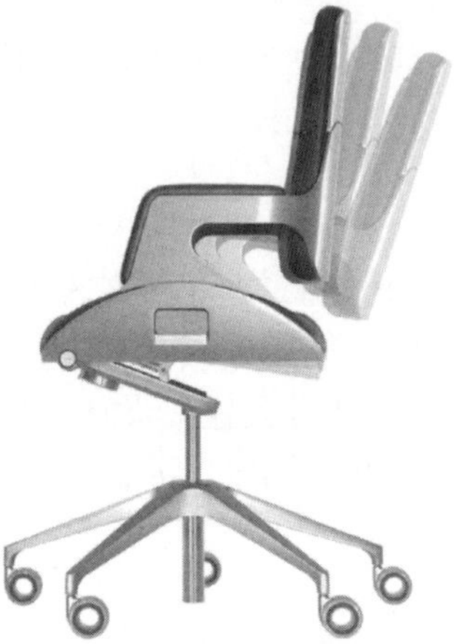

图 7.6　Interstuhl 公司的 SILVER 椅

图片来源：buerostuehle-4u.de

图 7.7　Steelcase 公司的 Think 椅

图片来源：steelcase.com

4. 品牌与企业文化

品牌文化和企业文化也是办公座椅设计中的重要元素。一些知名品牌通过设计传递其独特的文化价值观和设计理念，并不断延续企业的创新 DNA（基因）和产品 DNA。例如，Herman Miller 公司的 Aeron 椅不仅是一款功能卓越的办公座椅，更是其品牌对创新和舒适的不懈追求的体现。

7.1.4　美学要素

一件设计成功的产品，一般具备六字要诀：好看、好用、经济。好看，就是整体设计看起来很美，艺术审美价值高；好用，就是使用性好，能够为用户提供良好的交互性与服务体验；经济，意味着制造成本合理，价格物超所值，符合绿色环保可持续发展要求。

在人体工学办公座椅的设计构成中，美学要素占据着重要的地位。人体工学办公座椅不仅是功能性的办公家具，也是艺术与科学的结合，体现了设计美学与人体工学的完美融合。一款优秀的办公座椅不仅应具备出色的实用功能，更应在外观上展现出独特的美感，为用户带来愉悦的视觉体验。

1. 形式与功能的统一

人体工学办公座椅的设计核心在于形态与功能的高度统一。这种统一不仅满足人体在不同工作状态下的需求，还在视觉上给人一种流畅与和谐的感觉。例如，座椅的曲线设计往往借鉴了人体脊柱的自然弯曲，这不仅提供了舒适的支撑，也让椅子看起来更加优雅与流畅。

2. 材料与技术的统一

现代人体工学办公座椅广泛采用高科技材料，如记忆海绵、高强度塑料、碳纤维、3D 打印等。这些材料不仅在功能上具有卓越的性能，在视觉与触觉上也带来独特的体验。例如，透气网状材料的应用，不仅增加了座椅的舒适度，还通过其轻盈和透明感增强了座椅的美学效果。

3. 简约与复杂的平衡

人体工学办公座椅在设计上追求简约而不简单的美学原则。虽然功能复杂，但在外观上通常呈现出简洁明快的线条和结构。这种设计理念不仅符合现代办公环境的审美需求，也通过简约的形式语言传达出一种专业与高效、健康的工作氛围。

4. 静态与动态的平衡

人体工学办公座椅的美学设计还体现了动态与静态的对比。动态部分主要表现在座椅的可调节性和灵活性上，这种动态的设计不仅提高了使用舒适度，也给人一种灵动与活力的感觉。静态部分则表现在座椅的整体造型和结构设计上，通过稳重而不失优雅的外观，传达出一种稳定与可靠的视觉感受。

5. 空间与环境的呼应

人体工学办公座椅的美学设计还需要考虑其在空间与环境中的互动。好的设计不仅是独立的美，更要与周围的办公环境和谐共生。Haworth 公司所开发的 Fern 座椅就完美地诠释了上述美学要素，是美学与人体工学和谐共生的表现，如图 7.8 所示。Fern 座椅的背部设计灵感来源于自然界的蕨类植物，将材料与功能融入形式之中，实现了形式与功能的统一、材料与技术的统一，完美呼应了现代办公环境。

图 7.8　Haworth 公司开发的 Fern 座椅
图片来源：haworth.com

7.2 设计思维与表达

7.2.1 理论与方法

1. 创新设计

在农耕时代—工业时代—知识网络时代的文明发展过程中，设计经历了传统设计（设计 1.0）—现代设计（设计 2.0）—创新设计（设计 3.0）的进化[5]。在万物互联、大数据、人工智能、云计算和云服务的“虚拟信息世界-物理世界-人-智能机器”（cyber-physical-human-machine，CPHM）四元空间大环境中[6]，设计 3.0 呈现出绿色低碳、网络智能、开放融合、共创共享的新特征。

创新设计是对设计的综合拓展，涵盖工程设计、工业设计、产品设计、材料设计、工艺设计、服务业态设计等，能够实现科学技术创新、人机协作创新与商业模式创新的集成创新变革，是制造服务创新链的起点和关键环节，好的创意和设计不仅能提升产品的功能品质、实现绿色智能制造、提升市场竞争力和附加值，还可以创造引领新的市场需求和产业；创新设计也是把握新产业革命机遇的必然要求[7]。

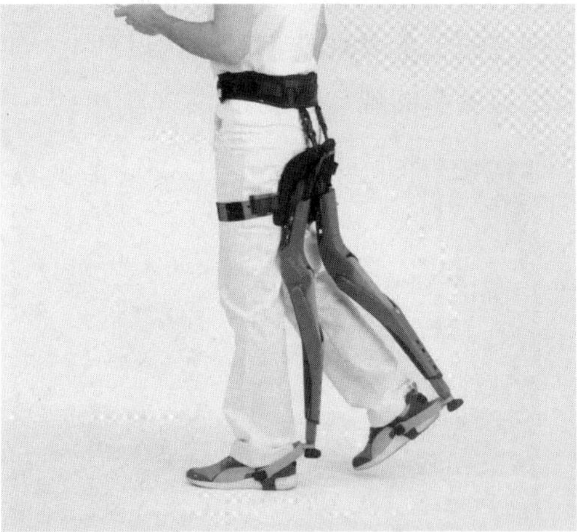

图 7.9 Chairless Chair

图片来源：puxiang.com

座椅创新设计是指在座椅设计领域中引入新颖创新和独特解决方案的设计过程，推动座椅设计的发展，提供更好的功能性、舒适性和用户体验[8]。

瑞士的努尼公司洞察到很多工人、农民、柜台售货员等工作时需要站立数小时会导致他们落下严重的腰背以及膝关节的疾患，就运用创新设计思维研发了名为“无形座椅”（Chairless Chair）的可穿戴座椅，如图 7.9 所示。用户可以在坐、站、走之间自由切换，以放松脊椎、椎间盘和膝盖。

2. 研究型设计

研究型设计（research-based design）是基于研究的设计，通过基础的科学研究，专注于探索设计的本质、方法、过程以及设计产品和实践。浙江大学和永艺研发团队，一直秉承着这一理论与方法。1993 年，英国皇家艺术学院 Frayling 首次提出了三类设计研究的概念[9]，即关于设计的研究（research on design）、为设计而研究（research for design）和通过设计进行研究（research through design）。我们提出的研究型设计与这三类设计研究的方式是一致的。

人体工学办公座椅的研究型设计，需要结合深入的科学研究和实验手段，探索设计问题并提出创新的解决方案。这种方法的核心在于全面、深入地了解目标用户的需求和使用行为，并利用科学的研究和实验手段来验证和指导设计决策。从操作层面来说，设计师会采用人体测量、人体生理反应、动作观察等方法，客观研究不同工作场景对用户的影响，并根据实验结果不断优化座椅的功能、形态、结构和材料等关键要素，直至满足用户的实际需求。最终通过用户体验测试、长期使用跟踪等手段，进一步验证设计方案的有效性和实用性。这种基于深入研究和实验的设计方法，有助于设计师更好地理解用户需求，提出切合实际的创新解决方案，从而设计出更加人性化和高性能的座椅产品。进行人体工学座椅的研究型设计，需要综合考虑人体工学原理、材料选择、结构设计和用户体验。

3. 产品族设计 DNA

产品族设计 DNA（product family design DNA），就是将生物学中 DNA 相似性和继承性的概念引入企业产品内在的遗传和变异特质中，研究产品族中产品在不断进化的过程中享有的共性特征，形成品牌特有的产品族设计 DNA，辅助企业进行新产品的研发，保证品牌产品代代之间的相似性与差异性，实现品牌的延续与创新[10]。

产品族设计 DNA 可以分为通用型 DNA、可适应型 DNA 和个性化 DNA。通用型 DNA 指造型、结构比较固定，不受需求参数影响或影响不大，在同一产品族中可以重复使用的造型特征，也是在产品中最容易实现延续性的 DNA。可适应型 DNA 指产品系列中受某些参数影响，无法进行简单通用，需要根据产品设计的特殊需求进行可适应型改变的设计特征。个性化 DNA 指单个产品专有的或不可变的设计特征，不同产品具有不同的表征，差异较大，因此不适合进行统一化设计。

在人体工学办公座椅设计中，Herman Miller、Steelcase 等公司都非常注重产品族设计 DNA 的运用，以增强企业产品的识别性，降低成本。永艺公司在 Mellet 系列、XY 系列、Flow 系列等产品族中，也非常重视产品族设计 DNA 的运用。

7.2.2 座椅概念设计

概念设计这一术语，其核心理念是：设计之初需明确需求与条件，进而构思出一个宏观的解决方案。设计师需具备较高的专业素养，因为其决策将显著影响产品的整体性能。这要求设计师将对工程科学、专业知识、产品制造工艺以及商业运营等多方面因素综合考虑，以做出对产品生命周期至关重要的决策。在 1955 年出版的著作 *Design for People*（《以人为本的设计》）中，强调设计过程中应关注人的需求和使用体验。设计理论家 Chartres 在 20 世纪 90 年代提出了"整体设计"的方法，强调在概念设计阶段就应该考虑产品的全生命周期因素。

1. 座椅设计思维

座椅设计思维是指在设计座椅时所运用的创造性思考和设计方法。它涵盖了多个方面，包括人体工程学、功能性、美学和创新性等。座椅设计思维的目标是为用户提供舒适、功能合理且具有美感的座椅解决方案。美学在人体工学座椅设计思维中扮演着重要的角色。座椅的外观设计应具备吸引力，并与其所处环境协调一致，用办公座椅设计的系统方法以提升使用者的感官体验[11]。

在座椅设计中，创新性发挥着重要的关键作用。设计师需要思考独特的概念和创新的解决方案，以推动座椅设计的发展和进步[12]。创新性可以体现在多个方面，包括应用新材料、采用新的制造技术以及设计多功能性等，从而为用户提供更多的价值和卓越的体验。例如，丹麦绫臻公司运用创新设计思维，针对开放式办公设计了一款隔音椅 ZIP IT，为用户提供隐私场景（图 7.10）。

图 7.10　ZIP IT 隔音椅

图片来源：sohu.com

2. 座椅概念设计要素

座椅概念设计要素是指在进行座椅设计时需要考虑和融入的要素，以确保设计方案的实用性、创新性和用户满意度。人体工学座椅的设计要素主要围绕如何给使用者提供一个健康、安全、舒适和高效的工作环境。

设计优秀的人体工学座椅需要综合考虑多方面因素。首先，座椅的形状、角度和高度需要符合人体自然坐姿，提供良好的腰部和背部支撑，双脚能够平稳地放在地面上，膝盖和髋关节呈 90°，扶手高度和宽度能够支持双臂放松。如图 7.11 所示，座椅需要对小腿、大腿、臀部、前臂、腰部、背部、颈部和头部等 8 个人体重点部位提供支撑。

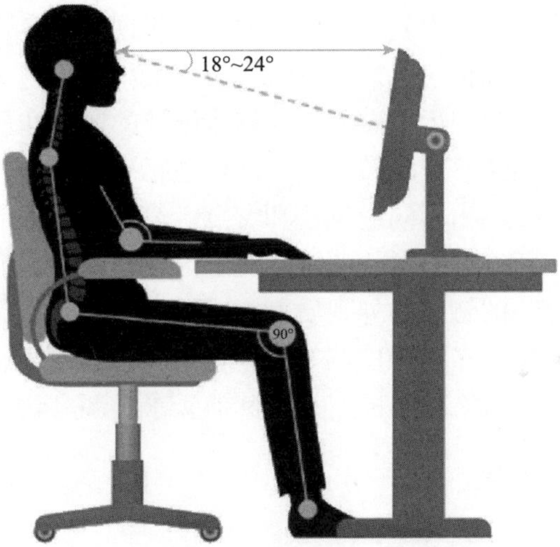

图 7.11　座椅设计中的人体工程学要点

图片来源：chidemanbartar.com

在材料和舒适性方面，选择柔软且耐用的材料，如海绵、记忆棉和透气织物，并在关键部位添加缓冲层，可以提高整体的舒适度。同时还需要考虑座椅的透气性和保温性，以确保使用时的温度调节。在功能性方面，座椅应具备多项可调节功能，如靠背角度和高度、坐垫高度和深度、扶手角度和高度等，以满足不同用户的需求。

设计出优秀的人体工学座椅需要平衡兼顾多方面的因素，既要满足人体工程学要求，又要考虑舒适性、功能性、安全性、美学等诸多层面，最终实现人机完美契合。

7.2.3　座椅设计美学

设计创新不单纯是解决某个问题，也是发现美的过程。办公椅创新除了要重视产品的商业价值，也要关注其艺术价值，好的产品设计只有兼具外观和内涵才具有竞争力。

座椅的形式美学是指在设计和创造座椅时所追求的美感和艺术价值，强调座椅的整体外观和感觉。它涉及座椅的外观、形状、比例、线条和材质等方面，以创造出令人愉悦、吸引人和具有美学价值的座椅设计。

线条是座椅设计中的基本构成要素，它们可以是直线、曲线、斜线等形式。线条的选择和排列方式可以营造出不同的视觉效果和情感表达。例如，流畅的线条可以传达出一种动感和现代感，而弯曲的线条更具柔和和优雅的感觉。

色彩在座椅的形式美学中起着重要的作用。不同的颜色可以影响人们的情绪和感受。明亮的色彩可以传达出活力和愉悦感，而柔和的色彩更能营造出温暖和舒适的氛围。色彩的搭配和运用需要考虑整体设计的风格和目标。

座椅的形状对于美学感受至关重要。形状包括座椅的整体比例、轮廓和曲线等。不同的形状可以传达出不同的风格和特点。简洁而流畅的形状常常与现代感和简约风格相联系，而复杂的形状可能呈现出更多的细节和装饰。

质感是指座椅材料的触感和外观质量。不同的材料可以带来不同的质感和观感。例如，木材、金属、布料和皮革等材料都有其独特的质感特点。质感的选择需要考虑到整体设计的风格和目标，并与其他元素协调一致。

7.2.4　座椅造型设计要素

1. 技术要素

人体工学座椅的造型设计技术要素主要包括合理的人体测量数据分析、先进的材料科技应用、智能化功能的融合和制造工艺的创新。设计时需要充分利用人体测量学、人机工程学等相关领域的研究成果，选用具有良好支撑性、减震性能的高分子材料或金属材料，并融入智能调节靠背、扶手等人性化设计，同时采用先进的数字化设计和制造技术，以提升产品的舒适性、功能性和生产效率。人体工学座椅的造型设计需要科学的人因工程分析、高新材料技术和数字化制造工艺的有机结合，才能真正实现人机和谐，提升使用体验[13]。

人体工学是科技与座椅设计的重要结合点。设计师需要了解人体的姿势、运动和舒适需求，从而设计出符合人体工学原理的座椅形状和结构。人体工学的应用可以使座椅提供更好的支持和舒适性，避免长时间使用造成的不适和疲劳。此外，座椅的材料选择和科技创新对于设计和性能至关重要。

现代制造技术的发展为座椅设计带来了更多的可能性。例如，计算机辅助设计（computer-aided design，CAD）和计算机数控（computer numerical control，CNC）加工技术可以实现更精确的座椅造型和零部件加工。3D 打印技术可以实现复杂形状和个性化定制。加拿大家具公司 Borgo 所设计的 Flex 椅就采用了放入工程高分子聚合物的方式。这种聚合物具有弯曲柔韧的特性，能贴合支撑使用者的身体，符合人体工程学，如图 7.12 所示。

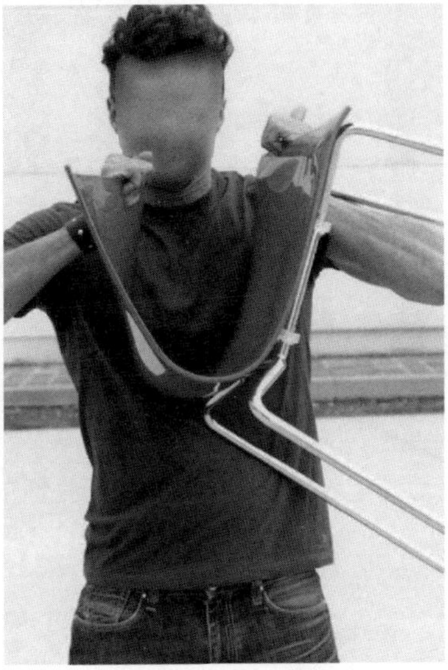

图 7.12　Flex 椅

图片来源：borgo.com

随着物联网和智能技术的发展，座椅设计可以融入智能化和互联性的概念。例如，座椅可以嵌入传感器和控制系统，实现智能调节和舒适性优化；还可以与其他智能设备和系统进行连接，实现信息交互和功能扩展，提供更多的便利和个性化体验。

2. 时尚要素

人体工学座椅的造型设计时尚要素主要包括前沿的造型美学、时代感的色彩搭配、流行元素的融合和个性化定制服务的提供[14]。设计时需要密切关注当下流行趋势，运用简约大气或前卫动感的造型，巧妙运用流行色彩，并融入时尚元素如曲线、几何形状等，赋予产品独特的时尚气质。针对不同客户的个性化需求提供定制服务，如材质、颜色、功能等个性化的定制选择，使座椅既满足人体工学需求，又体现出时代感和个性魅力[15]。人体工学座椅的造型设计不仅要注重功能性和舒适性，更要把握时尚潮流，满足消费者对生活品质的审美追求。

座椅设计的时尚感通常反映了当代的审美趋势和风格。它们融合了现代性和创新性，采用了时下流行的设计元素和材质。例如，设计师密斯・凡・德罗（Mies van der Rohe）于 1929 年所设计的巴萨罗那椅，就极具简约感与优雅感，可为室内环境带来独特的气质与风格，如图 7.13 所示。

时尚座椅设计追求创新和个性化，注重与众不同的设计理念和表达形式。创新的座椅设计能引起使用者的兴趣和共鸣，并成为时尚的代表作品。座椅设计还应考虑空间适应性，即座椅在不同的室内环境中能够与其他元素和装饰相协调。

图 7.13　巴塞罗那椅
图片来源：searchome.net

7.2.5　座椅草图设计

座椅概念设计从最初的创意构思到初步的概念草图(图 7.14)、效果图、功能分析图、三视图、部件图等，这些图形表现形式不仅反映了产品创意的产生和发展，更以直观易懂的视觉语言传达了设计功能。因此，手绘草图和计算机图形设计能力对于产品的概念设计至关重要。

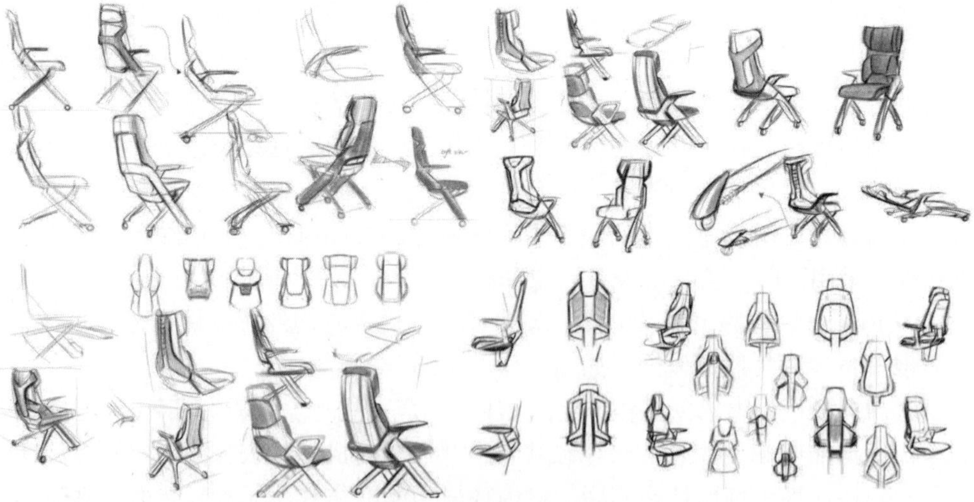

图 7.14　人体工学座椅设计概念草图

草图设计是生产和设计工作中最常用的表达手段之一，可以快速将设计师的构思具体化。手绘草图和计算机图形设计是产品概念设计中不可或缺的两种重要表达形式，共同构成了概念设计的图形语言，体现了创意的产生、发展和落地实施的全过程。

7.2.6　座椅造型设计

1. 外形设计

随着技术的同质化，产品不再只满足于功能性的要求，如何赋予产品特殊的形态与风格意象以塑造独特的品牌，已经成为产品开发的重要工作之一[16]。

座椅外形设计是指针对座椅整体外观造型进行的设计工作，包括其形状、线条、颜色、材质、色彩搭配等。座椅外形设计不仅需要考虑美观性，还要兼顾实用性和舒适性。工业设计中的外形设计是一个综合性很强的过程，包括确定产品的基本形状和轮廓线条，体现优美协调的视觉效果和产品风格特征；选择合适的材料，如金属、塑料、木材等，考虑材料的物理机械性能、视觉特性和环保性；确定产品的支撑结构和内部构造，保证结构的强度、稳定性和安全性，优化设计提高产品的便利性和可制造性；根据人体尺寸和使用需求设计人机界面，提高产品的使用舒适性和操作便利性，兼顾不同使用群体的特点。

2. 机构设计

座椅设计与其他产品设计不同，它的外形、结构、机构、运动方式和材料全部暴露在外面，浑然一体。在满足人体工学健康需求的过程中，需要有机构设计，将造型与人体工学连接起来。

座椅的机构设计是指在座椅设计过程中，设计师不仅要考虑座椅的静态结构特性，还需深入研究其运动特性和机构设计，以期提供良好的支撑、调节和运动功能，满足使用者在座椅上的各种姿势和活动需求[17]。具体来说，动态机构设计涉及座椅靠背、坐垫、扶手等部件的可调节性，以及座椅整体的升降、倾斜等运动机能。设计师需要通过对人体工学、机构运动学等原理的深入分析，设计出能够随用户姿势变化而自如调节的机构系统，保证座椅始终能给予使用者最佳的支撑和舒适感。同时，这种动态设计还需要兼顾座椅的稳定性和安全性，避免在运动过程中出现危险[18]。因此，设计师通常还会借助计算机仿真、样机试验等手段，对座椅动态性能进行全面评估和优化，确保设计方案满足用户的各种使用需求。这种兼顾静态结构和动态机能的综合设计方法，有助于开发出更具人性化、适应性强的座椅产品。

座椅的动态机构设计应与座椅的静态结构设计相协调，确保在运动过程中座椅的稳定性、安全性和舒适性。同时，还应综合考虑人体工程学、舒适性、材料选择和生产制造等因素，以实现综合性能的优化。

3. 结构设计

人体工学座椅的结构设计，主要是实现座椅造型和结构运动方式，需要综合考虑人体特征和使用需求，通过科学的研究和实验验证来优化设计。

1) 座椅静态结构设计

座椅的静态结构设计是指在座椅设计过程中，设计师通过深入分析座椅的力学特性和结构强度，确保座椅在静止状态下能够承受用户的重量和施加的各种力量，并提供稳固和舒适的支撑。这种静态结构设计的核心目标，是确保座椅具有良好的稳定性和耐久性，从而满足用户在长时间使用中对舒适性的需求。具体来说，设计师需要研究人体压力分布规律、材料特性、连接结构等，并运用力学分析、有限元仿真等手段，对座椅骨架、支撑系统、缓冲机构等关键部件进行优化设计，确保整个座椅结构在静止状态下能够承受预期的使用载荷，并提供持久可靠的支撑效果。通过这种注重静态结构特性的设计方法，不仅可以保证座椅的安全性，还能够为用户创造更加舒适、稳定的使用体验[19]。

在设计座椅的结构时，首先需要对使用情况进行载荷分析，评估用户的平均重量、重心位置以及可能施加的额外力量，以确定座椅结构需要承受的最大载荷。在进行座椅静态结构设计时，工程师通常会应用 CAD 软件和各类工程分析工具。这样不仅能够更准确地预测座椅在使用过程中的力学响应，还有助于对结构强度、刚度等指标进行优化设计。工程师还可借助专业的试验测试设备，对试样进行实际的静力、疲劳等性能测试，验证设计方案的可靠性。通过充分利用计算机仿真分析和实验测试手段，工程师能够对座椅的静态结构特性进行深入研究和优化设计，最终设计出更加稳固耐用的座椅产品。

2) 座椅配件结构设计

人体座椅配件的结构设计需要综合考虑人体工学原理和材料特性，以提高座椅的舒适性、安全性和可靠性。常见的座椅配件包括坐垫、靠背、扶手等，其设计需特别注重对人体接触部位的支撑性和压力分散性[20]。例如，坐垫设计可采用多层复合材料，内层使用高密度海绵或记忆棉等，外层采用耐磨、透气的织物，以确保良好的减震和支撑效果；靠背设计则需考虑人体脊柱曲线，采用可调节机构并使用曲面设计，以提供适宜的支撑和贴合性；扶手的高度、长度、倾斜角度等参数也需根据人体尺寸特征进行优化设计，确保使用者能够轻松地扶持和控制。在材料选择方面，设计师需兼顾耐用性、美观性等因素，选用符合人体工学要求的优质材料。通过对座椅各配件结构的人性化设计，可以有效提升整体的舒适性和使用体验[15]。

头枕是座椅的重要组成部分，旨在提供颈部和头部的支撑和舒适性，如图 7.15 所示。头枕结构设计应考虑到高度可调节性、倾斜角度可调节性和形状设计等因素，以适应不同用户的需求和提供合适的支撑。

图 7.15　座椅头枕

图片来源：item.jd.com

扶手通常位于座椅两侧，用于提供用户手臂的支撑和放松，如图 7.16 所示。扶手的结构设计包括高度和角度调节机制，以适应不同用户的身高和姿势。

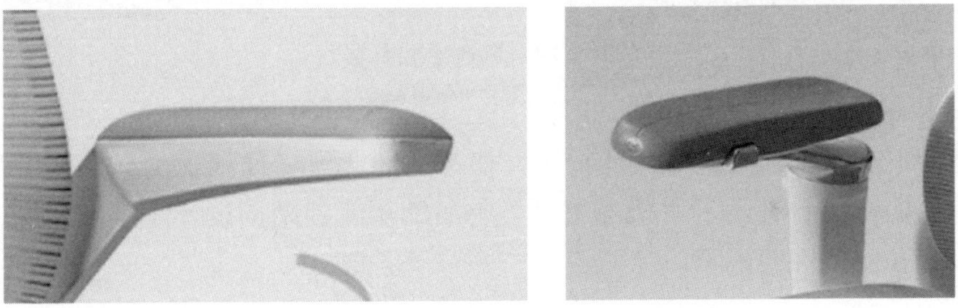

图 7.16　座椅扶手

图片来源：item.jd.com

座椅调节手柄用于控制座椅的高度、倾斜角度和前后位置等调节功能，如图 7.17 所示。手柄的结构设计应具备易于操作、牢固可靠和人体工程学考虑等特点。

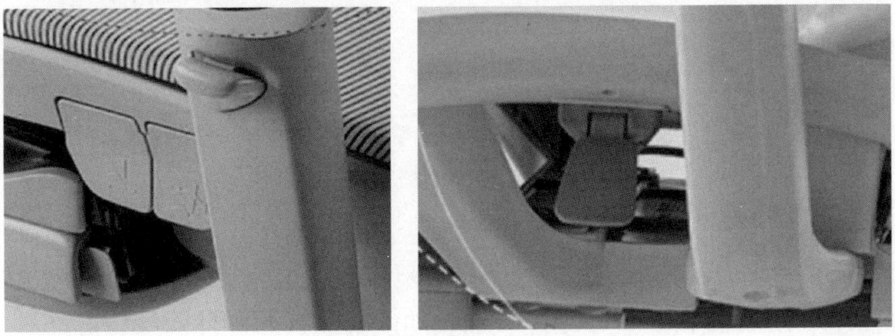

图 7.17　座椅调节手柄

图片来源：item.jd.com

如图 7.18 所示，座椅垫和背垫的结构设计应考虑到舒适性、透气性和耐用性等因素。设计可以包括多层填充材料、网状结构或凹凸设计，以提供合适的支撑和舒适感。

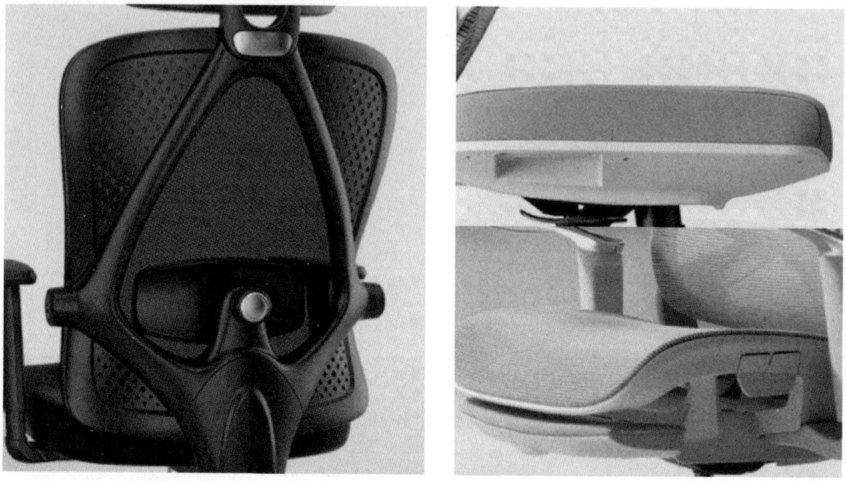

图 7.18　座椅垫和背垫

图片来源：item.jd.com

座椅下方可抽拉的腿托用于放腿，如图 7.19 所示，座椅上的杯架和小桌板可以为用户提供放置杯子、手机、书籍等物品的功能。结构设计应考虑到稳定性、易于清洁和便携性等因素。

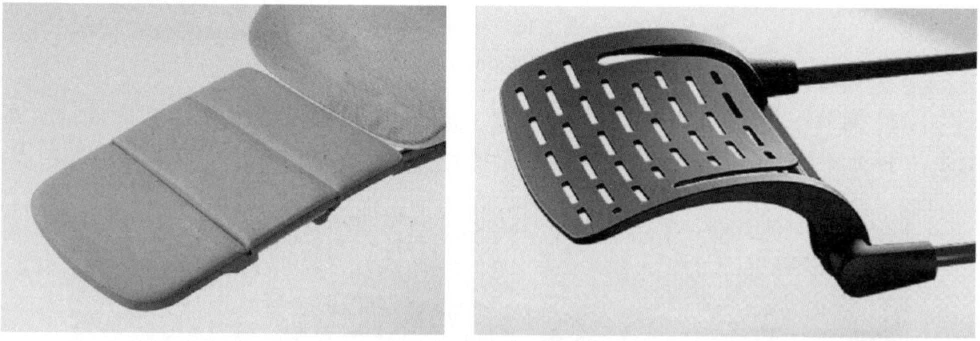

图 7.19　座椅腿托

图片来源：item.jd.com

根据座椅的具体用途和需求，还可以设计其他功能性配件，如图 7.20 所示，如电源插座、USB 接口、按摩功能、加热功能等。这些配件的结构设计应与座椅整体结构协调，并确保其功能正常且易于操作。

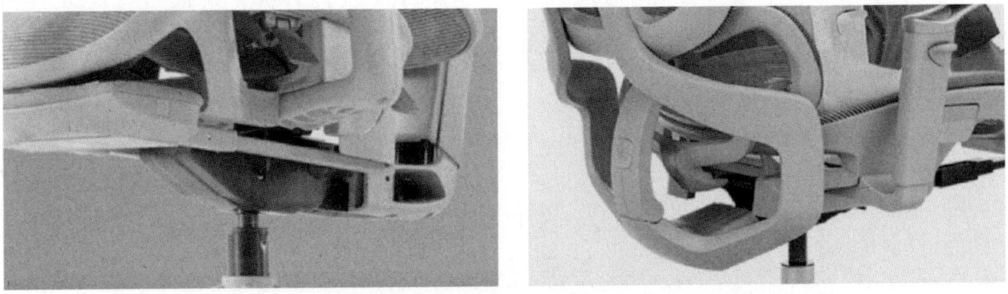

图 7.20　其他功能性配件

图片来源：item.jd.com

7.2.7　座椅 CMF 设计

1. CMF 的定义

CMF（colour，material，finish）指色彩、材料和表面处理工艺，针对座椅的设计，有时也会扩展为 CMFP，P 代表图纹（pattern）。组成产品人性化表情的四要素（色彩、材料、工艺、图纹），与人体感官（sense）情感（emotion）交互之间具有属性上的层级关系。CMF 设计与消费者有很强的交互性。

2. CMF 在座椅设计中的认知

CMF 的设计之间也是需要相互配合的，配色的实现需要依靠材料、工艺的支持。在座椅设计中，提倡 CMF 设计为产品提供主体化、情绪化的视觉、触觉体验，利用交互的形式给予消费者共鸣。因此，公司要建立专业的套系化色卡，以及一套完整的材质库，并定期举办新材质、新布料的选品会；针对新材质，建立新材料的实验室，以测试材质的性能。

3. 座椅 CMF 设计流程

（1）前期调研：注重用户的体验与反馈，CMF 设计师在了解色彩、工艺的流行趋势后，需要进行市场调研、用户调研，到用户家中了解使用情况、用户需求等。

（2）中期设计：设计团队根据调研结果，展开设计的创新，通过绘图、模型、渲染等方式进行设计表达，展现设计效果。

（3）后期选材及颜色筛选：根据前期调研，设计、开发、产品团队会举行选品会，以投票的形式对材料、色彩、工艺进行筛选评估，选出合适的新品进行研发。

(4)打样及测试：设计团队将设计好的方案首先进行打样，其次通过建立的实验室对新品材料进行抗压、耐磨、支撑、冲击等多项测试，通过测试后的新品材料才会逐步落地。

(5)成品制造：公司要拥有成熟的生产工厂，自主研发设计的产品在新品通过测试以及调整后，生产 CMF 成品，在实践中逐渐完善设计。

图 7.21　永艺 Flow360 座椅
图片来源：永艺视觉设计部门

通过前期调研，用户对于腰部支撑的需求，以及家装简约，需要搭配白色，因此永艺 Flow360 的 CMF 中新增白色，适用于奶油风的环境；材质采用网布搭配真皮，腿托处的灰色真皮亲肤且好打理，横纹植绒网布透气性强，耐磨耐压；铝合金脚承重耐用支撑性强；控制键专门打造永艺灰的颜色，采用对比色增加产品质感；头枕部采用刺绣的工艺，将中国传统工艺融入现代设计中；背部飘带用磨砂材质，logo 采用移印的工艺，增加耐磨性，如图 7.21 所示。

7.3　设计测试与验证

产品设计的测试与验证对生产性能有直接影响，并最终决定产品功能和客户感知，是设计过程中的关键环节。当前的设计测试与验证通常在设计过程接近完成时进行，主要集中在原型制作和首次测试与开发阶段。这往往导致产品形式、尺寸或功能出现偏差，延长开发周期并增加合规成本。此外，有研究者指出，设计越复杂，越难在设计阶段进行有效的测试与验证。Maropoulos 等[21]整合了美国航空航天工程师学会发布的 SAE Aerospace ARP4754a(航空航天系统开发和验证的推荐实践标准)发布的有关仿真模型测试与验证研究结果，提出了在数字世界和物理世界中进行设计测试与验证的流程(图 7.22)，该流程描述了从设计者的意图出发，通过功能抽象化和概念化，将设计模型逐步转化为具体产品，并在各阶段进行测试与验证的过程。下面依据图 7.22 所示流程，针对人体工学办公座椅的设计开发，分别简述数字世界与物理世界的主要设计测试与验证方法。

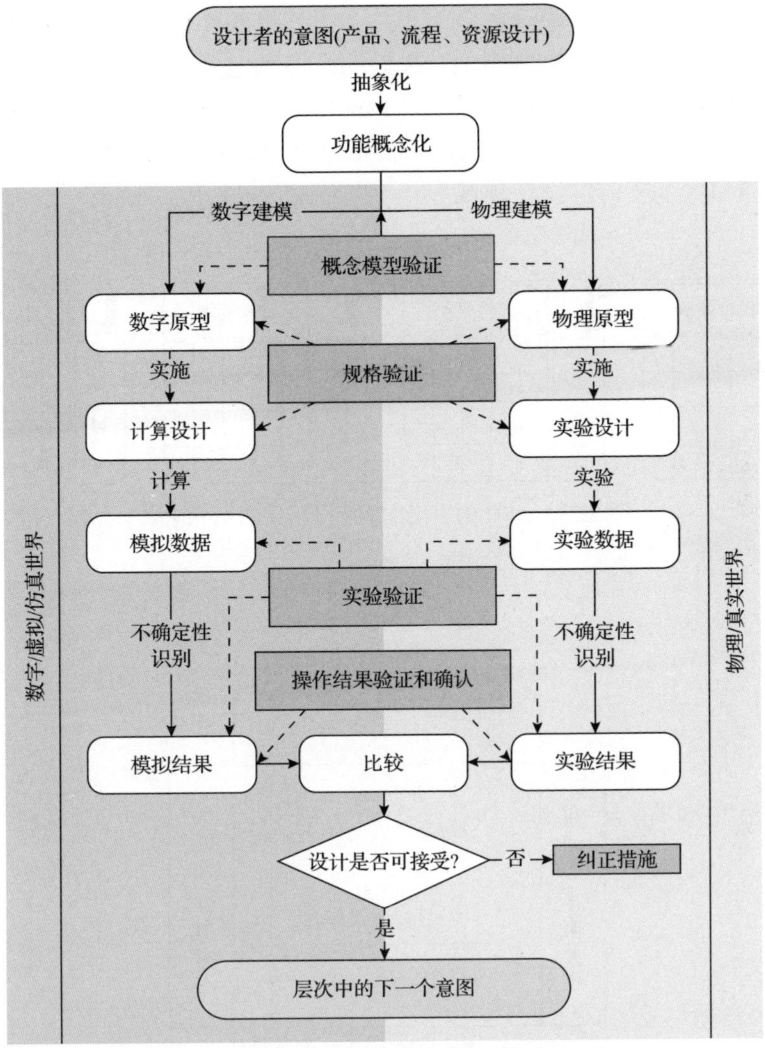

图 7.22 在数字世界与物理世界设计验证的流程图

7.3.1 设计早期的需求验证

1. 质量功能展开

质量功能展开(quality function deployment，QFD)是一种将用户需求转化为工程特性的系统方法，旨在实现用户的预期需求，目前主要应用于产品的设计和开发阶段[2]。完整的 QFD 流程包含四个矩阵(图 7.23)。第一个矩阵称为质量屋(house of quality，HOQ)，是 QFD 的核心工具(图 7.24)，其目标是通过调查、访谈、焦点小组等方法收集用户需求，并将这些需求转换为设计(技术)要求。第二个矩阵将设计要求转化为部件要求(规格)。第三个矩阵将部件要求表达为过程要求，即生产过程中需要的操作和控制措施。最后一个矩阵定义了产品的生产要求，即质量控制计划。QFD 可以单独使用或结合 Kano 模型、层次分析法(analytic hierarchy process, AHP)等量化分析方法，对用户需求进行设计转化，广泛应用于飞机客舱、适老化座椅和童车座椅等设计领域。

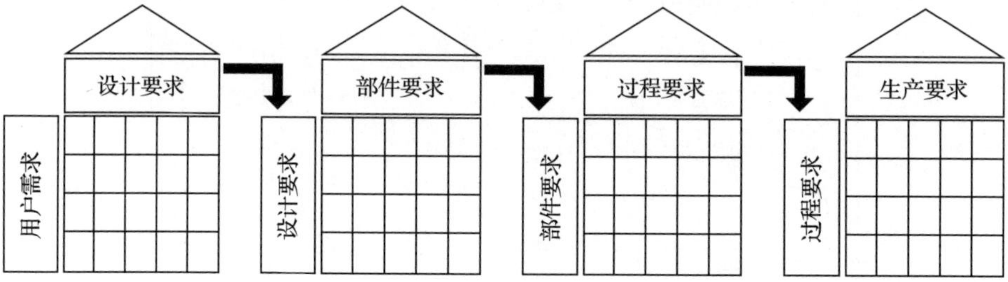

图 7.23　QFD 的多层次演绎分析方法示意图[22]

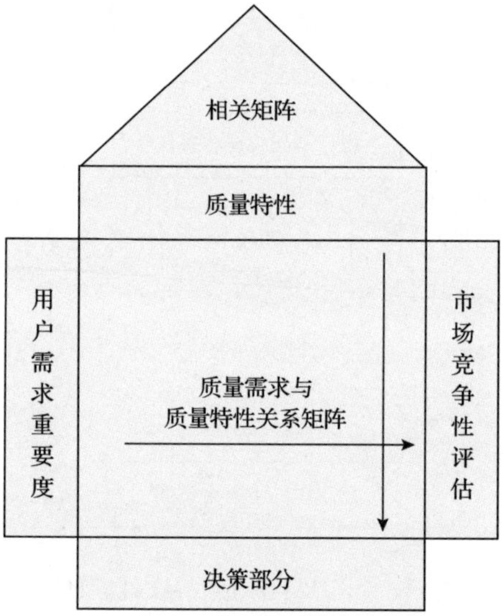

图 7.24　HOQ 结构示意图[23]

2. 感性意象

感性意象指用户对产品的心理预期和感受，是产品设计中需要外显化的用户主观需求。通过研究感性意象，设计师可以将用户的情感倾向融入产品的造型、材质和色彩中，开发出符合现代人生理和心理需求的“感性”产品。感性意象研究通常分为试验、统计分析和计算机系统分析三个阶段，涉及用户感性意象的获取、表示、建模及其与产品造型元素之间的映射。试验方法包括问卷调查、语义差异法、口语分析法、临场实时绘制等；统计分析和计算机系统分析包括因子、聚类、多维尺度、人工神经网络、模糊逻辑和遗传算法等分析方法[24]。例如，左文等[25]对明式座椅的形态特征进行了感性意象分析，收集了 16 个具有代表性的明式座椅样本并获取 35 个明式座椅感性词汇，利用因子分析法对感性词汇进行降维和聚类，提取出由厚拙的、凝重的、空灵的设计构成的沉稳感，由淳朴的、圆润的、劲挺的设计构成的张力感，以及由简练的、典雅的、清新的设计构成的简约感(图 7.25)；结合 AHP 结构模型、QFD 工具提出设计方案，为了验证设计方案是否符合用户感性意象，研究人员邀请目标用户对座椅设计方案进行感性评价(图 7.26)，并根据评价结果对设计方案提出进一步的改进建议。

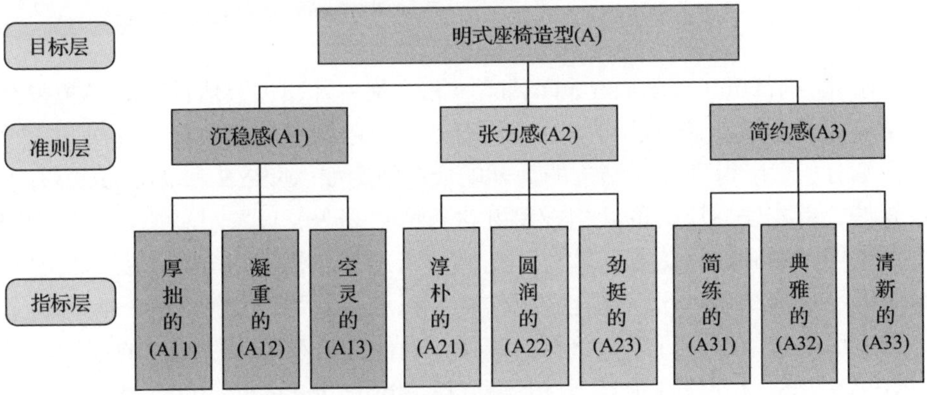

图 7.25　从明式座椅中提取的感性词汇

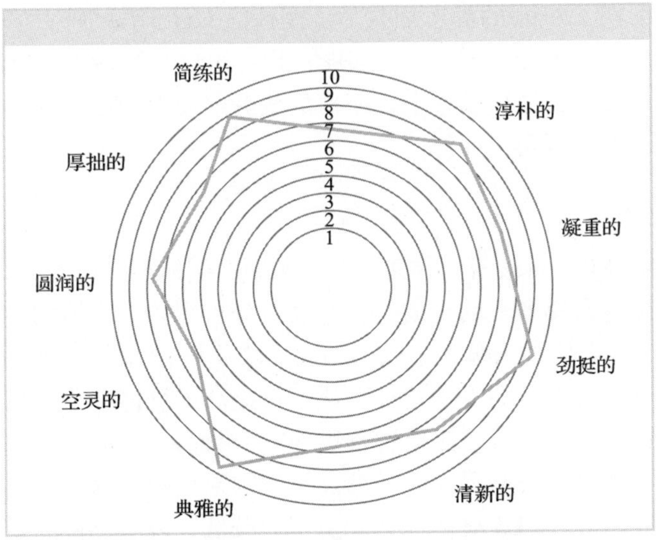

图 7.26　座椅设计方案的感性评价结果

7.3.2 数字世界的设计验证

1. 座椅运动学仿真分析

座椅运动学仿真分析是一种利用 CAD 和仿真技术的方法，通过导入座椅的三维模型，在 ADAMS（automatic dynamic analysis of mechanical system）等软件中对座椅机械系统进行运动学仿真分析。首先，在三维模型中确定目标运动副和约束条件，规划运动轨迹；然后，通过仿真计算座椅在不同使用情境下的运动角度、角速度和角加速度等动态行为，从而评估结构的合理性以及是否满足设计要求。

2. 座椅有限元分析

有限元分析（finite element analysis，FEA）是一种通过数值计算来模拟复杂结构力学行为的方法。该方法将复杂结构分解为有限数量的小单元，并对每个单元进行详细分析，以得到整体结构的力学响应。使用如 ANSYS 和 Abaqus 等有限元分析软件，首先建立座椅的几何模型并进行网格划分，设置材料属性、施加载荷和边界条件；然后运行仿真计算[26]，仿真分析结果包括应力分布、变形情况和安全系数等，这些结果可用于优化座椅结构，以增强其强度和耐久性；此外，通过应力和变形分析结果，可以调整材料选择，确保座椅在实际使用中的性能。Math 等[27]在 ANSYS-17.0 软件中导入为印度 IT（information technology，信息技术）从业者设计的人体工学办公座椅三维模型，进行静态和动态加载条件下的结构分析。研究发现，在 1200N 的静态加载下，座椅的 von Mises 应力值为 69MPa，变形量为 0.23599mm，安全系数为 5，表明该设计可以承受最大 122kg 的质量而不发生显著变形。在动态加载条件下，座椅的疲劳寿命为 100 万次循环，证明该设计在动态加载条件下的安全性能。

3. 虚拟人体工学分析

可使用 RAMSIS、Jack 等人体工学评价软件，创建不同尺寸的虚拟人体模型，模拟人体在多种座椅模型上的坐姿行为。通过分析人体与座椅的接触点、压力分布和姿势变化，全面评估人体关节受力情况，以及人-座椅的尺寸匹配度及舒适性等指标。这种以人为中心的设计验证方法不仅提高了设计验证的精确性，还为产品改进提供了科学依据。有研究通过收集 50 名男性的人体数据，在 Jack 软件中创建人体模型，评估驾驶姿势的舒适度。分析结果显示，驾驶员腰部两侧竖脊肌受到的应力最大，但 L4/L5 处的压力和剪切力较低，表明腰椎的受力在可接受范围内[28]。另有一项研究同样利用 Jack 软件评估虚拟铸造厂工人的人-设备尺寸匹配度，结果显示匹配度极低。因此，对设备的尺寸和结构设计进行调整，可以减少工人不良姿势的发生[29]。

7.3.3　物理世界的设计验证

物理世界的设计验证以物理原型为基础，主要是 BIFMA 标准测试。以人体工学办公座椅为例，座椅物理原型的设计验证方法主要包括以下几个方面：①座椅及其结构组件的尺寸和形状测试与验证，包括直接测试和间接测试；②机械结构的功能性验证，包括静态载荷测试(稳定性)、动态载荷测试(耐久性)、无损检测和材料测试；③人体的舒适性与疲劳测试，包括压力分布测试、坐姿运动学与肌电监测以及主客观疲劳测试等。

用于办公家具的测试标准旨在为制造商、规范制定者和用户提供一个共同的基础，用于评估通用办公椅的安全性、耐用性和结构适当性。测试标准描述了评估通用办公椅的方法，与建筑材料、制造工艺、机械设计或美学设计无关。测试标准不涉及休息座椅、易燃性、表面材料耐用性、缓冲材料、产品排放或人体工程学考虑因素。测试标准规定了具体的测试、可使用的实验室设备、测试条件，以及用于评估通用办公椅的最低验收水平。测试标准中给出的验收水平和测试参数是基于 BIFMA 会员的实际现场使用和测试经验。常见的测试，如气杆测试，气杆是升降座椅非常重要的部分，这个组件的好坏，直接影响到高度调节的顺滑度，以及倚坐的安全，永艺 XY 椅黑武士采用的是 TUV(指德国技术监督协会认证)四级气杆，通过了 TUV 的 120000 次的安全测试，无须担心使用中会发生突然爆炸的危险。

7.4　数智驱动与设计

人工智能、大数据等技术发展以来，工业设计与计算机相关科技产生密不可分的关系，工业互联网平台正在建立与 5G、人工智能、数字孪生、区块链、大模型、数据中心、云计算等融合发展的新路径。我们应该根据时代背景，紧跟消费需求，开发新的设计范式，从供给侧发力，聚焦产业升级，加快推动数字经济催生的新形式、新业态，从而促进国民经济增长。

7.4.1　数据驱动的用户体验管理

数据驱动的用户体验管理是企业为了深入了解用户需求和偏好，不断优化用户体验以获得市场优势而采取的一种方法。运用大数据来获取用户的群体行为，开展全渠道全量用户行为群智协同计算分析；结合全生命周期用户反馈分析，通过主、客观数据智能生成动态用户画像、全旅程用户行为地图等，实时洞察用户群智行为；通过“收集—数据—分析—行动—评估”等流程，确保用户在各触点的体验保持一致和流畅，提高用户精准服务计算水平。图 7.27 为永艺智能座椅相关 App，可以有效提升用户体验管理。

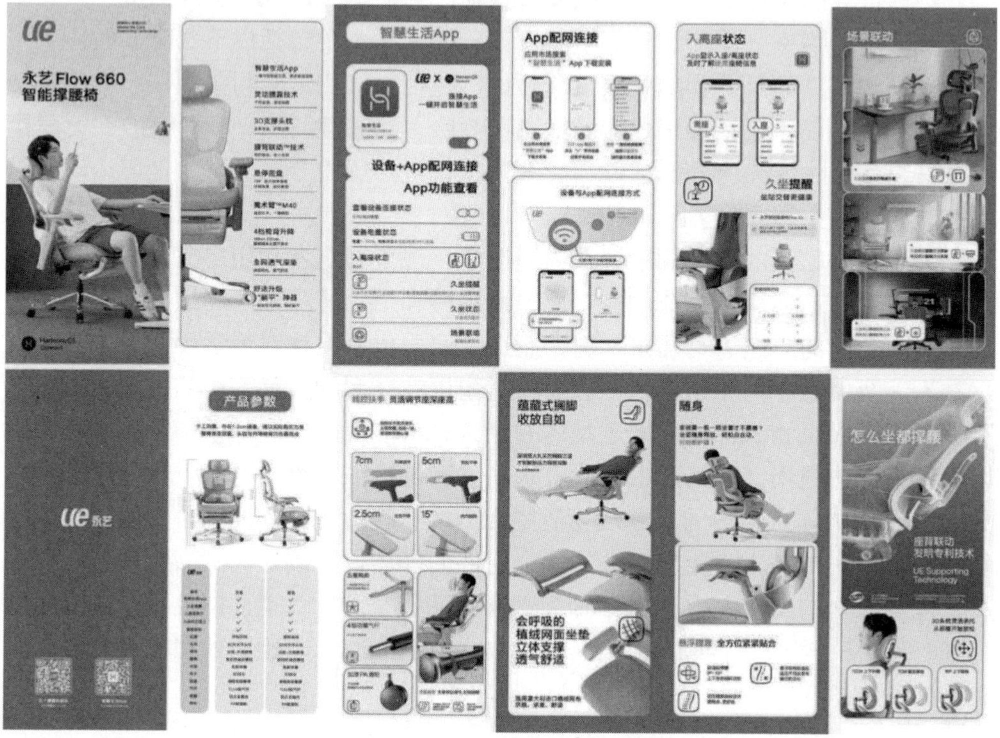

图 7.27　永艺智能座椅相关 App

数据驱动的用户体验管理是通过多渠道的用户行为数据采集和分析，发现用户的行为模式和需求洞见，并据此提供个性化的内容、功能和交互体验。智能座椅设计初始阶段对用户进行多渠道的数据采集，设计师能更准确地确定用户需求。

企业可以利用数据构建用户行为预测模型，为产品规划、营销策略等提供科学依据，并通过 A/B 测试、用户反馈等方式验证改进方案的可行性和效果。

7.4.2　AI 生成式设计

近年来，人工智能技术逐渐成为热点，“AI+X”成为各行业数字化、信息化转型的有力抓手，计算机算力已经发展到了可以处理超大规模数据分离和智能计算的地步。

在过去的人工智能发展过程中，研究人员通常只关注分析型 AI 技术及其相关的应用。这类技术的核心在于让机器从数据中学习和发现模式，以实现特定的认知任务。有监督学习通过给机器足够多可学习的样本使其具有预测或回归的功能，无监督学习通过数学的方法分析数据集，对样本做分类的工作。

1. 生成式 AI

生成式 AI 的研究起步相对较晚，需要依托于自然语言处理、深度学习等更为前沿的技术，目前在文本、图像、视频、代码等各个领域都有应用。在文本领域的应用，ChatGPT 基于大规模预训练模型和深度学习能力，通过对大量文本数据的学习，掌握了丰富的词汇和语法结构，并且能够理解对话背后的语境和含义；ChatGPT-4o 现在可以从文本以外的其他形式载体捕获信息，包括关键音频、图像或视频提示，以生成更相关的响应。在图像领域的应用，Stability AI 团队推出的 Stable Diffusion 是一款开源的图像生成模型，可以生成高达 2048×2048 像素的图像，细节丰富，效果远超早期的生成对抗网络（generative adversarial network，GAN）或变分自编码器（variational autoencoder，VAE）模型，并且支持多样化风格、复杂场景和动态生成编辑。在视频领域的应用，Sora 模型由 OpenAI 公司开发，能够根据文本描述生成高质量视频，包含复杂场景、角色表情和镜头运动；PixVerse 平台可以根据简洁的文字描述生成多种风格的视频，如动漫、现实主义或 3D 效果，并支持将静态图片转化为动态视频。在代码领域，GitHub Copilot 是一款代码自动生成插件，支持 Python、Java、Golang 等多种编程语言，可以根据程序员编辑的上下文自动编写代码，包括文档字符串、注释、函数签名等；TabNine 也是一款类似的代码自动生成插件，它需要大量的代码作为学习材料才可以达到较好的代码补全效果，在开发多模块程序时需要编写大量模块化的重复代码。

2. 案例：永艺 AI 智能设计平台

永艺 AI 智能设计平台基于 Diffusion 扩散模型开发，可利用文本描述和现有图像信息来创建新的产品设计。永艺 AI 智能设计平台工作原理如图 7.28 所示。

这个平台主要包含三个功能模块。

（1）2D 效果图生成：基于学习的垂直领域座椅训练数据集，从概念草图快速生成逼真的效果图，支持视觉原型制作和概念验证。

（2）AI 模型渲染：在保持产品造型不变的情况下，模拟复杂的光线与物质交互，实现带有特定设计元素的高度逼真渲染。

（3）3D 模型生成：解析二维图像中的形状、深度、材质和纹理等设计知识，自动转换成多视图，进而生成三维模型，缩短概念设计到原型开发的周期。

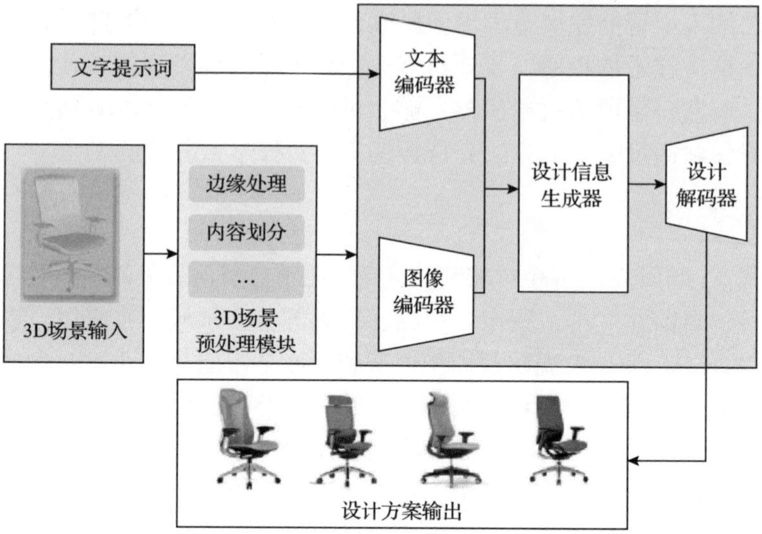

图 7.28　永艺 AI 智能设计平台工作原理

通过整合智能技术，平台能够系统化和智能化地生成、存储和应用设计知识，促进工业设计领域知识的深度融合与创新，将过去“市场需求—创意设计—商务下单”最短 10 天的流程缩短到现在的 10 分钟，简称“10 分钟工程”（图 7.29），大大提高了市场响应效率，通过新质生产力的输入，提升了企业的科技创新和产业升级能力，实现了高质量发展。

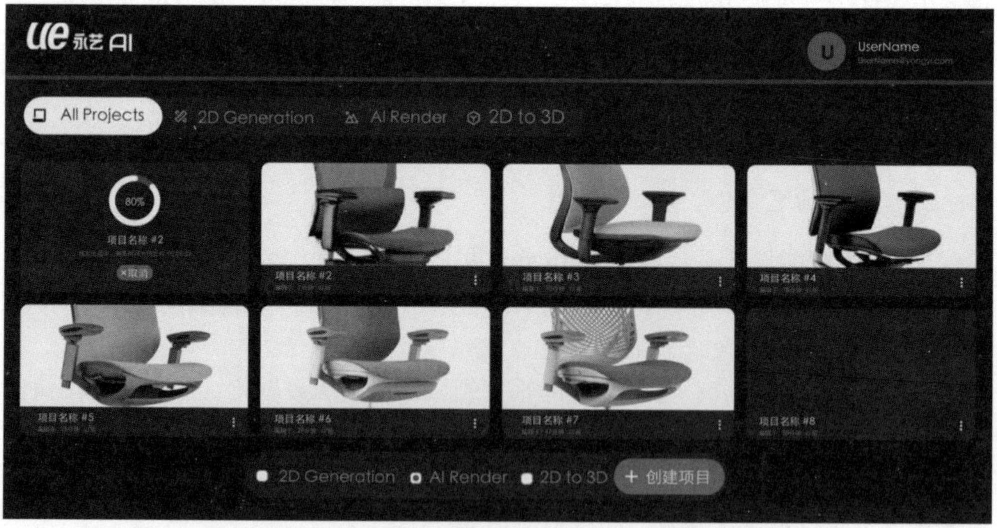

图 7.29　永艺 AI 智能设计平台生成的座椅设计方案

该平台以文本提示词和 3D 模型作为输入，利用文本图像混合编码器编码成高维特征向量，将特征向量与用户偏好进行映射，学习数据的潜在特征分布生成新的数据点，构建用户偏好与设计信息间形成映射的知识网络。设计解码器依据此知识网络生成的设计信息解码出具体的图像，生成一系列产品方案渲染图，或者对模型的部件进行更换，满足客户的概念设计实时生成需要。

7.4.3　群智创新设计

群智创新指将大数据、区块链、人工智能、群智感知计算等数字技术应用于互联网平台，以突破学科壁垒，集合社会大众智力来完成社会复杂任务，解决社会复杂问题的群体性创新过程。群智创新的关键在于智能技术和群体智慧的交融，强调感性和理性认知有机结合，尤其注重以用户为中心的群智创新生态建设，目标在于共同创造立体的、网络的和多源异构的协同价值[30, 31]。

如图 7.30 所示群智创新设计网络通过整合设计资源和知识图谱，促进了不同领域知识的融合，这不仅有助于从大量数据中提炼出有价值的知识，还能为产品外形仿生设计等应用提供支持。利用群智创新的知识融合技术，可以有效整合来自不同设计师和用户的输入，建立丰富的知识数据库。在此基础上实现自动生成

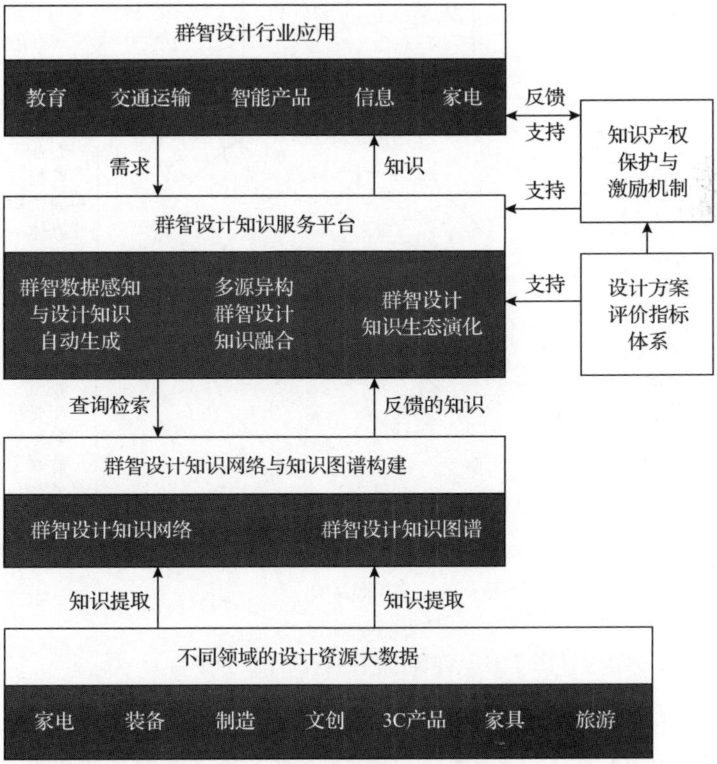

图 7.30　群智创新设计网络结构

技术，即生成式设计。这使得设计师能够从日常工作中解放，转而成为算法和规则的制定者。群智创新设计网络中的设计方案评价、设计贡献评估和设计价值评估都可以通过量化方式进行。利用机器学习模型学习设计师和用户的评价信息，实现设计方案的量化评选。同时，利用区块链技术的价值共识机制，对设计贡献进行量化评估。用户行为跟踪和分析技术则支持设计价值的量化评价。总之，群智设计网络通过知识融合、生成式设计和量化评估等技术，促进了不同领域知识的跨界融合，为创新设计提供了有力支持。在永艺 AI 智能设计平台上，可以实现实时异地的群智协同创新设计，满足企业多方面的需求。

群智创新设计网络的最终目标是促进设计创新。为此，构建一个内容丰富、使用便捷、易于协同的群智协同创新知识服务平台至关重要，如图 7.31 所示。与传统知识服务不同，群智协同创新知识服务平台可以实现战略与组织协同、学科与资源协同、机制与技术协同，并具备完善的信任机制、激励机制、协同机制和保障机制。这种平台可以有效整合来自不同设计师和用户的知识输入，形成丰富的知识数据库。

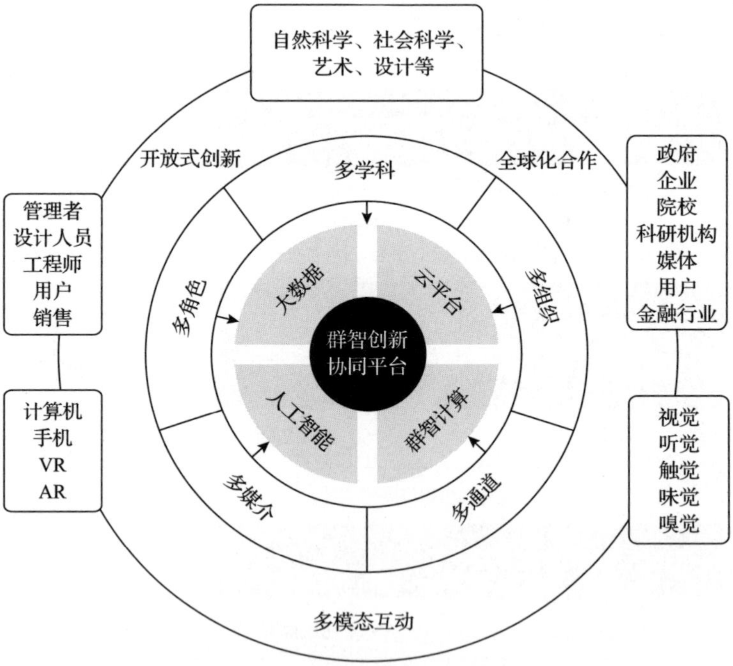

图 7.31　群智协同创新设计服务平台

在群智协同创新设计服务平台上，设计师可以从日常工作中解放出来，转而成为算法和企划规则的制定者。群智创新设计网络通过构建先进的知识服务平台，实现战略、学科、机制的深度协同，为设计创新提供强有力的支持，这不仅有助于从大量数据中提炼出有价值的知识，还可以为新颖、高效的设计方案提供有力支撑。

7.5　本章小结

设计构成，对于人体工学办公座椅的形式与方式至关重要，是一项综合性的整合创新工作。随着远程办公和数智经济的兴起，人们越来越重视长时间坐姿工作对身体健康的影响。一项优秀的人体工学座椅设计能够满足用户的生理需求，同时提供心理上的舒适感，这不仅关乎到个人健康，也是企业提升竞争力的关键因素。

本章全面探讨了人体工学办公座椅的设计构成，从需求分析与定位入手，深入剖析了市场分析、用户分析、文化要素和美学要素，强调了产品创新设计的能力对于企业乃至国家在全球化竞争中的重要性，指出成功的产品设计应实现高情感价值，满足用户的生理和心理需求。在设计思维与表达方面，介绍了理论与方法、座椅概念设计、座椅设计美学、座椅设计技术要素、座椅草图设计、座椅造型设计和 CMF 设计。特别提到了数智驱动与设计，包括数据驱动的用户体验管理、AI 生成式设计和群智创新设计，这些都是新时代设计范式和知识生产方式的演进方向。设计测试与验证环节涵盖了从设计早期的需求验证到数字世界和物理世界的设计验证方法，确保设计满足功能性和用户舒适性的要求。

随着大数据、AI 等技术的发展，设计行业将更加注重数据驱动和 AI 设计。这不仅能够盘活企业资源，提升设计效率，降低成本，实现可持续设计发展，还能够更好地满足用户的个性化和定制化的需求。人体工学办公座椅的设计将继续融合“人本、文化、艺术、技术、商业”五大构成，以用户为中心，创造出更加健康、舒适和高效的工作环境。

参考文献

[1] 荆冰彬, 董仲元, 吉晓民, 等. 基于市场分析的商品化产品设计目标决策研究[J]. 中国机械工程, 1999, 19(1): 42-45.

[2] 周煜啸, 罗仕鉴, 朱上上. 手持移动设备中以用户为中心的服务设计[J]. 计算机集成制造系统, 2012, 18(2): 243-253.

[3] 罗仕鉴, 胡一. 服务设计驱动下的模式创新[J]. 包装工程, 2015, 36(12): 1-4, 28.

[4] 罗仕鉴, 朱上上. 用户体验与产品创新设计[M]. 北京: 机械工业出版社, 2010.

[5] 路甬祥. 创新设计竞争力研究[J]. 机械设计, 2019, 36(1): 1-4.

[6] 吴朝晖. 智能增强时代的学习革命[J]. 中国教育网络, 2019, (6): 24-25.
[7] 潘云鹤. 创新设计是建设制造业生态的核心推动力[J]. 全球化, 2016, (3): 114-117.
[8] Najafi A T, Abramo A, Kyamakya K, et al. Development of a smart chair sensors system and classification of sitting postures with deep learning algorithms[J]. Sensors (Basel), 2022, 22 (15): 5585.
[9] 赵江洪, 赵丹华, 顾方舟. 设计研究: 回顾与反思[J]. 装饰, 2019, (10): 24-28.
[10] 罗仕鉴, 李文杰. 产品族设计 DNA[M]. 北京: 中国建筑工业出版社, 2016.
[11] Yang D F, Vezzoli C. Designing environmentally sustainable furniture products: Furniture-specific life cycle design guidelines and a toolkit to promote environmental performance[J]. Sustainability, 2024, 16: 2628.
[12] 朱上上, 潘云鹤, 罗仕鉴, 等. 基于知识的产品创新设计技术研究[J]. 中国机械工程, 2002, 13 (4): 337-340.
[13] 汤威. 汽车座椅设计中的舒适性与支撑性平衡研究[J]. 时代汽车, 2024, (3): 101-103.
[14] 吴香君. 公共座椅的仿生设计研究[D]. 北京: 北京化工大学, 2018.
[15] 宋赟. 基于微信小程序的儿童安全座椅个性化定制系统设计[D]. 镇江: 江苏大学, 2022.
[16] 罗仕鉴, 朱上上, 冯骋. 面向工业设计的产品族设计 DNA[J]. 机械工程学报, 2008, 44 (7): 123-128.
[17] 王遵铭. 汽车座椅动静态客观特性及主观舒适性研究[D]. 杭州: 浙江大学, 2022.
[18] Siefert A, Pankoke S, Wölfel H P. Virtual optimisation of car passenger seats: Simulation of static and dynamic effects on drivers' seating comfort[J]. International Journal of Industrial Ergonomics, 2008, 38 (5-6): 410-424.
[19] Geng D L, Gao F L, Bu X B, et al. Analysis and optimization of automotive seat structure based on finite element method[J]. IOP Conference Series: Earth and Environmental Science, 2020, 587 (1): 012080.
[20] 范沁红, 江星辰, 武学良, 等. 基于理想压力的机车座椅优化设计与舒适度试验研究[J]. 机械工程学报, 2022, 58 (10): 383-394.
[21] Maropoulos P G, Ceglarek D. Design verification and validation in product lifecycle[J]. CIRP Annals, 2010, 59 (2): 740-759.
[22] Erdil N O, Arani O M. Quality function deployment: More than a design tool[J]. International Journal of Quality and Service Sciences, 2019, 11 (2): 142-166.
[23] 汪洋, 余隋怀, 杨延璞. 基于 QFD 和 AHP 的飞机客舱内环境人机系统评价[J]. 航空制造技术, 2013, 56 (8): 86-91.
[24] 罗仕鉴, 潘云鹤. 产品设计中的感性意象理论、技术与应用研究进展[J]. 机械工程学报, 2007, 43 (3): 8-13.
[25] 左文, 王南轶, 张宗登. 基于感性工学的明式座椅造型意象设计[J]. 林业工程学报, 2023,

8(3): 190-197.

[26] 王宏雁, 张丹. 汽车座椅有限元建模与计算[J]. 同济大学学报(自然科学版), 2004, 32(7): 947-951.

[27] Math M M, Suresh R KV, Kirthan L J. Analysis of ergonomic office chair for information technology work environment—A case study in Indian context[C]. Proceedings of International Conference on Sustainable Computing in Science, Technology and Management, Jaipur, 2019: 26-28.

[28] Akhtiar K, Mubin H B, Idrees M D, et al. Lower back & comfortability analysis of driving posture to mitigate musculoskeletal disorders: An ergonomics study using digital human modelling in JACK software[J]. Journal of Applied Engineering & Technology, 2024, 8(1): 1-22.

[29] Kumar G S, Das A. Analysis and ergonomic improvement of working postures in cast house work station using JACK modelling[J]. International Journal of Human Factors Modelling and Simulation, 2012, 3(1): 16-31.

[30] 罗仕鉴, 张德寅, 邵文逸, 等. 群智创新设计研究现状与进展[J]. 计算机集成制造系统, 2024, 30(2): 407-423.

[31] 罗仕鉴, 张德寅. 群智创新设计[M]. 北京: 科学出版社, 2024.

第 8 章　人体工学办公座椅功能评价

座椅功能评价是座椅设计和产品性能评价的重要组成部分，特指对座椅各类功能通过主观和客观测量方法进行量化检测与评价，主要包括座椅舒适性评价、坐姿肌肉疲劳评价、座椅使用性评价和座椅安全性评价等。其中，座椅舒适性评价是通过各种测试和分析方法，评估座椅在使用过程中的舒适程度，主要包括座椅的支撑性、柔软度、调整功能、材料透气性及其对长时间坐姿的适应能力等；坐姿肌肉疲劳评价主要评估久坐和不良坐姿等对身体肌肉的疲劳程度和影响，旨在了解和量化长时间坐着对特定坐姿肌群(尤其是腰部、背部、臀部和腿部)的生理负担；座椅使用性评价是评估座椅在实际使用过程中的功能性、便捷性和适应性，重点关注座椅的整体设计如何影响用户的日常使用体验，确保座椅在提供舒适性的同时，提高用户的整体满意度和使用体验；座椅安全性评价是对座椅在使用过程中保护用户免受伤害的能力进行评估，如分析座椅设计、结构、材料和功能是否能有效避免事故、减轻伤害或提供足够的安全保护等。

8.1　座椅舒适性评价

基于 de Looze 等[1]提出的舒适性评价模型，可以构建舒适性评价体系。Shackel 等[2]整理出四种测量舒适度的基本方法，包括解剖学与生理学方法、身体姿势和动作观察法、工作绩效观察法和主观方法。本章仅讨论静态舒适性的评价方法，结合人体工学办公座椅的结构和功能特点，可以构建舒适性评价指标体系，如表 8.1 所示。

表 8.1　人体工学办公座椅静态舒适性评价指标体系

一级指标	二级指标	三级指标
人体工学办公座椅静态舒适度	几何参数	椅面参数(坐高、坐宽、坐深)
		椅背参数(背高、背宽、椅背弧度)
		扶手参数(扶手高、扶手内宽、扶手角度)
	调节特性	椅面调节(坐高调节、坐深调节、角度调节)
		椅背调节(角度调节)
		扶手调节(扶手高调节、扶手内宽调节、扶手角度调节)
	物理特性	椅面参数(压力分布、硬度摩擦、温湿度)
		椅背参数(压力分布、硬度摩擦、温湿度)

由于舒适和不舒适的感受都是人的直接体验，舒适性评价过程多采用舒适性主观评价，主要针对舒适体验过程中的心理舒适度进行评估，可分为量表和问卷两部分，反映人的主观感受(图 8.1)。而舒适性客观评价指标可以评价座椅在结构和材料上的舒适性(图 8.2)，帮助改进设计和制造过程，其中界面压力中压力分布模式对舒适性的影响程度较大[3]。尽管如此，舒适性评价仍需包含主观和客观两部分结果，只不过两者在舒适性评价中的权重有所差别，需要结合两者的结果得出一个综合的舒适性指数。

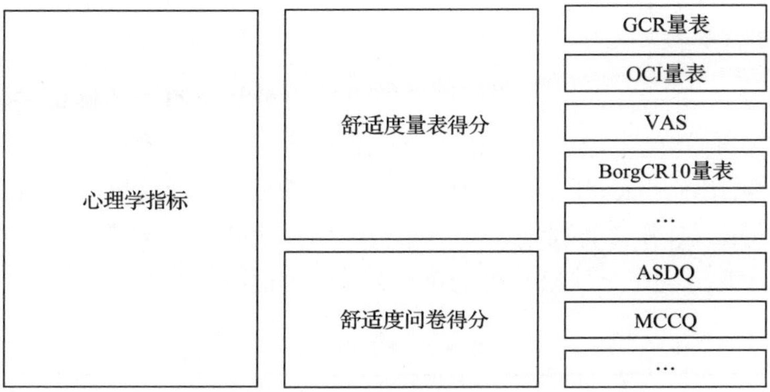

图 8.1　舒适性主观评价工具

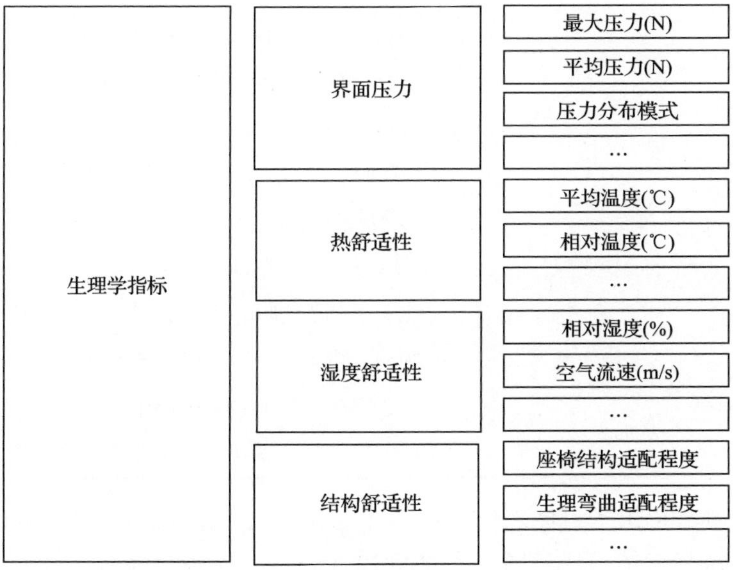

图 8.2　舒适性客观评价工具

针对人体工学座椅的舒适性指数计算方法，目前尚无统一的行业标准，因此本节针对上述两种评价体系模型中的部分三级指标进行具体描述。

8.1.1 舒适性主观评价

无论是舒适性还是不舒适性都是人的主观感受，各种客观条件下的不舒适均可以从主观层面表现出来，因此舒适性主观评价是座椅舒适性评价中必不可少的一环。主观评价方法要求用户根据自身感受对舒适性进行打分，研究人员能够利用分值直观获取用户对舒适性的评价。舒适性主观评价方法可分为舒适性量表和舒适性问卷两部分。

1. 舒适性量表

舒适性和不舒适性都是连续变化的感受，可分为全身舒适性量表和局部舒适性量表。在长时间坐姿中，舒适感的变化通常体现在特定部位，因此局部舒适性量表被广泛采用。Shackel 等[2]于 1969 年制定了通用舒适性尺度(general comfort rating, GCR)量表，用以评价椅子的舒适性。该量表为一种单点量表，将舒适性划分为 11 个等级，从完全放松到疼痛难以忍受，如表 8.2 所示。

表 8.2 GCR 量表

得分	描述
1	我感觉完全放松(I feel completely relax)
2	我感觉极为舒适(I feel perfectly comfortable)
3	我感觉颇为舒适(I feel quite comfortable)
4	我感觉有点舒适(I feel barely comfortable)
5	我感觉不舒适(I feel uncomfortable)
6	我感觉不安和烦躁(I feel restless and fidgety)
7	我感觉拘谨(I feel cramped)
8	我感觉僵硬(I feel stiff)
9	我感觉麻木或如坐针毡(I feel numb or pins and needles)
10	我感觉酸痛和疼痛(I feel sore and tender)
11	我感觉疼痛难以忍受(I feel unbearable pain)

Corlett 等[4]提出了身体部位不舒适性(body part discomfort, BPD)尺度的评价方法。该方法将人体分成肩膀、手臂等 12 个部位，让用户根据不适感将各部位记录在 5 点量表上，从极度舒适到极度不适，最终得到的 12 个部位的总分即为不舒适性得分。

Kolich[5]提出了整体舒适指数(overall comfort index, OCI)量表用于评估汽车

座椅舒适性，如表 8.3 所示，用户填写问卷的 10 个项目，每个项目采用 7 点利克特量表，评分从–3 到 3，即从不舒适到舒适的程度，0 表示正好。OCI 被证明可以减少传统的座椅舒适性等级的偏差，并且所有结果都有显著的效果。

表 8.3　OCI 量表

项目		–3	–2	–1	0	1	2	3	
座椅靠背:									
A. 腰部支撑数量	太少	□	□	□	□	□	□	□	太多
B. 腰部舒适程度	不舒适	□	□	□	□				
C. 中背部支撑数量	太少	□	□	□	□	□	□	□	太多
D. 中背部舒适程度	不舒适	□	□	□	□				
E. 下背部支撑数量	太少	□	□	□	□	□	□	□	太多
F. 背部侧向舒适性	不舒适	□	□	□	□				
G. 座椅靠背感受/硬度	太软	□	□	□	□	□	□	□	太硬
坐垫:									
H. 坐骨/臀部舒适性	不舒适	□	□	□	□				
I. 大腿支撑数量	太少	□	□	□	□	□	□	□	太多
J. 坐垫长度	太短	□	□	□	□	□	□	□	太长
K. 大腿舒适性	不舒适	□	□	□	□				
L. 坐垫侧向舒适性	不舒适	□	□	□	□				
M. 坐垫感受/硬度	太软	□	□	□	□	□	□	□	太硬

以上三种方法主要考察用户对舒适/不舒适的直观感受。在实际的长时间坐姿中，不舒适性往往表现为肌肉疼痛，因此评估肌肉疼痛的量表也常被用于评估不舒适性。其中，视觉模拟量表(visual analogue scale, VAS)是一种非常具有代表性的量表，最初设计用于评估肌肉疼痛程度[6]。VAS 使用一条长为 10cm 的线，两端分别表示无感和最大程度的不适，受试者通过在线上画点表达自己当前的不适感，如表 8.4 所示。例如，Horiuchi 等[7]研究了 3 小时久坐的疲劳效应，发现相对

表 8.4　视觉模拟量表

	视觉模拟评分	
	10cm	
无痛感	——————————————	严重疼痛

于全身不舒适性的上升(20mm)，下肢不舒适性的上升(60mm)约为全身不舒适性的三倍。

此外也有研究对不舒适性量表进行改进。例如，Jia 等[8]考察了 40 分钟久坐的疲劳效应，并对 Borg CR10 量表(表 8.5)进行改进以评估全身和局部不舒适性，发现全身不舒适性显著上升，腰部和上背部不舒适感尤为明显。

表 8.5　Borg CR10 量表

得分	描述
0	完全无感(Nothing at all)
0.5	极弱(仅仅可察觉)(Extremely weak (just noticeable))
1	非常弱(Very weak)
2	弱(轻度的)(Weak (light))
3	中等(Moderate)
4	有点强(Somewhat strong)
5	强(重度的)(Strong (heavy))
6	—
7	非常强(Very strong)
8	—
9	—
10	极强(几乎最大)(Extremely strong (almost max))

2. 舒适性问卷

舒适性问卷是一些针对舒适性感受的问题的集合，相对于舒适性量表来说形式较为丰富，可评价角度也比较广。舒适性问卷可通过自行编制得到，也可通过对舒适性量表的编制得到。Smith 等[9]参考开发了汽车座椅不适感问卷(automotive seating discomfort questionnaire，ASDQ)，是一种能够量化汽车座椅乘客主观不适感的评估工具。ASDQ 使用 VAS 对不适感进行评估，并提供了准确定量估计，是评价汽车座椅不适感的最佳方式。Yang 等[10]根据 GCR 量表、OCI 量表和 ASDQ 设计了按摩椅舒适性问卷(massage chair comfort questionnaire，MCCQ)，结合身体压力分布测量的配合使用来评估按摩椅的坐感舒适性。MCCQ 使用一条从–2(最大程度不适)到+2(最大程度舒适)的 5cm 长的固定线，并将身体区分为 19 个部位，如表 8.6 所示。由于按摩椅和身体之间接触的区域众多，舒适性评价的位置直接标记在身体肌肉模型上，而不是通过文字描述。用户可以通过模型图片来评估这些身体区域，避免了仅仅依靠文字产生的歧义。

表 8.6 按摩座椅舒适性问卷

1. 性别：男/女(请圈出来) 2. 年龄_____ 3. 身高_____ 4. 体重_____

回答问题时，请在对应线段上画一条竖线(|)。

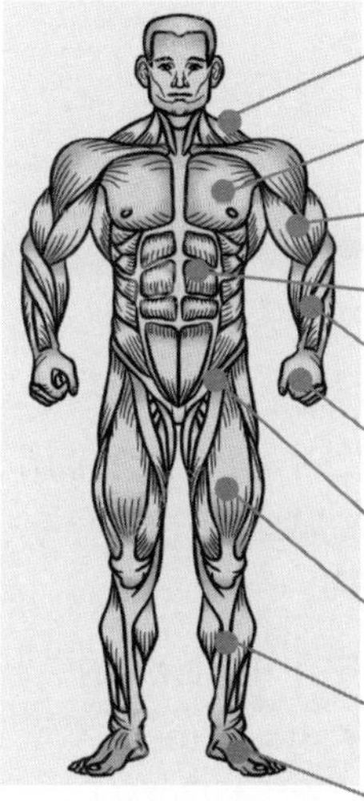

肩膀−2 不舒适 ________ +2 舒适

胸部−2 不舒适 ________ +2 舒适

上臂−2 不舒适 ________ +2 舒适

腹部−2 不舒适 ________ +2 舒适

前臂−2 不舒适 ________ +2 舒适

手−2 不舒适 ________ +2 舒适

盆骨−2 不舒适 ________ +2 舒适

大腿−2 不舒适 ________ +2 舒适

小腿−2 不舒适 ________ +2 舒适

足−2 不舒适 ________ +2 舒适

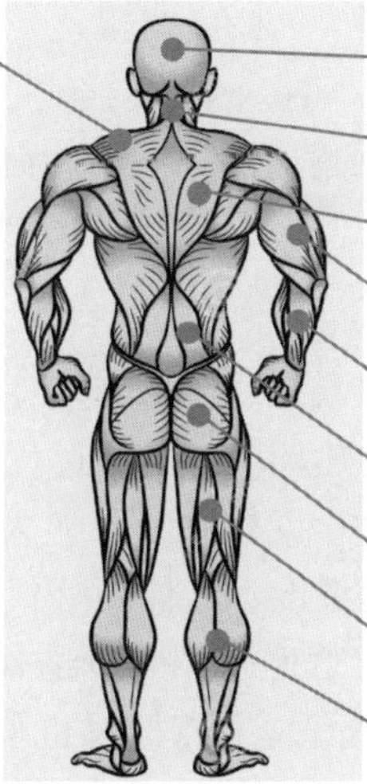

头 −2 不舒适 ________ +2 舒适

颈部−2 不舒适 ________ +2 舒适

背部−2 不舒适 ________ +2 舒适

上臂−2 不舒适 ________ +2 舒适

前臂−2 不舒适 ________ +2 舒适

腰部−2 不舒适 ________ +2 舒适

臀部−2 不舒适 ________ +2 舒适

大腿−2 不舒适 ________ +2 舒适

小腿−2 不舒适 ________ +2 舒适

8.1.2 舒适性客观评价

1. 界面压力

界面压力指人与座椅各个接触面之间的压力，包括坐垫与大腿、坐垫与臀部、靠背与腰背部、靠背与肩颈部等，主要受到接触压力、压力分布和负荷时间等因素的影响。其中臀部受到座椅舒适性的影响最大，而压力分布最能说明臀部与座椅的关系[11]，且与主观舒适度结果高度相关[3]，集成了压力传感器的压力垫可以检测接触压力及其分布。在实际评价过程中，除了接触压力、压力分布和负荷时间外，最大压力、平均压力、最大气压梯度和平均气压梯度也常被确定为评估参数[10]。

结合了多项基础研究，Kolich 等[12]总结了坐姿情况下合理的压力分布模式：压力峰值应位于坐骨结节区域，朝向坐垫前部和侧面的压力逐渐减小；大腿下半部下方的压力应该最小；座椅靠背的压力峰值应位于腰部区域；腰椎和坐骨结节区域以外的接触区域不应有独立的高压点；椅垫不宜太软，以缓解运动压力；压力应均匀、对称地分布在坐骨结节周围，具体分布如图 8.3 所示[10]。

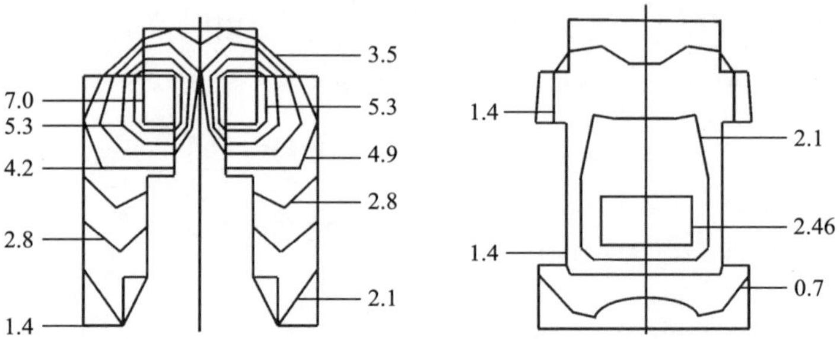

(a) 坐垫　　(b) 靠背

图 8.3　坐姿情况下合理的压力分布模式(单位：kPa)

2. 热舒适性

座椅的热舒适性能够直接影响使用者的工作和生活质量。热舒适环境是指人在心理上感到满意的热环境。久坐过程中产生的热量如果不能及时通过座椅排出，会加剧不舒适感。这个问题在夏天尤为严重。热舒适性涉及空气温度、空气湿度、空气流速、平均辐射温度、人体新陈代谢率和服装热阻等因素[13]。

对热舒适的评价普遍采用热舒适投票法，主要有 Fanger[13]提出的七点标尺和 Klote 等提出的五点标尺。七点标尺也称为预测平均评价指数(predicted mean vote，PMV)，采用–3(冷)到 3(热)七个数值反映人体热反应的评价指标，人员感到舒适的热环境为–0.5<PMV<0.5。五点标尺也称为热舒适度量表(thermal comfort vote，TCV)，采用 0～4 五个数值对人体热舒适性进行评价，其中 0 为舒适[14]。

除了主观评价之外，最直观的热舒适性评价方法为测量温度，而不同部位的适合温度也有所差异，背部、胸部和骨盆的热舒适对人体整体的热舒适影响最明显。然而在实际测量过程中，热舒适性受到上文提到的诸多因素影响，变量较难控制。因此，2001 年出台的 SAE J2234-2001 标准在假定气流速度为 0、相对湿度为 50%的情况下，建立了夏季人体各部位的热舒适性范围，其中理想的热舒适值在 23～26℃，具体可参考图 8.4[15]。

座椅热舒适性评价的另一重要方面是湿度不舒适性。人体和座椅之间会产生一些气态或液态的水分子，若不能及时排出，座椅接触面的相对湿度上升，容易引起皮肤并发症。针对座椅的湿度舒适性研究较少，由于湿度往往来源于久坐过程中的出汗，湿度不舒适性的研究往往与热舒适性相结合。目前的研究结果偏向于湿度不舒适性的缓解与外部空气流动速率有关。例如，Mishra 等[16]研究发现，在不出现热不舒适的情况下，乘客可接受的座椅周围环境的风速是 1.1～2m/s，而湿度越高乘客越偏向于较低的风速。由于热舒适性受环境因素影响较大，本节不再赘述。

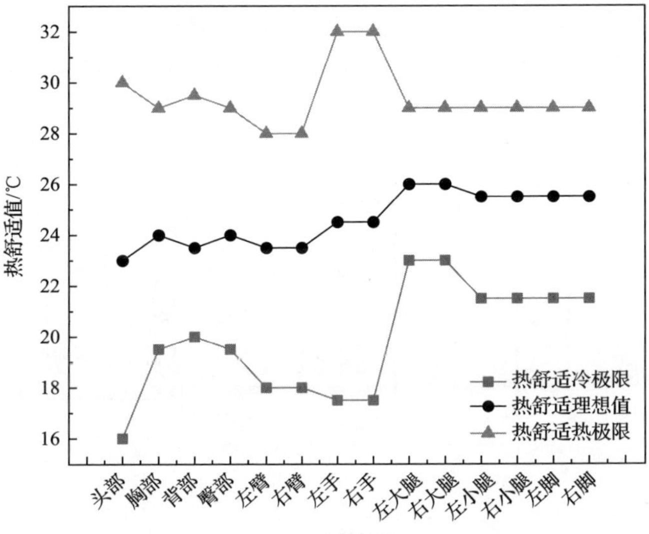

图 8.4　夏季人体各部位热舒适性范围

3. 结构舒适性

长期保持静态坐姿，容易导致持续的组织负荷，例如，椎间盘压力持续保持超常水平，血液循环效率受到不利影响，面对计算机工作时背部和颈部肌肉持续紧张，引起全身紧张，会对健康造成负面影响。除了在坐的过程中需要定时改变坐姿以外，座椅本身的结构是否能够让使用者感到舒适也是一个非常重要的部分。一个舒适的坐姿首先需要保证人体各关节角度处于一个合适的范围，例如，躯干与腿部的夹角在 90°～115°，身体其他部位也有合适的夹角，如图 8.5 所示。

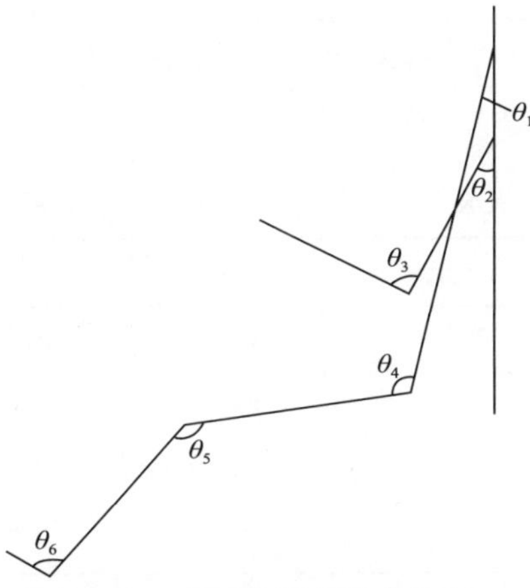

图 8.5　舒适坐姿的关节角度

$10° < \theta_1 < 20°$（脊椎和垂直面的夹角），$15° < \theta_2 < 30°$（上臂和垂直面的夹角），$80° < \theta_3 < 90°$（上臂和前臂的夹角），$90° < \theta_4 < 115°$（躯干与腿部夹角），$100° < \theta_5 < 120°$（大腿和小腿的夹角），$85° < \theta_6 < 95°$（小腿和脚的夹角）

中国标准、欧洲标准和日本标准对于座椅的结构尺寸有着不同的规定，部分关键指标可参照图 8.6 和表 8.7。座椅在设计过程中应符合对应的人体形态尺寸，以保证最佳的结构舒适性。

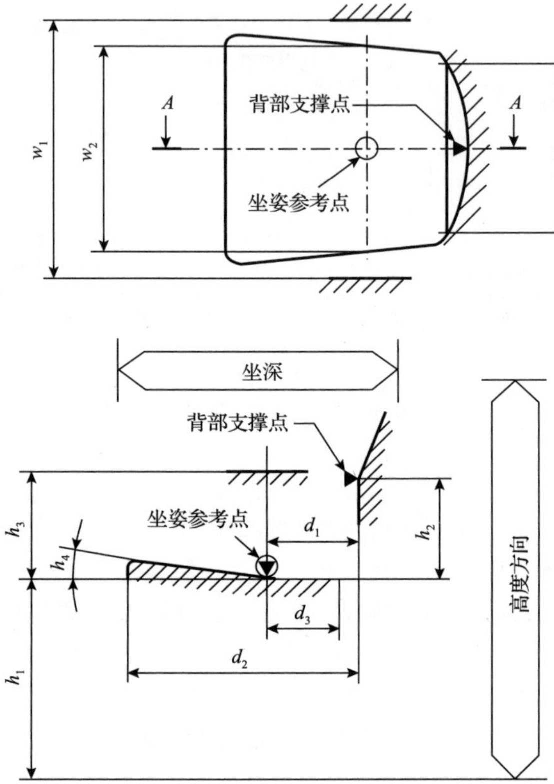

图 8.6　座椅设计关键指标

图片来源：JIS S 1032:2016

表 8.7　不同标准座椅设计关键指标　　(单位：mm)

标准	坐高 h_1		坐深 d_2		坐宽 w_2		扶手高 h_3		扶手内宽 w_1	
	最小	最大	最小	最大	最小	最大	最小	最大	最小	最大
中国标准	380	—	340	540	360	—	160	250	440	—
欧洲标准	400	540	380	430	410	510	200	290	410	510
日本标准	380	—	—	480	330	—	210	—	420	—

注：中国标准来源于 QB/T 2280—2016；欧洲标准来源于 EN 1335-1:2020；日本标准来源于 JIS S 1032:2016。

8.2 坐姿肌肉疲劳评价

疲劳(fatigue)是由生理、心理、社会适应等多方面因素相互作用构成的结果，可被定义为由于执行活动所需资源的可达性、可利用性和可恢复性的不平衡而引起的生理和/或心理活动的下降[17]。基于此定义可将疲劳分为心理疲劳(mental fatigue)和生理疲劳(physiological fatigue)，前者表现为情绪的负面变化的暂时现象，主要有注意力分散、感知和反应能力下降等，同时伴有不同程度的困倦和疲劳感受[18]，可能与姿势单一、坐姿过程中任务的单调有关；后者表现为由久坐不动等引起的身体生理功能暂时性下降，以肌肉特别是姿势肌肉收缩功能暂时性下降为主，主要有肌肉耐力下降、疼痛感增加等，进而导致全身不适感增加[19]，这可能与肌肉代谢产物堆积、臀部肌肉组织压迫、腰椎间盘内压增高，以及下肢血液回流受阻等因素的共同作用有关。长时间保持坐姿容易出现多种生理和心理的疲劳表征，其一般规律为疲劳感伴随坐姿时间的增加而上升，可通过评价主观疲劳感受进行评价。本节将从主观和客观两方面分别介绍坐姿疲劳评价的方法和标准。

8.2.1 主观疲劳评价

疲劳量表被广泛应用于主观疲劳评价，常用一段连续的数代表疲劳感受，每个数字可以代表不同疲劳的表述，受试者选择相应的数字即可表达自己当前的疲劳感受。这些数字中最小的往往表示“无任何感觉”，最大的往往表示“感觉最强烈”。有些可以是固定数字变化，有些可以是连续数字变化。相对于疲劳问卷，疲劳量表简单快捷，可以更快得到结果。

1. Borg RPE 量表

Borg RPE(ratings of perceived exertion)量表是著名生理学家 Borg 提出的一种目前应用最广泛的评价全身疲劳感受的量表，如表 8.8 所示[20]。Borg RPE 量表将主观疲劳程度分成 6～20 共 15 个等级，其中 6 为最轻松，20 为竭尽全力，搭配相应的文字解释，可以很直观地评估当前的主观疲劳感受。坐姿疲劳过程常用 RPE 评估全身的主观疲劳感受的时间动力学变化规律。Ringheim 等[21]研究了 30 分钟久坐的疲劳效应，发现 RPE 平均值从 6 上升至 13 时，疲劳感明显增加，具有明显的时间效应，与坐姿疲劳的一般规律较为符合。

2. VAS

VAS 是一条长 100mm 的线，在肌肉疲劳评价中，线的两端分别表示为“没有

表 8.8　Borg RPE 量表

主观疲劳程度	主观运动感受
6	
7	安静，不费力(Very, very light)
8	
9	极其轻松(Very light)
10	
11	比较轻松(Fairly light)
12	
13	有点吃力(Somewhat hard)
14	
15	吃力(Hard)
16	
17	非常吃力(Very hard)
18	
19	精疲力竭(Very, very hard)
20	

感觉”和“极度疼痛”，受试者通过手动画点的方式表达自己的疼痛感。从原理上讲，VAS 和 Borg RPE 大同小异。但实际上，在久坐等长时间低负荷肌肉疲劳过程中，相较于疲劳感，肌肉的疼痛感更为明显，且不同部位的感受存在显著差异，而 VAS 具备能够区分部位评价主观疲劳的能力，因而更多研究采用 VAS 评估主观疲劳(疼痛)感受。研究也发现某些特定部位的疼痛感相对显著，例如，Lantoine 等[22]研究了三小时模拟驾驶的疲劳效应，发现全身不同部位的疼痛感受变化有所差异，其中腰部的疼痛感上升最多(30mm)。

3. 其他

除了以上两种常用的疲劳量表之外，研究中也会采用 Borg CR10 量表评估坐姿过程中全身和不同身体部位的疲劳程度，且无论是全身疲劳感还是局部疲劳感都能够得到与 Borg RPE 和 VAS 类似的结果。例如，Ding 等[23]考察了 2 小时久坐的疲劳效应，并采用 Borg CR10 量表评估受试者全身疲劳感，发现持续久坐能够使疲劳感得分显著上升，而在第 40 分钟施加 10 分钟不同类型的久坐中断干预可以显著降低疲劳感得分，结束干预后的持续久坐又使得疲劳感得分重新上升。

8.2.2 客观疲劳评价

久坐过程中，主观疲劳感受主要来源于肌肉疲劳后出现的酸胀、疼痛等不适。坐姿疲劳涉及的疲劳肌肉主要为竖脊肌、腹直肌和斜方肌等姿势肌肉和控制肌肉，属于持续性低负荷肌肉疲劳。肌肉疲劳的检测分为直接检测法和间接检测法，前者直接测量肌肉的最大抗阻能力，后者通过其他生理指标进行评价，如负荷持续时间、肌电图等。

1. 肌肉收缩力评价

肌肉产生最大收缩力量或者最大输出功率暂时性下降是大部分负荷运动任务诱发运动性肌肉疲劳的典型特征，因此肌肉收缩的力学指标变化常被应用于肌肉疲劳的定量评价。通过测量最大随意收缩力(maximum voluntary contraction，MVC)、峰值力矩或最大收缩功率的下降程度来判断肌肉的疲劳程度[24]。由于在久坐过程中，腰背部肌肉疲劳发生最明显，所以实际操作过程中通常采用最大背伸肌力的测试范式进行，测试设备(背力计)如图 8.7 所示。测试前，受试者直立在背力计的底盘上，两脚尖分开约 15cm，两臂和两手伸直下垂于同侧大腿前。背力计握柄与受试者两手指尖接触，背力计握柄至底盘传感器挂钩的距离即为背力计拉链的长度。测试时，受试者两臂伸直，掌心向内，紧握握柄，两腿伸直，躯干绷直并抬头，尽全力做背伸动作，得到的以千克为单位的值即为最大背伸肌力。久坐超过 2 小时后，背伸肌力下降可达 40%。

2. 表面肌电图评价

表面肌电图(surface electromyography，sEMG)是一种非侵入式生物电技术，能够记录肌肉组织活动时产生的生物电变化，所用仪器见图 8.8。相对于肌肉收缩力的单一评价，sEMG 信号携带多种生理变化的信息，可以精确反映肌肉在整个活动过程中的变化情况。sEMG 指标包括均方根值(root mean square，RMS)、积分肌电值(integrated EMG，iEMG)等时域指标，平均功率频率(mean power frequency，MPF)、中位频率(median frequency，MDF)等频域指标，多尺度熵(multi-scale entropy，MSE)等复杂度指标和确定性百分比(percent of determinism，DET%)等有序性指标(部分指标见图 8.9)。为应对肌肉活动过程中同时存在收缩和恢复的复杂情况，时频联合分析(joint analysis of spectrum and amplitude，JASA)也被应用至肌电信号分析当中(图 8.10)。Jia 等[8]考察了 40 分钟久坐的疲劳效应，并采集了竖脊肌、腹直肌等腰部屈曲和伸展肌肉的 sEMG 信号，发现除了左侧竖脊肌和腹直肌外，其他采集肌肉的 MPF 均呈现下降趋势。McLean 等[25]也在 2 小时坐姿过程中观察到了平均频率(mean frequency，MNF)的下降和振幅的上升。以上结果均

图 8.7 背力计

图 8.8 Delsys 表面肌电图仪

图片来源：delsys.com

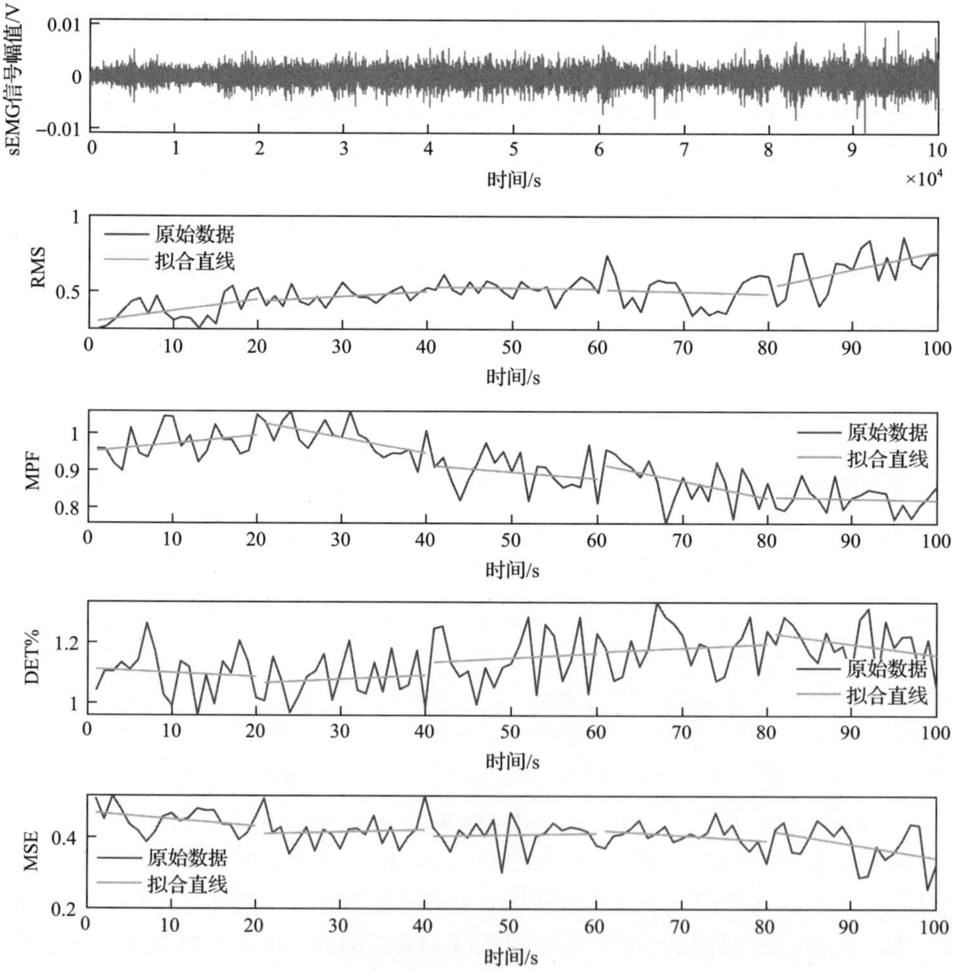

图 8.9 原始肌电信号及部分疲劳评价指标

图 8.10 将 JASA 应用于肌电信号分析

符合 sEMG 信号的疲劳变化规律，证明了采用 sEMG 评估坐姿疲劳的可行性。然而仅观察单一指标的变化受到较多质疑，主要是因为坐姿过程中肌肉活动强度极低(<10%MVC)，且存在肌肉交替激活的现象，因此在低强度情况下 sEMG 信号是否会出现特征性变化尚未达成共识。Ding 等[23]考察了 2 小时久坐的疲劳效应，采用 JASA 方法分析了斜方肌和背阔肌的 sEMG 信号，发现随着久坐时间增加，尤其是 40 分钟以后，坐标点逐渐向第四象限聚集，与 Borg RPE 得分呈现相同的规律，证明了 JASA 方法评估坐姿疲劳的有效性。

3. 血液指标评价

久坐过程中，身体各部位血液循环不畅，容易产生营养物质下降、代谢产物上升的情况。Thorfinn 等[26]研究了长时间坐姿情况下臀部组织中的循环物质含量变化，发现在 60 分钟静坐过程中，臀部血管中葡萄糖浓度降低速率为–0.03mmol/(L/min)，氧含量降低速率为–0.50mmHg/min，乳酸/丙酮酸比值上升速率为 0.19unit/min，表明长时间保持同一坐姿会降低营养物质的循环效率，且乳酸含量明显提升，增加坐姿过程中的不适感。

8.3 座椅使用性评价

座椅的使用性主要包括人体的活动范围、座椅和人体结构的适配程度以及座椅功能和人体的适配程度，直接决定座椅能否发挥最佳性能。本章针对座椅的可达性、兼容性和适配性进行具体描述，主要参考了 GB/T 14774—1993《工作座椅一般人类工效学要求》、QB/T 2280—2016《办公家具 办公椅》等标准。

8.3.1 可达性评价

办公过程中存在着最佳工作空间，能够使办公人员在进行高效工作的同时保持舒适，不易产生疲劳。办公人员采用坐姿进行办公时，四肢在水平面和垂直面所能触及的运动轨迹范围称为作业范围。而针对不同的办公座椅，办公人员的作业范围相对于最佳操作空间的程度称为可达性。可达性受到作业方位、作业性质以及衣着等因素的影响。

GB/T 14774—1993 规定了工作座椅一般人类工效学要求，例如：座高应当保持在 360～480mm，腰靠倾角以 110°为宜等。这些都是座椅保持良好可达性的前提。

办公座椅的可达性评价多注重于坐姿情况下上肢的可达性，通常在作业面以上进行。为去除不同人之间体型的差异，往往采用标准人进行评价。可达空间可从水平面和矢状面两方面分别考虑，并进行综合评价，形成一个立体空间。以手处于身体正中线考虑，直臂作业区域主要受到肩关节转轴高度（可理解为上半身身长）和转轴到手心的距离（可理解为手臂长）的影响。

手臂运动在矢状面上形成的运动轨迹范围称为矢状面作业范围，主要影响因素为转轴到手心的距离，基本图形为以手臂长为半径的扇形。根据 GB/T 10000—2023 规定的人体第五百分位的人体坐姿抓握尺度，可得到矢状面的最大作业范围半径为：男性 669mm，女性 620mm。矢状面的手和脚最优作业范围如图 8.11 所示[27]。

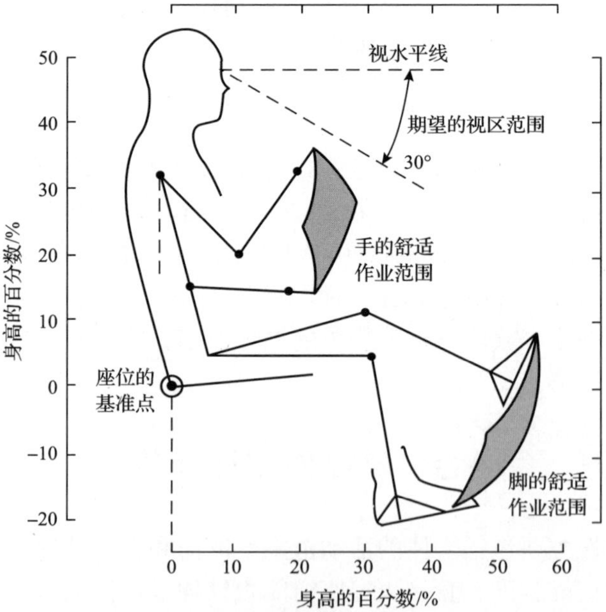

图 8.11 矢状面手和脚最优作业范围

手臂运动在水平面形成的运动轨迹范围称为水平面作业范围，分为正常作业范围和最大作业范围。正常作业范围指手臂自然弯曲情况下(手长的 3/5)，以肘关节为轴心在水平面上画出的圆弧范围；最大作业范围指手臂伸直情况下，以肘关节为轴心在水平面上画出的圆弧范围。而实际作业过程中肘关节也是移动的，因此推荐作业范围位于正常作业范围和最大作业范围之间，如图 8.12 所示。

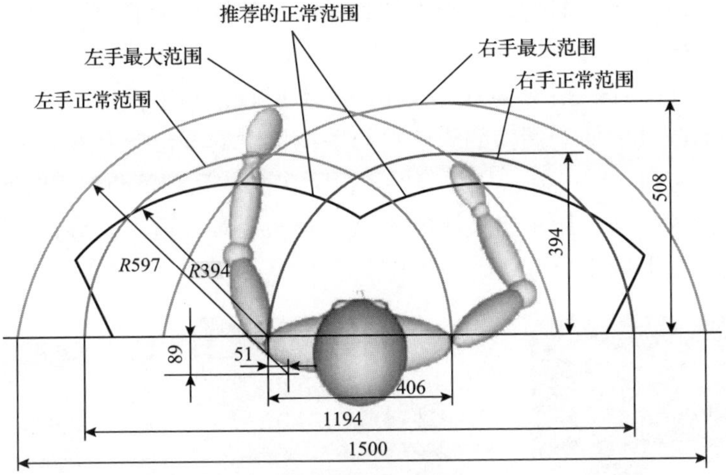

图 8.12　水平面作业范围(单位：mm)

结合矢状面和水平面的结果，可以得到手的空间作业范围，如图 8.13 所示[27]。

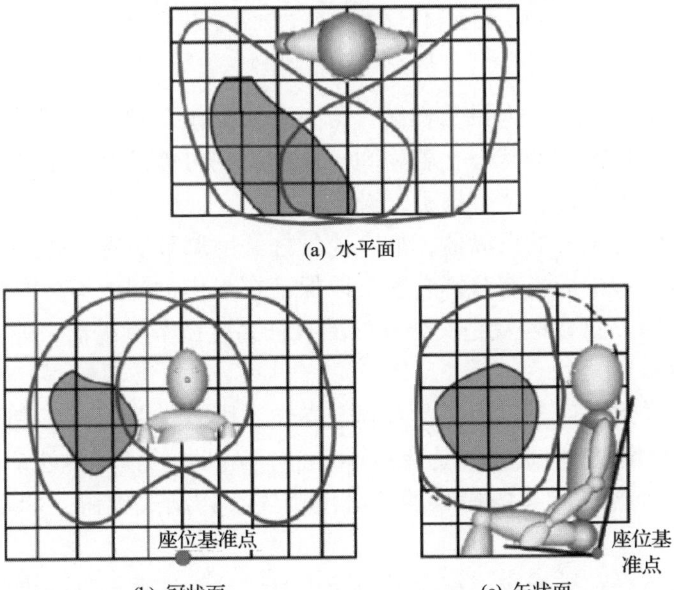

图 8.13　手的空间作业范围(每格表示 152mm)

实线圆弧表示正常作业范围，虚线圆弧表示最大作业范围，灰底表示右手的最优作业范围。

8.3.2 兼容性评价

办公座椅存在很多操纵器用来调节座椅各部位的位置，操纵器的形状与其功能的逻辑联系以及操纵器的动作和人的意图的一致性称为兼容性。操纵器的设置可以遵循以下原则进行。

操纵器的样式(图 8.14)要符合人体的基本形状，与手接触的部位应为球形、圆柱形、环形或其他便于握持的形状；与手指接触的部位应有合适手指形状的波纹，横截面应为圆形或椭圆形，并确保表面无尖角、毛刺等凸起，保证用力方便、握持牢靠、操纵舒适；用手指按压的操纵器表面要有合适手指形状的凹陷轮廓，水平截面应为圆形或矩形。

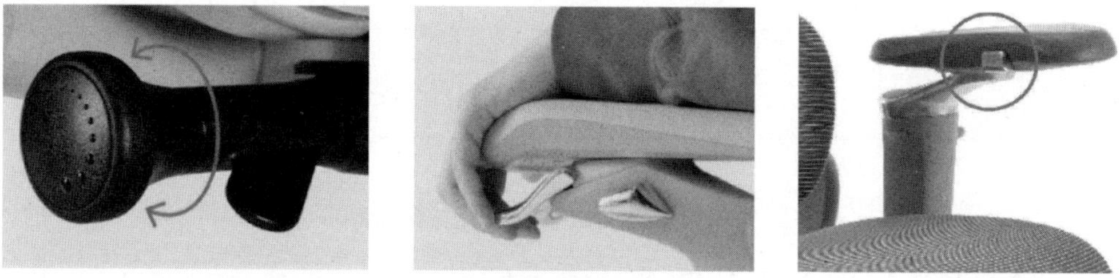

(a) 旋转式操纵器　(b) 手指拨动式操纵器　(c) 按压操纵器

图 8.14　不同操纵器基本形状

图片来源：uechairs.cn

操纵器的阻尼要符合人机工程学。若为直接操作，则阻尼要调整至不容易误操作且可单手轻松操作的状态；若为间接操作，则可借助座椅本身结构，例如，调整扶手时可以用手握住整个扶手来操作。

有定位或保险装置的操纵器，如座椅气杆高度调节装置，终点必须有自动限位装置，调节过程中应当有自锁装置，以保证在工作过程中不会因意外误触或振动而产生误动作。图 8.15 就是一个良好的气杆高度调节操纵器，处在座面底端，方便调节且不容易误触。

操纵器的样式要便于应用，要有利于操作者用力。例如，某些阻尼较大的旋钮，周围要做粗糙处理，光滑的边缘就不合适；操纵器的使用方法应当尽量简化，例如，仅有两个操作状态的操纵器不必使用连续转动式旋钮，如座椅高度调节装置。

操纵器的布局和排列应当符合人的操作习惯，并遵循合理的操作逻辑。以座椅扶手高度调节为例，使用向上拨动的操纵器要明显好于左右拨动的操纵器，因为向上拨动符合扶手高度变化的方向，且左右扶手高度调节操纵器的使用要保持一致，操纵器位置应为手握扶手能够方便接触到的位置，这样便于调节。

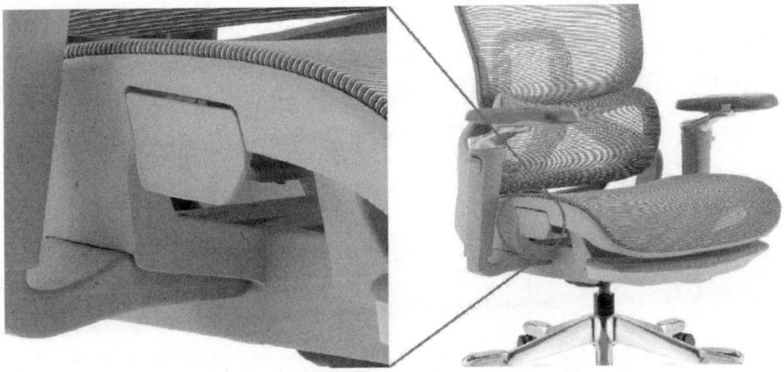

图 8.15　气杆调节装置

图片来源：uechairs.cn

8.3.3　适配性评价

座椅适配性评价包括结构适配性评价和功能适配性评价。

结构适配性指座椅结构和人体结构的适配程度。正常成年人人体各部分尺寸存在一定关系，座椅设计和评价过程中需要着重考虑座椅和人体结构的适配程度。QB/T 2280—2016 对座椅结构有一定的规定，其中座高≥380mm，升降行程≥60mm，可理解为小腿的长度范围；坐深在 340～540mm，可以理解为大腿的长度范围；坐宽≥360mm，扶手内宽≥440mm，可分别理解为臀宽和肩宽；扶手高在 160～250mm，为坐姿肘高的距离；背高≥275mm，需要完整支撑腰部。以上范围涉及的是最小功能尺寸，实际评价过程中还需考虑功能修正量，例如，座高易受到鞋底厚度的影响，坐宽和坐深在不同衣物厚度下的范围有所差异，扶手高则受制于使用者在椅子上的姿势。为了克服“空间压抑感”等心理感受，在座椅最佳功能尺寸评价过程中还应当增加心理修正量，往往通过受试者主观评价表的评分结果进行统计。除了人体尺寸外还应考虑人体结构，例如，为了避免坐骨受到的压力过大，坐垫设计应当遵循臀部不同部位承受不同压力的原则来进行；脊柱存在生理弯曲，为了能够形成正常的腰曲弧线，椅背与坐垫之间必须有大于 90°的夹角，且在腰部有所支撑。

功能适配性指座椅的功能和人体结构的适配程度。办公座椅具备旋转、移动等功能，免去了传统座椅移动困难的问题。旋转所需要的力不应该使底座有任何移动，且旋转的中心点应当位于人体正常坐姿重心在座面上的投影点。为了保证座椅移动的便捷性，最小功能尺寸中座高设定应当考虑小于小腿长度，否则会造成座椅移动的困难。

除了最基本的坐姿功能外，部分座椅具有躺仰卧、腿托等功能，可满足不同姿势下的办公、休息功能。

例如，图 8.16 所示的仰卧休息姿势，需要座椅靠背具有倾倒功能，且腿托具有足够的支撑力。UE Flow 360 座椅就具备类似功能(图 8.17)。相对于标准坐姿，休息姿势下座椅扶手需要具有前后移动(沿矢状轴)的功能以保证肘部在休息过程中的舒适性。

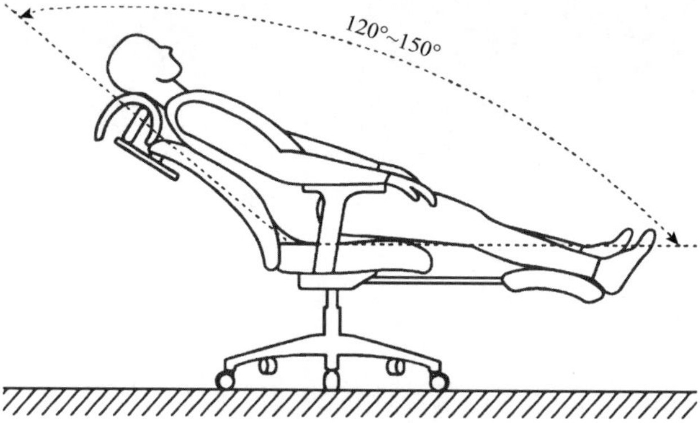

图 8.16　俯仰休息姿势

图片来源：uechairs.cn

图 8.17　UE Flow360 座椅

图片来源：uechairs.cn

为了保证座椅能够在标准姿势和休息姿势下随意调节，座椅靠背需要具有坐起辅助功能，使用者坐起时仅依靠腹部发力即可起身，无须借助外力。经过实际测试，坐起过程中腹直肌 sEMG 信号幅值始终小于 110μV，整个过程几乎无须借助外力，且可以在任意位置悬停，领先于同行业其他产品。

8.4　座椅安全性评价

座椅安全性能够直接影响使用者的人身安全，因此各个国家对于座椅的安全性有强制要求。本章主要参考 GB/T 29525—2013《座椅升降气弹簧 技术条件》、GB/T 35607—2024《绿色产品评价 家具》、ANSI BIFMA X5.1-2017《一般用途办公椅试验》、EN 16955:2017《家具五金-用于调节座椅高度的自支撑空气弹簧的锥形压力管办公座椅安全性要求-强度和耐用性的测试方法和要求》、EN 1335-2:2018《办公家具-办公椅-第 2 部分：安全性要求》、JIS S 1203:1998《家具-椅子和凳子-强度和耐久性的测试方法》和 JIS S 1204:1998《家具-椅子和凳子-稳定性的测试方法》等标准进行描述，其中包含了中华人民共和国国家标准(GB/T)、美国标准(ANSI BIFMA)、欧洲标准(EN)和日本标准(JIS)，均为目前主流产品上市前需要经过的测试标准。ANSI BIFMA 是办公家具行业最标准、最严格、最完善的评价标准，有针对办公座椅(X5.1)、卧式文件柜(X5.2)、立式文件柜(X5.3)、休息室座椅(X5.4)和桌子系统(X5.5)制定的稳定性、强度和疲劳性等性能标准，赢得了广泛的认可。其余标准也分别是各自国家或地区最严格流行的标准。

下面分别从气杆安全性、座椅稳定性、座椅伤害性和座椅环保性四个方面进行评价。

8.4.1　气杆安全性评价

气杆，又称气弹簧(gas spring)，是由一个密闭缸筒和可以在缸筒内滑动的活塞及活塞杆组件组成的以氮气或其他惰性气体为储能介质的弹性元件。座椅气杆又称座椅升降气弹簧，是用于座椅高度调节并可在运动行程内任意位置锁定或开启的气弹簧，位于座面和底座之间，如图 8.18 所示。

为了能够支撑人体重量，并保证能够在运动行程内任意位置锁定或开启，座椅气杆内存储了大量的能量，通常座椅气杆内最大压强可达 0.5～1.5MPa。如果气弹簧的强度不够极易发生爆炸，其中的活塞杆在爆炸过程中甚至能直接穿过人体，造成无法估量的损失。

GB/T 29525—2013 规定了座椅升降气弹簧的相关力学参数。将锁定在任意位置的气弹簧经轴向载荷 550N 冲击 1×10^5 次后，力学特性不变。气弹簧经轴向载荷

1300N 冲击一次后，力学特性不变。气弹簧在 1000N 载荷下经 1.2×10^5 次旋转试验后，力学特性不变。

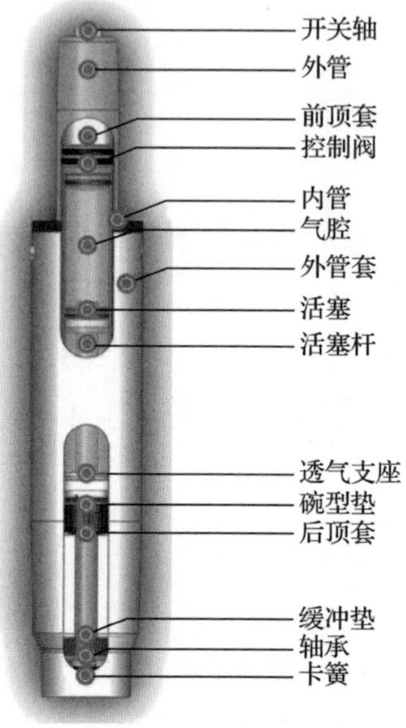

(a) 气杆组成部分

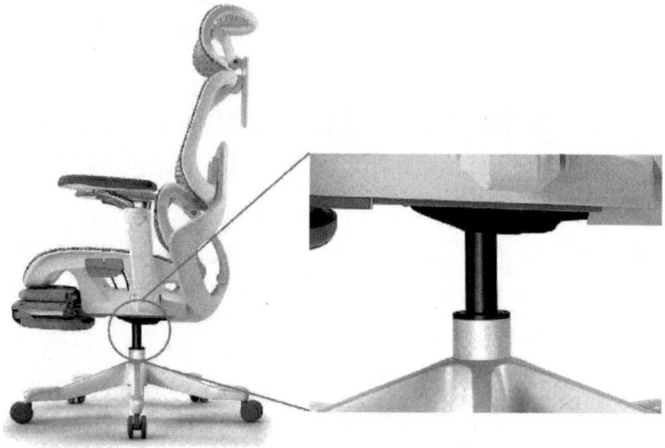

(b) 实际位置

图 8.18 座椅气杆

图片来源：uechairs.cn

EN 16955:2017 针对气杆的强度等级进行了区分，以交变弯矩和座椅承重结构与立柱中心之间的最大距离作为主要划分指标，其中 4 级为强度最高等级，具体数值和强度等级可参考表 8.9。目前市面主流人体工学座椅气杆均可达到 4 级标准。

表 8.9 气杆强度等级分类

强度等级	交变弯矩 M/(N·m)	座椅承重结构与立柱中心之间的最大距离 u/mm
2	±190	≤340
3	±210	≤370
4	±240	≤400

8.4.2 座椅稳定性评价

物体的稳定程度主要受重心和支撑面影响(图 8.19)。

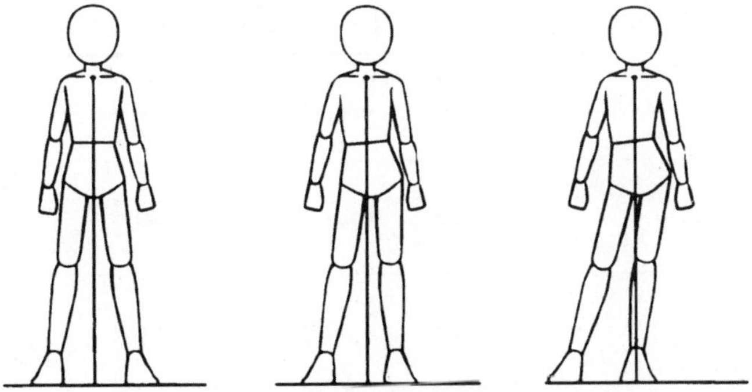

图 8.19 重心和支撑面的关系

重心是指地球对物体中每一微小部分引力的合力作用点。重心分布是影响座椅稳定性的一个重要因素。座椅重心分布应保持在底座范围内，特别是具有可移动功能的办公座椅，更应注重重心的设计，以在不同调节位置都能保持稳定。

支撑面是由支撑点组成的平面，是最外侧的支撑点连线围成的平面。座椅的底座应有足够的接触面积，以增大摩擦力和抗倾倒能力。目前办公座椅的底座多采用五星脚和脚轮的底座配置，相对于四星脚能够增加 20%的底座面积，而相对于六星脚能够降低绊倒使用者的风险。

不同国家或地区针对座椅稳定性有不同的规定，主要可分为前倾测试、后倒测试和侧倾测试。测试前会首先放置挡块来固定测试座椅，随后在座面正上方施加垂直负荷(F_1)，并向测试方向施加拉力(F_2)，观察是否倾倒，如图 8.20 所示，具体参数可参考表 8.10。

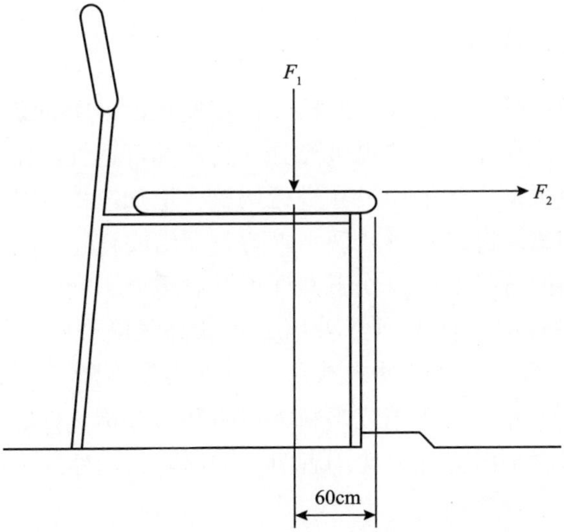

图 8.20 座椅稳定性测试方法(前倾，图片来源：QB/T 2280—2016)

表 8.10　稳定性测试具体参数　　（单位：N）

标准	分类	前倾测试		后倒测试		侧倾测试	
		F_1	F_2	F_1	F_2	F_1	F_2
QB/T 2280—2016	无附加物	600	≥20	600	≥100	600	≥20
	有附加物					250+350	≥20
JIS S 1204:1998	无附加物	600	≥20	600	≥80	600	≥20
	有附加物					250+350	≥20
BIFMA X5.1	—	600	20	—	—	—	—
EN 1335-2:2018	无附加物	600	20	—	—	600	20
	有附加物	1100	20	—	—	250+350	20

图 8.21　后倒测试

EN 1335-2:2018 针对有无腿托在前倾测试中做了区分；QB/T 2280—2016、EN 1335-2:2018 和 JIS S 1204:1998 针对有无扶手在侧倾测试中做了区分，将 F_1 表示为 $A+B$，其中 A 为施加在椅面上的力，B 为垂直施加于扶手上的力；EN 1335-2:2018 和 BIFMA X5.1 在后倒测试中采用了图 8.21 的实验范式，要求座椅能够在承重 130kg（13 个 10kg 的负重片）情况下保持稳定。

8.4.3　座椅伤害性评价

座椅的结构设计是伤害性评价的核心。座椅在设计阶段必须符合人机工效学和坐姿生物力学，确保座椅能够提供充分的支撑和舒适性。座椅的高度、深度、宽度和靠背角度应根据人体平均尺寸进行调整，增加座椅的结构舒适度。此外，应对座椅的边缘和角落进行圆滑处理，以防止刮伤或磕碰。

座椅整体材料的选择对座椅伤害性评价具有重要影响。座椅所使用的材料必须具有良好的物理性能，框架通常采用金属或高强度塑料，需要经过严格的强度和韧性测试，以确保在受到冲击或压力时不会发生断裂或变形，座面、靠背等覆盖材料应使用如布艺、皮革或塑料等具有防滑和透气性能的材料，需要兼顾平滑和摩擦力，过度平滑会加大使用者滑落的风险，而摩擦力高则会造成使用者不舒适感增加。

座椅的耐久性是座椅伤害性评价的关键部分。长时间使用后的磨损和老化可能导致座椅性能下降，增加伤害风险。座椅的耐久性测试应当包括材料老化测试、磨损测试和疲劳测试等，以确保其在整个使用周期内都能保持良好的状态。座椅制造过程中应综合考虑材料的衰老周期，避免出现某一部件过快衰老的情况。

BIFMA X5.1 对座椅部分部件的耐久性有规定。对脚轮耐久性的测试方法为：在座面上放置 122kg 的重物，以每分钟 8～12 次的频率在至少 762mm 行程的有障碍物水平平台测试 2000 次，无障碍物水平平台（最好是钢铁表面）测试 98000 次，测试后脚轮应无损坏，测试后用 22N 的力沿着每个脚轮的中心线拉脚轮，脚轮不应脱落（图 8.22，此方法与 QB/T 2280—2016 一致，仅加载重量不同）。对椅背耐久性的测试方法为：在座面上方放置 240lb 的重物，调整载荷装置于椅背上并施加 75lb（锁定）或 100lb（不锁定）的载荷，保证每分钟 10～30 次循环。若椅背宽度小于等于 406mm，则需要完成 12 万次循环；若椅背宽度大于 406mm，则需完成 8 万次循环。要求完成耐久性试验后不出现椅背倾斜功能的损坏。对扶手耐久性的测试方法见图 8.23，需要保证每分钟 10～30 次循环，要求完成 6 万次循环后不出现扶手功能的损坏（此方法与 EN 1335-2:2018 一致，仅加载装置不同）。

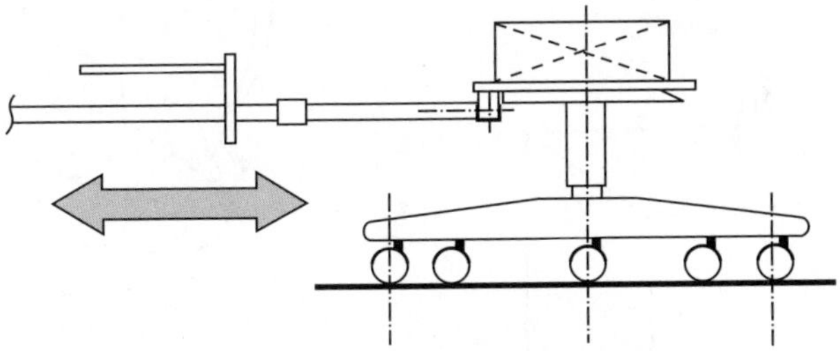

图 8.22 脚轮耐久性测试方法

GB/T 35607—2024 针对座椅椅背和扶手的耐久性做出了规定，要求在椅面受到 950N 压力的情况下，对椅背施加 330N 的水平压力并来回往复（每分钟不超过 40 次）至少 12 万次后不出现明显损坏方可达到标准（图 8.24）；扶手耐久性测试方法见图 8.24，需要来回往复至少 6 万次后不出现明显损坏方可达到标准。

EN 1335-2:2018 针对座椅的椅面和椅背耐久性测试更为严格，共分为五个步骤，每个步骤对应的负载施加点和循环次数都有所不同，具体如图 8.25 和表 8.11 所示，每一个循环过程需要在对应的负载点完成一次完全施加压力和释放的过程。相对于 GB/T 标准和 BIFMA 标准，EN 标准将椅背耐久性和椅面耐久性融入一个完整的测试条件，测试过程更加严格。

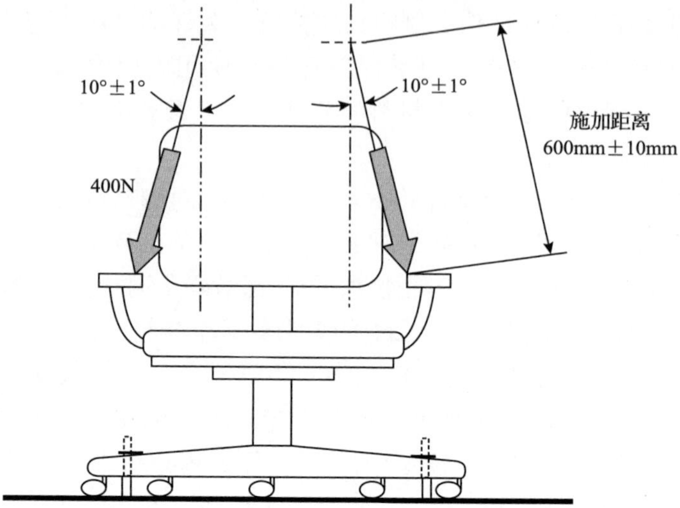

图 8.23　扶手强度测试方法

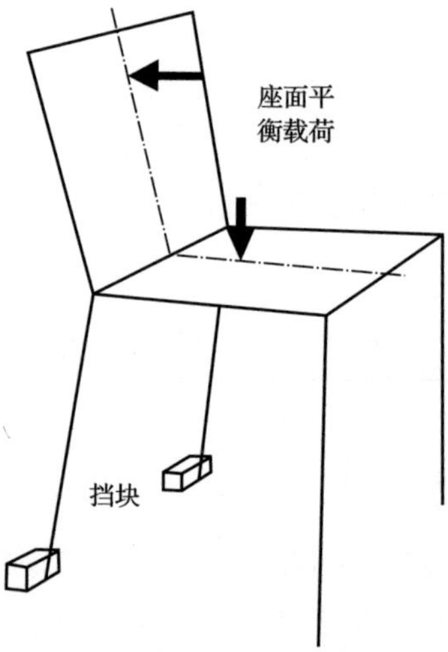

图 8.24　椅背耐久性测试方法

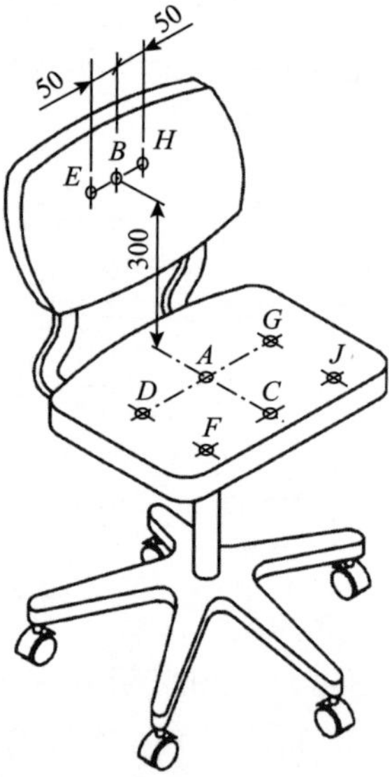

图 8.25　负载施加点(单位：mm)

表 8.11　椅背耐久性测试步骤及相关数据

步骤	负载施加点	力/N	循环次数/万次
1	A	1500	12
2	B	1200	8
	C	320	

续表

步骤	负载施加点	力/N	循环次数/万次
3	J	1200	2
	E	320	
4	F	1200	2
	H	320	
5	D	1100	2
	G		

JIS S 1203:1998 对座椅椅背耐久性测试方法为：在椅面受到 950N 的压力情况下，对椅背施加 330N 的水平压力并来回往复（每分钟不超过 40 次）至少 1.25 万次后不出现明显损坏方可达到标准。对座椅扶手耐久性测试方法共分两步，第一步给扶手施加水平向外 200N 的力并至少保持 10s，重复 10 次，扶手不应出现损坏；第二步给扶手施加垂直向下 300N 的力并至少保持 10s，重复 10 次，扶手不应出现损坏。JIS S 1203:1998 在座椅耐久性方面具备等级评价的能力，部分项目和指标可参考表 8.12。

表 8.12　耐久性等级区分

项目	物理量（单位）	等级区分				
		1	2	3	4	5
座面耐久性测试	循环数(次)	12500	25000	50000	100000	200000
椅背耐久性测试	循环数（次）	12500	25000	50000	100000	200000
扶手水平强度测试	力（N）	200	300	400	600	900
扶手垂直强度测试	力（N）	300	700	800	900	1000

此外，应该特别注意座椅各个部位的连接处和缝隙，尤其是在某些存在夹住手指等部位可能性的连接处，应注意避免儿童意外伸入手指而造成的意外。

目前在座椅伤害性评价方面并无针对性国家标准或行业标准，但每家座椅企业在设计和制造新产品时都会考虑到座椅的伤害问题。

8.4.4　座椅环保性评价

纵观座椅发展历史，座椅设计的材料应用变化丰富。从最早的石椅到后来的青铜椅、木椅，再到现在采用金属、塑料、皮革等多种材料的座椅。一张椅子往往需要由多种材料共同构成，以满足不同部位的功能需求。金属、牛皮和木材等材料便于回收，具有较好的环保性，而塑料和人造皮革不够环保。绿色家具指在全生命周期过程中，符合环保要求，对生态环境和人体健康无害或危害小、资源能源消耗少、品质高的家具产品。绿色家具一直是各大家具企业开发新产品时注重的目标。绿色家具的评价可通过以下方面进行。

(1)可持续材料的使用量。在生产过程中尽量使用能循环利用的材料，其中两项重要指标是循环材料重量(recyclable weight)和再生成分(recycle content)。前者指座椅中可有效回收材料占总重量的比例，后者指生产时使用的再生材料占总重量的比例。GB/T 35607—2024 要求标明家具中塑料和塑料包装的成分及比例，标明使用再生塑料材料的部件和含量。

(2)有害物质含量。座椅制造过程中所用的所有材料均需通过毒性检测。部分重金属，如镉、铬和汞，具有生物毒性。镉会对呼吸道产生刺激，长期暴露可能导致嗅觉丧失和牙龈黄斑等疾病。铬是硬度最大的金属，直接接触会导致皮肤溃疡，吸入铬则可能引起铬性鼻炎，甚至造成鼻中隔穿孔。GB/T 35607—2024 针对家具类产品有害金属物质的含量进行了规定，具体可参照表 8.13，主要是根据可迁移元素与酸、碱反应原理，模拟家具在日常使用情况下，家具表面涂饰层中的可迁移元素被使用者的汗液或小孩吮吸、啃咬时的唾液溶解后人体吸收的可迁移元素含量，且需要对每一种涂层都进行检测，具体检测过程可参考 GB 6675.4—2014 的规定。

表 8.13　家具类产品有害金属物质含量基准

项目	单位	基准值
铅 Pb	mg/kg	≤90
镉 Cd	mg/kg	≤50
铬 Cr	mg/kg	≤25
汞 Hg	mg/kg	≤25
锑 Sb	mg/kg	≤60
钡 Ba	mg/kg	≤1000
硒 Se	mg/kg	≤500
砷 As	mg/kg	≤25

QB/T 2280—2016 对办公椅的甲醛、总挥发性有机化合物(total volatile organic compounds，TVOC)释放量有对应的规定。办公椅甲醛释放量不应大于 0.120mg/(m^2·h)，具体检测方法为：将产品放入温度为(20±1)℃的环境中存放至少 24h，按 GB 18587—2001 进行收集，并按 GB 18587—2001 表 4 和 GB/T 18204.2—2014 中 7.1 部分进行分析，金属件和注塑件除外，其余部分可拆成部件放入 1m^3

气候箱，24h 后收集测定。放入部件的表面积用分度值为 1mm 的钢直尺或卷尺测量部件的外形尺寸计算所得；办公椅 TVOC 不应大于 0.5mg/(m^2·h)，具体检测方法为：将产品放入温度为(20±1)℃的环境中存放至少 24h，按 GB 18587—2001 进行收集，并按 GB 18587—2001 表 4 和 GB/T 18204.2—2014 附录 G 进行分析，金属件和注塑件除外，其余部分可拆成部件放入 1m^3 气候箱，24h 后收集测定。放入部件的表面积之和与 1m^3 比即为材料/舱负荷比。放入部件的表面积用分度值为 1mm 的钢直尺或卷尺测量部件的外形尺寸计算所得。表面积计算方法如下：测量座面的最大水平投影面积和座面最大高度，计算两者的乘积作为椅类家具的外形体积。其中椅背和扶手的体积忽略不计。

(3) 可降解材料等创新材料使用量。例如，著名的亚麻座椅(图 8.26)设计师将亚麻与天然羊毛及强力的生物塑料纤维结合，通过热压工艺制成几乎不产生废料的高可塑性新型材料。在热压过程中，这种材料可以形成任何想要的形状，且生产过程中的颜色可以自由修改。

图 8.26　亚麻座椅

图片来源：dezeen.com

8.5　本 章 小 结

座椅功能评价是座椅设计原理验证和产品性能评价的重要组成部分，特指对座椅各类功能通过主观和客观测量方法进行量化检测与评价，主要包括座椅舒适性评价、坐姿肌肉疲劳评价、座椅使用性评价和座椅安全性评价等。针对座椅舒适性评价，本章重点介绍了主观舒适性量表、舒适性问卷，以及压力分布模式、身体局部适宜温度和人椅适配程度等客观检测与评价方法；针对坐姿肌肉疲劳评价，重点介绍了主观疲劳感受评价量表，以及最大肌肉收缩力评价、表面肌电信号分析和部分血液指标分析等客观检测与评价方法；针对座椅使用性评价，重点介绍了可达性评价、兼容性评价和适配性评价等；针对座椅安全性评价，介绍了气杆安全性评价、座椅稳定性评价、座椅伤害性评价和座椅环保性评价等内容。

目前，人体工学办公座椅功能评价随着数字智能技术的发展和座椅坐姿健康内涵式发展理念的普及发展，在座椅生物力学检测技术方面更加注重智能化检测系统的构建与发展，如集成压力、温度、湿度、运动等多模态传感器以实时监测不同坐姿和使用状态下的坐姿生物力学变化，使用高级的虚拟人体模型(如有限元模型)来预测在不同情况下人体对座椅使用力学参数的影响，通过生物力学模型评估座椅设计的科学原理；在坐姿健康监测技术方面更加关注坐姿肌肉活动、坐姿肌肉血流、坐姿肌肉疲劳和久坐运动监测等在体、非损伤和非接触生理检测技术的发展，利用智能坐垫检测坐姿变化和提供姿势调整提示，以及利用运动捕获系统记录和分析坐姿和体态的变化，帮助了解长期坐姿对健康的影响。此外，充分运用数据分析和人工智能技术分析识别影响座椅舒适性的关键因素，结合 CAD 软件和人体工学数据库进行舒适性预测，使用先进的生物力学模型来模拟不同坐姿对坐姿人体结构和功能的影响，通过虚拟现实技术模拟座椅使用场景，优化座椅设计；基于用户的身体特征和使用习惯，提供个性化的调整建议或座椅推荐；在实际座椅上叠加虚拟的调整指南，帮助设计师优化座椅设计方案；运用多轴运动平台，模拟不同坐姿和运动状态下的座椅性能，检测其在动态条件下的舒适性和稳定性等。

参 考 文 献

[1] de Looze M P, Kuijt-Evers L F M, van Dieën J. Sitting comfort and discomfort and the relationships with objective measures[J]. Ergonomics, 2003, 46(10): 985-997.

[2] Shackel B, Chidsey K D, Shipley P. The assessment of chair comfort[J]. Ergonomics, 1969, 12(2): 269-306.

[3] Akgunduz A, Rakheja S, Tarczay A. Distributed occupant-seat interactions as an objective measure of seating comfort[J]. International Journal of Vehicle Design, 2014, 65(4): 293-313.

[4] Corlett E N, Bishop R P. A technique for assessing postural discomfort[J]. Ergonomics, 1976, 19(2): 175-182.

[5] Kolich M. Reliability and validity of an automobile seat comfort survey: 1999-01-3232[R]. Warrendale: SAE International, 1999.

[6] Delgado D A, Lambert B S, Boutris N, et al. Validation of digital visual analog scale pain scoring with a traditional paper-based visual analog scale in adults[J]. Journal of the American Academy of Orthopaedic Surgeons Global Research & Reviews, 2018, 2(3): e088.

[7] Horiuchi M, Takiguchi C, Kirihara Y, et al. Impact of wearing graduated compression stockings on psychological and physiological responses during prolonged sitting[J]. International Journal of Environmental Research and Public Health, 2018, 15(8): 1710.

[8] Jia B C, Nussbaum M A. Influences of continuous sitting and psychosocial stress on low back kinematics, kinetics, discomfort, and localized muscle fatigue during unsupported sitting activities[J]. Ergonomics, 2018, 61(12): 1671-1684.

[9] Smith D R, Andrews D M, Wawrow P T. Development and evaluation of the automotive seating discomfort questionnaire(ASDQ)[J]. International Journal of Industrial Ergonomics, 2006,

36(2): 141-149.

[10] Yang Z L, Sun S Q, Chen G D. Evaluating sitting comfort with questionnaire and body pressure distribution: Overview and design[C]. 10th International Conference on Computer-Aided Industrial Design & Conceptual Design, Wenzhou, 2009: 1443-1447.

[11] Zacharkow D. Posture: Sitting, Standing, Chair Design, and Exercise[M]. New York: Thomas Books, 1988.

[12] Kolich M, Taboun S M. Ergonomics modelling and evaluation of automobile seat comfort[J]. Ergonomics, 2004, 47(8): 841-863.

[13] Fanger P O. Assessment of man's thermal comfort in practice[J]. British Journal of Industrial Medicine, 1973, 30(4): 313-324.

[14] Zhao Q, Lian Z, Lai D. Thermal comfort models and their developments: A review[J]. Energy and Built Environment, 2021, 2(1): 21-33.

[15] 董文彬. 汽车半导体制冷温控座椅热舒适性研究[D]. 武汉: 武汉理工大学, 2019.

[16] Mishra S S, Gaba V K, Netam N. Effect of air velocity and relative humidity on passengers' thermal comfort in naturally ventilated railway coach in hot-dry Indian climate[J]. Building and Environment, 2024, 254: 111421.

[17] Aaronson L S, Teel C S, Cassmeyer V, et al. Defining and measuring fatigue[J]. Image: The Journal of Nursing Scholarship, 1999, 31(1): 45-50.

[18] Mollicone D, Kan K, Mott C, et al. Predicting performance and safety based on driver fatigue[J]. Accident Analysis & Prevention, 2019, 126: 142-145.

[19] Ringheim I, Indahl A, Roeleveld K. Reduced muscle activity variability in lumbar extensor muscles during sustained sitting in individuals with chronic low back pain[J]. PLoS One, 2019, 14(3): e0213778.

[20] Borg G. Perceived exertion as an indicator of somatic stress[J]. Scandinavian Journal of Rehabilitation Medicine, 1970, 2(2): 92-98.

[21] Ringheim I, Indahl A, Roeleveld K. Alternating activation is related to fatigue in lumbar muscles during sustained sitting[J]. Journal of Electromyography and Kinesiology, 2014, 24(3): 380-386.

[22] Lantoine P, Lecocq M, Bougard C, et al. Influence of car seat firmness on seat pressure profiles and perceived discomfort during prolonged simulated driving[J]. Applied Ergonomics, 2022, 100: 103666.

[23] Ding Y, Cao Y Q, Duffy V G, et al. It is time to have rest: How do break types affect muscular activity and perceived discomfort during prolonged sitting work[J]. Safety and Health at Work, 2020, 11(2): 207-214.

[24] Finsterer J, Mahjoub S Z. Fatigue in healthy and diseased individuals[J]. American Journal of

Hospice & Palliative Medicine, 2014, 31(5): 562-575.

[25] McLean L, Scott R N, Rickards J. Measurement of muscle fatigue in the cervical and lumbar regions during prolonged sitting[C]. Proceedings of the 19th Annual International Conference of the IEEE Engineering in Medicine and Biology Society, Chicago, 1997: 1659-1662.

[26] Thorfinn J, Sjöberg F, Lidman D. Sitting can cause ischaemia in the subcutaneous tissue of the buttocks, which implicates multilayer tissue damage in the development of pressure ulcers[J]. Scandinavian Journal of Plastic and Reconstructive Surgery and Hand Surgery, 2009, 43(2): 82-89.

[27] 周一鸣, 毛恩荣. 车辆人机工程学[M]. 北京: 北京理工大学出版社, 1999.

第 9 章　人体工学办公座椅设计经典案例分析

在追求高效工作与健康生活的当下，人体工学办公座椅凭借卓越的舒适度和健康效益，已成为现代办公环境中不可或缺的一部分。本章将深入剖析人体工学办公座椅、动态人体工学办公座椅和其他办公座椅这三大类别中的经典案例，揭示不同品牌和产品在结构、材料、设计、舒适性等方面的独特之处。

通过对经典案例的解读，不仅可为人体工学办公座椅厂商提供行业洞察，也可为设计师们点亮新的设计思路。此外，消费者也能从中获得宝贵信息，帮助其根据自身需求选择最适合的人体工学办公座椅。

9.1　人体工学办公座椅

人体工学办公座椅不仅可“坐”，还需让人“坐得舒服”。其设计需遵循人体工学原理，确保用户的腰、背、颈椎等多方面得到充分支撑；同时扶手等组件还可灵活调节，满足不同用户的体型和使用习惯。为了帮助用户保持正确坐姿、预防健康问题，人体工学办公座椅在材料、结构、外观等方面均需精心考量，为用户提供舒适体验。

本节从结构、材料、设计、舒适性等角度切入，深入剖析 Herman Miller、Steelcase、Humanscale、Haworth、Vitra、Okamura、Wilkhahn、Interstuhl 和永艺这九家国内外知名的人体工学办公座椅公司的 22 款经典之作，如图 9.1 所示，以便更全面地了解这些产品的独特优势。

9.1.1　Herman Miller 办公座椅

Herman Miller 公司创立于 1905 年，是全球办公家具行业的三大巨头之一。该公司凭借独树一帜的创新设计、卓越的品质，以及对人体工学的深入洞察，在行业内树立了标杆地位。

以 20 年为时间节点，选择 Herman Miller 公司三款最具标志性的经典人体工学椅进行深入分析，如图 9.2 所示，分别是 Ergon 椅、Aeron 椅和 Embody 椅。这三款椅子不仅代表了该公司在人体工学办公座椅领域的持续创新，也展示了他们对人体工学的执着追求。

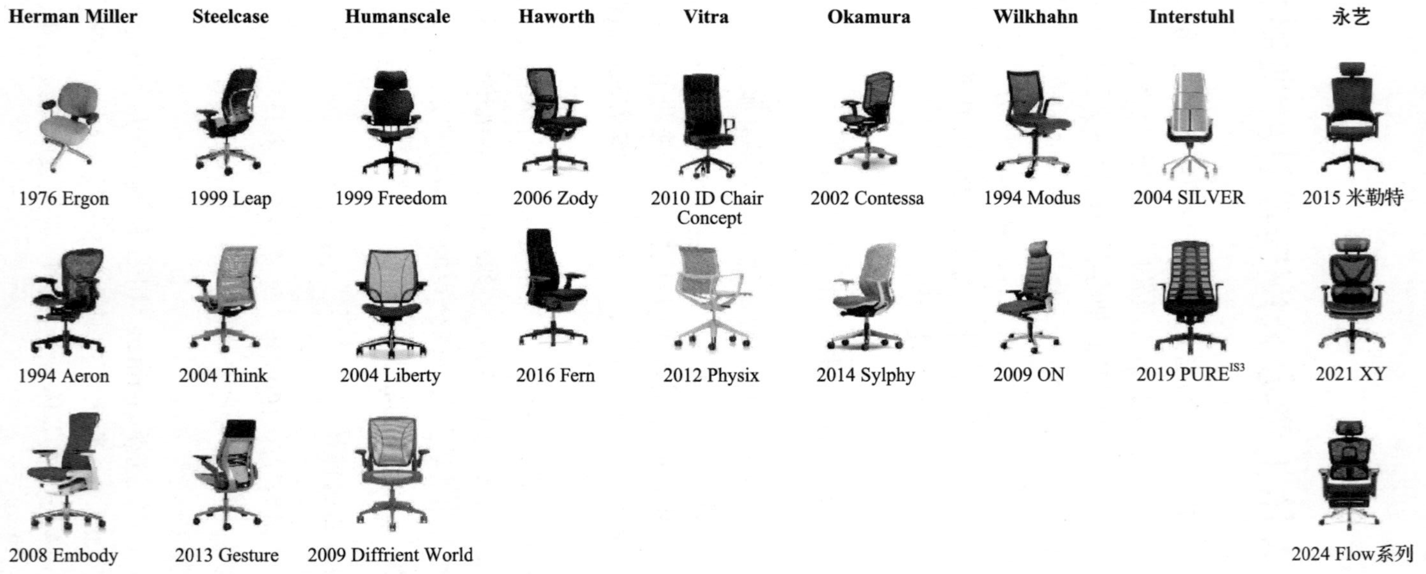

图 9.1　所选经典品牌与产品可视化展示

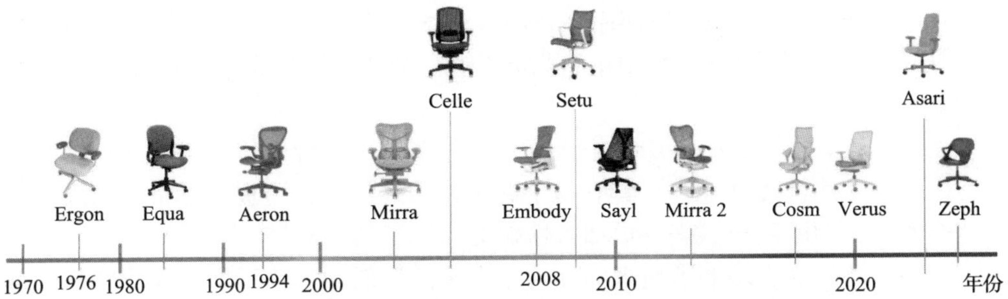

图 9.2 Herman Miller 人体工学办公座椅产品时间轴

1. Ergon 椅

20 世纪 90 年代末到 21 世纪初，互联网行业在美国掀起了一股发展热潮。大量初创公司和科技企业迅猛崛起，带动了巨大的办公空间需求。在这样的背景下，Herman Miller 公司委托美国著名设计师 Bill Stumpf 与医学专家合作，于 1976 年推出了 Ergon 这款具有划时代意义的办公椅。

这款椅子是人体工学办公椅的先驱之一，旨在解决长时间坐姿工作可能带来的健康问题。Bill Stumpf 将人体工程学原理应用到办公椅的设计中，使 Ergon 椅符合人体曲线，具有良好的透气散热性，并有多种可调功能，帮助用户在工作中保持正确的姿势，减轻背部压力。图 9.3 为 Ergon 椅的产品展示。

图 9.3 Ergon 椅

图片来源：hermanmiller.com

在舒适性构成上，Ergon 椅基于生理学原理，能减少长时间坐姿带来的肌肉疲劳和不适；靠背采用人体工学曲线设计，减轻背部压力；椅背还配备了锁定功能，使其能够贴合使用者的自然动作。

在技术构成上，Ergon 椅具有稳定的五星脚和脚轮设计，并且采用了气动升降(pneumatic lift)机制，允许用户通过简单的上下拉动控制杆来调节座椅高度。

在材料选择上，Ergon 椅使用织物覆盖泡沫组成靠背与座面，使用优质皮革包裹扶手。椅子的主体部分采用高强度的铝合金制造，确保座椅的稳定性和可靠性。

在整体设计上，Ergon 椅线条流畅、颜色多样，符合现代审美观念；同时，也考虑到了实用性和功能性，具有易于调节使用的特点；还提供了不同的尺寸，以适应不同体型的用户，提供更加人性化的人体工程学支持。

Ergon 椅的推出影响了后来的办公座椅设计，成为人体工学办公椅发展的重要里程碑之一。

2. Aeron 椅

1994 年，Herman Miller 公司的设计师 Bill Stumpf 和 Don Chadwick 合作，为长期久坐的人打造一款透气舒适的椅子，目标是超越 Herman Miller 以往所有成就，Aeron 椅由此诞生了。Aeron 椅在人体工学、材料运用和结构设计等多个领域均取得了划时代的突破，被誉为 20 世纪 90 年代最具革命性的椅子设计之一，并作为永久展品陈列在纽约现代艺术博物馆。图 9.4 为 Aeron 椅的产品展示。

图 9.4　Aeron 椅

图片来源：hermanmiller.com

Aeron 椅的创新之处首先在于采用了骶骨支撑系统（PostureFit SL），其独特的腰部支撑垫可固定骨盆和腰部区域，模拟骨盆稍微前倾的姿势，为骶骨和腰部提供支撑；同时，背后的 Y 字形支撑，不仅可以调整高低，还可小幅度地调整前后位置，为脊柱底部的骶骨区域给予支撑，如图 9.5 所示。

Aeron 椅在底盘设计上采用了四点联动倾斜机制，这赋予了 Aeron 椅独特的倾斜机制，使座椅能够沿多个方向自然倾斜，更好地适应使用者的动作变化。底盘采用了优质弹簧阻尼，可根据使用者的体重进行自动调节以提供恰当的阻尼力度。图 9.6 为 Aeron 椅的四点联动倾斜机制。

图 9.5　Aeron 椅腰部支撑

图片来源：hermanmiller.com

图 9.6　Aeron 椅四点联动倾斜机制

图片来源：hermanmiller.com

Aeron 椅打破了传统海绵填充材质的限制，使用一种称为悬浮粒子承托网布(Pellicle)作为靠背和坐垫的材料，这种材质具有出色的透气性和柔软性。8Z Pellicle 的弹性体悬架支撑结构将座椅和靠背分为八个不同的区域，提供从肩部到腰部、从大腿到小腿的分区支撑，每个区域的张力不同，适应不同部位的支撑需求。

Aeron 椅的扶手、坐垫边缘采用定型海绵作为填充材料，以更好地支撑并减轻压力。在最新的版本中，Aeron 椅的椅身加入了海洋塑料，彰显了 Herman Miller 公司的环保理念。

Aeron 椅的整体造型设计简约优雅，同时具有前卫的科技感。为了匹配不同体型身材的用户，Aeron 椅提供了大、中、小三种尺寸。另外，还配备了四种颜色、两种凳高，确保每个人都能找到最适合自己的椅子。

在调节操作上，Aeron 椅能通过旋钮进行调节，相比拨杆调节更加精确。另外，Aeron 椅提供了多达 8 项可调节功能，包括座椅高度、座椅角度、座椅深度等，远超一般椅子的调节选项。

3. Embody 椅

随着科技的飞速发展，人们逐渐意识到人与科技之间缺乏实质的和谐。人的身体天生需要活动，可人们长时间沉浸于电子设备中，手指以外的身体部位得不到足够的运动，从而导致身体疲惫。为了应对这一挑战，设计师 Bill Stumpf 与 Jeff Weber 集合了超过 20 位生物学家、工程师等专家的智慧，历经十年的潜心研发，最终于 2008 年推出了 Embody 这款座椅，如图 9.7 所示。

图 9.7　Embody 椅

图片来源：hermanmiller.com

Embody 椅是一款在压力分布、自然姿态和健康运动支撑等方面都堪称标杆的人体工学椅。它的靠背设计与人体背部相似，并且独特的背部自适应调节系统(Backfit)能让用户调整椅背与脊柱自然曲线的吻合度。当椅子调节至适合用户的体型时，椅背就能自动调整以配合不断变化的坐姿。除此之外，动态的点阵式支撑(pixelated support)系统让 Embody 椅能够自动贴合用户的身体细微动作，如图 9.8 所示。这不仅减少了身体压力，还鼓励用户进行身体活动，帮助其维持健康的血液循环。坐垫部分运用的 PostureFit 技术可以帮助使用者的骨盆保持适度的前倾，从而带动脊椎形成良好曲线。

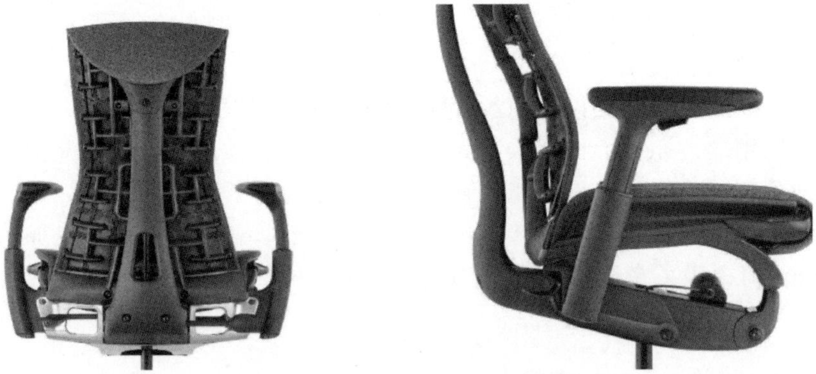

图 9.8　Embody 椅的独特结构设计

图片来源：hermanmiller.com

Embody 椅的坐垫由四层支撑层组成，每一层都由不同材料用不同工艺制成，如图 9.9 所示。坐垫的支撑层具有延展柔韧度，可以高精度地包裹臀部曲线。坐垫的支撑结构让底部空气得以流通，具有良好的空气流通性和散热性。Embody 椅使用了大量的可回收材料代替了金属与橡胶皮革，为环保助力。

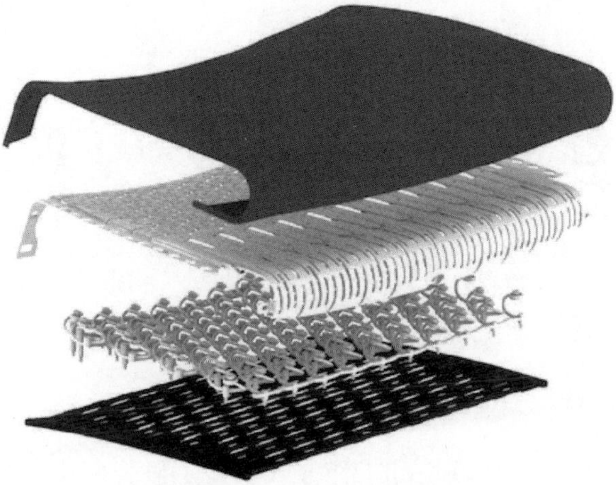

图 9.9 Embody 椅坐垫材料
图片来源：hermanmiller.com

在整体设计上，Embody 椅的外观设计富有现代感，背部的“脊椎造型”充满未来科技感，让结构与功能得到充分展示，是技术美学的极致诠释。Embody 椅具有多个调节功能，包括座椅高度、靠背角度、扶手、座椅深度、BackFit 调整等，旋钮的调节方式增加了便利度与精细度。

总体而言，Herman Miller 公司的 Ergon、Aeron、Embody 三款人体工学椅代表了该公司在人体工学领域的卓越成就。其中，Ergon 椅为后续的人体工学椅设计奠定了基础；Aeron 椅凭借其先进的人体工学设计和可调性成为市场上的热门选择；Embody 椅则以其独特的设计理念和舒适的坐感赢得了用户的青睐。但这三款经典作品都未配备头枕，因为 Herman Miller 公司的设计师认为，当用户以正确的坐姿坐在椅子上时，其脊柱与颈部将自然地保持在一条直线上，从而无需额外的头枕提供支撑。这一设计选择对习惯在办公椅上午休的用户来说需要做些取舍。

9.1.2 Steelcase 办公座椅

Steelcase 公司成立于 1912 年，最初专注于生产钢制办公桌和文件柜等产品，于 20 世纪 50 年代开始转型，进入人体工学办公椅和办公空间规划等领域。Steelcase 公司旗下有众多办公椅系列表现优异，如高端人体工学办公椅产品线的 Think、Leap、Gesture、SILQ，以及针对中低端市场的 Series 1 和 Series 2 等系列。

本节选择了三个不同时期所推出的三款经典产品进行介绍，分别是 Leap、Think、Gesture，如图 9.10 所示。这三款产品各具特色，通过对它们进行深入分析，可以了解 Steelcase 公司在不同阶段对办公椅设计的创新和对用户需求的深入理解。

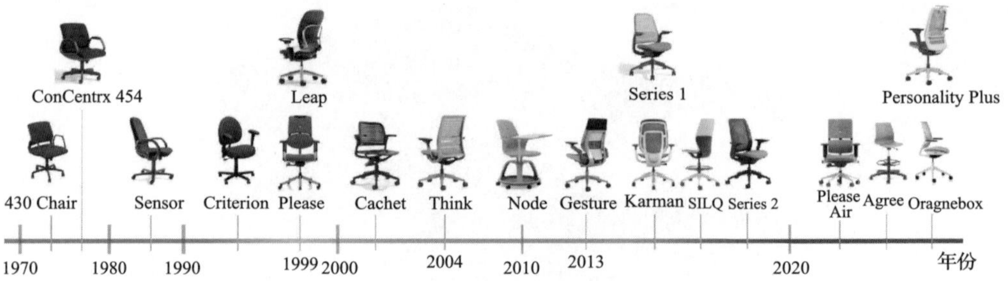

图 9.10 Steelcase 人体工学办公座椅产品时间轴

1. Leap 椅

20 世纪末，人们的工作环境和工作方式发生了显著变化，更多的工作需要员工长时间坐在计算机前。Steelcase 公司通过科学研究和用户测试发现，人体背部的自然运动需要能够动态响应的椅子。基于此，开发了 LiveBack 动态椅背支撑技术，允许椅背根据用户的背部形状和运动进行自动调整。

Steelcase 公司在一项健康与生产力的研究中发现，办公群体在使用 Leap 椅一年后，生产力提高了17.8%。Leap 椅的高度可调性和运动自由度，使其成为 Steelcase 公司众多人体工学办公座椅中一款具有里程碑意义的产品。图 9.11 为 Leap 椅的产品展示。

图 9.11 Leap 椅

图片来源：steelcase.com

Leap 椅是 Steelcase 公司第一款采用 LiveBack 动态椅背支撑技术的人体工学办公座椅，其独特的背部设计能随时跟随脊柱变化，全面支撑用户的整个脊柱。这大大降低了腰部下垂和驼背的风险，从而减少了椎间盘壁的弱化、背部韧带的压力和脊柱退化的可能性。背部倾斜具有四个倾斜角度的固定设置以及直立的背部锁定功能，确保用户能根据个人需求进行精准调整。

在腰部支撑上，Steelcase 公司发现下背部需要稳固、持续的支撑，而上背部在躺下时需要更多的支撑。因此，Leap 椅提供可调的腰部支撑以及背部下方的硬度调节器，如图 9.12 所示。上背部允许用户在倾斜时自由设定所需的后推力；下背部硬度控制可让用户调整背部下方的支撑力度，以保持下背部的自然曲线。

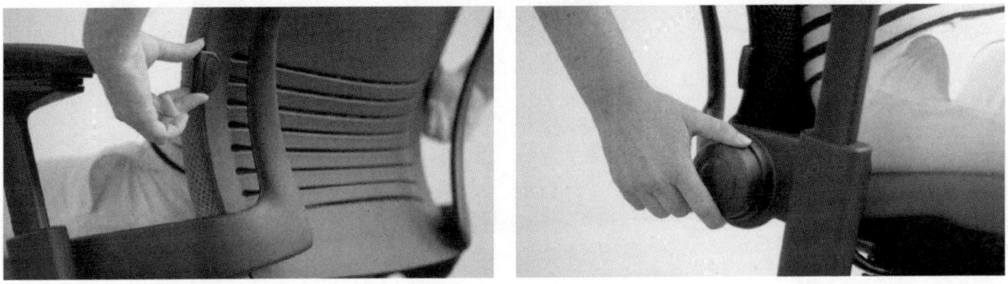

图 9.12　脊柱支撑与下背部调节

图片来源：steelcase.com

Leap 椅采用自然随动(natural glide)座椅滑动技术，使座椅带有自然滑动的特性。这鼓励用户采用更多样化的坐姿，减少对脊柱的静态压力。Leap 椅的座边设计不仅能有效减轻大腿的压力，还能加大双腿与躯干间的角度，座椅的深度也可进行调节。Leap 椅的 4D 扶手可让用户调节其高度、宽度、深度和旋转角度，以舒适地支撑手腕、前臂、肩膀和颈部。

在整体设计上，Leap 椅为用户提供了一系列多样化的应用配置和表面材料选择。Leap 椅的调节机制能够支持用户切换不同的坐姿、适应不同的工作。旋钮的调节标志由英语和盲文标记，体现了对用户体验的深入关怀。

2. Think 椅

21 世纪初，Steelcase 公司敏锐地察觉到移动办公的趋势日渐兴起，这一趋势要求人体工学办公椅快速响应不同的体型、不同的姿势、不同的工作场景。在这样的背景下，第一代 Think 椅于 2004 年被研发出来。Think 椅采用了 LiveBack 技术，是 Steelcase 第一款采用重量感应机制(weight-activated mechanism)的办公椅。Think 椅也是全球首款获得 Cradle-to-Cradle(摇篮到摇篮)认证的环保产品。

十年后，移动办公的趋势愈发明显，Steelcase 公司发现人们在工作场所走动的时间越来越多。人们需要既能独立工作又能与他人合作的场所，并且在变更场所时人们并不会停下来调整椅子，而是想要立即投入工作。在这样的背景下，第二代 Think 椅于 2014 年发布。这款座椅摒弃了烦琐的调整步骤，能够随着用户的移动而自然调整，让用户迅速进入工作状态，随时随地提供舒适的办公体验。图 9.13 为 Think 椅的产品展示。

图 9.13　Think 椅

图片来源：steelcase.com

具体而言，Think 椅采用了重量感应机制，它提供的倾斜阻力与用户体重成正比，在用户向后倚靠时提供适当的背部张力，让任何人都能快速进入工作状态。Think 椅也沿用了 Leap 椅的 LiveBack 创新技术，让背部贴合用户脊柱。在腰部支撑上，Think 椅配备了高度可调的腰背支撑(图 9.14)，还提供了内置弹簧，实现双重能量腰椎支撑，紧密贴合脊柱的自然运动。

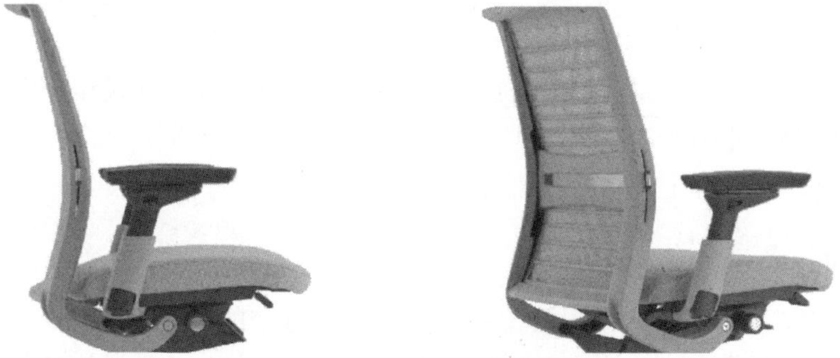

图 9.14　重量感应机制与腰背支撑

图片来源：steelcase.com

除了腰背部的技术革新外，Think 椅的坐垫也配备了自适应支撑技术，让用户通过极少的调整实现最大化的个性化舒适。座椅采用泡沫，其边缘具有弹性可向下弯曲，减轻腿部后侧的压力。在扶手上，Think 椅也沿用了 4D 可调扶手，可调节高度、宽度、深度和旋转角度等。

除了提升座椅的人体工学性能以外，新款 Think 椅的材料也更加贯彻可持续理念，采用了约占整个座椅重量三分之一的可回收材料。整体上，Think 椅简约而不简单，采用柔软的绗缝面料进行背部设计，为工作空间增添柔和的气息。

在用户体验上，Think 椅通过极少的调整就可实现最大化的个性化舒适性。用户可轻松地调节舒适调节盘，包括直立背部锁定、中间停止倾斜、完全倾斜、完全倾斜+20%张力增强。另外，座椅深度也可调节，以适应不同的体型与工作姿势。

3. Gesture 椅

智能手机和平板电脑等移动设备的出现改变了人们的办公习惯与办公姿势。因此，Steelcase 公司进行了一项全球范围内的人体姿势研究，以深入了解现代办公环境下人体姿势的变化趋势。

研究团队在全球六大洲的 11 个国家观察并记录了 2000 多名用户的工作姿势，最终确定了九种新的工作姿势，如图 9.15 所示，这些姿势是由移动设备的使用和现代工作方式的灵活性而产生的，如斜靠、蜷缩、仰卧等。

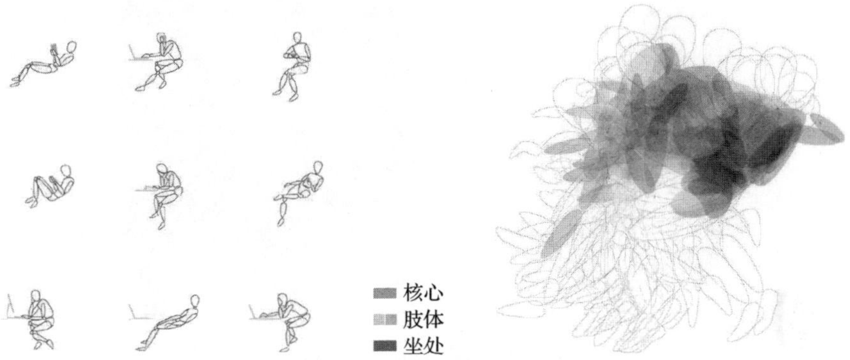

图 9.15　九种新的工作姿势

图片来源：steelcase.com

Steelcase 公司对新的办公姿势进行深挖，找到了人体与办公座椅之间的三个关键接触点：核心接触点（身体躯干与盆骨部分）、肢体接触点（四肢部分）和座椅接触点（人坐的部分）。并且发现，不同的姿势对身体的各个部位有不同的支撑需求。基于研究结果，于 2013 年推出了 Gesture 椅（图 9.16），该椅专为支持各种现代工作姿势而设计。

针对上面的三个关键接触点，对 Gesture 椅进行了针对性设计。

在核心接触点支撑上，Gesture 椅采用 3D LiveBack 技术和内置腰部支撑设计。其中，3D LiveBack 是 LiveBack 技术的进一步发展，不仅可以随用户的移动调整支撑，还能够在多个维度进行调整，保持脊柱的自然 S 形支撑。腰部支撑的核心均衡器可在任何靠背角度下提供恰到好处的腰部支撑（图 9.17）。

图 9.16　Gesture 椅

图片来源：steelcase.com

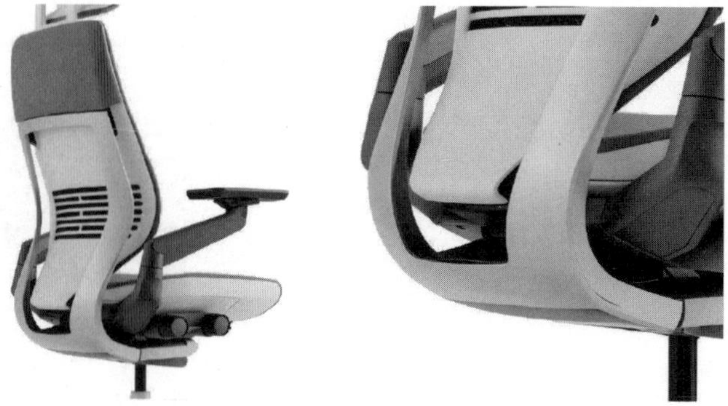

图 9.17　背部支撑与腰部支撑

图片来源：steelcase.com

在四肢接触点支撑上，Gesture 椅的扶手设计灵感来源于人体手臂的灵活运动。通过 360°全方位的运动调节，用户在使用任何设备时都能获得如被真实手臂托举般的自然支撑感。扶手的调节可让用户手臂向上抬起，并向身体方向靠拢，避免在长时间使用智能手机时出现“低头族颈痛”。

在座椅接触点支撑上，Gesture 椅的坐垫通过精心设计的轮廓来分散体重，确保用户长时间坐着也能保持舒适。同时，座椅的深度也可灵活调节，帮助用户轻松找到最适合自己的坐姿。

在整体设计上，Gesture 椅的外观十分简洁轻盈，并且选用大量可回收材料。两个调节装置就在坐垫的右手边，旋钮的设计精准可调。用户可选择是否添加头枕、脚蹬，也可选择不同的材质和颜色。

Gesture 椅重新定义了人与人体工学办公座椅之间的关系，被《纽约时报》旗下产品推荐网站 Wirecutter 在 2015～2024 年间评为“最佳办公椅”。Gesture 椅因其卓越的性能和设计被赋予“椅皇”的称号。

通过对 Steelcase 公司旗下三款不同时期的经典座椅剖析，可以看到其不断探寻并挖掘时代所赋予的崭新特质，深入地探索着新的办公习惯与坐姿需求。正是基于这种对时代特征的精准把握，Steelcase 公司在各个时期都成功地推出了具有鲜明个性的人体工学椅，成为业界的里程碑。

9.1.3 Humanscale 办公座椅

Humanscale 公司成立于 1983 年，创始人 Robert King 创立公司的初衷是提供高质量的人体工学产品，因此公司的核心业务是设计和生产高端办公配件，其产品以简洁的外观设计、卓越的人体工学性能和环保可持续闻名。

Freedom 椅和 World 椅这两大系列代表了该公司在人体工学办公椅设计方面的特点和产品定位。Freedom 椅是 Humanscale 公司最知名的人体工学办公椅之一，采用了专有的自动调节技术；World 椅则以其小巧、轻便化的设计著称，提供灵活便捷的办公方案。本节选择了这两个系列中最具代表性的产品，以及以网状靠背设计而闻名的 Liberty 椅进行详细分析，如图 9.18 所示。

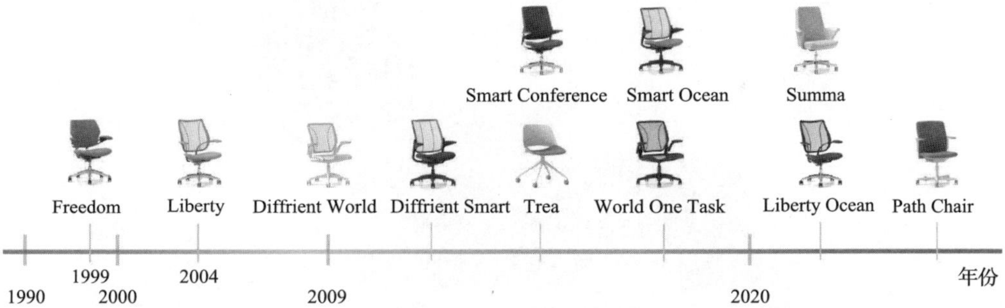

图 9.18 Humanscale 人体工学办公座椅产品时间轴

1. Freedom 椅

Freedom 椅是 Humanscale 公司最经典的人体工学办公椅之一，由人体工学之父 Niels Diffrient 于 1999 年设计而成，被《纽约时报》称为“办公室座椅的黄金标准”，如图 9.19 所示。

具体而言，Niels Diffrient 摒弃了传统座椅的固定锁、手柄和烦琐的倾仰机构，结合了前所未有的功能和最少的手动控制，使用户能够在无须复杂调整的情况下获得舒适的坐姿。另外，椅背采用了双轴点设计，完美适应使用者倾仰姿势，重塑了现代座椅。

图 9.19　Freedom 椅

图片来源：humanscale.com

在骨盆及腰部支撑上，Freedom 椅采用 Humanscale 公司专有的骨盆与腰椎(pelvic and lumbar，PAL)联动支撑系统，如图 9.20 所示。利用双曲面椅背设计，自动调整支撑使用者的腰部和骨盆区域。Freedom 椅在头部采用动态头枕，在任何位置都能贴合用户头颈而无须手动调节。

图 9.20　PAL 联动支撑系统

图片来源：humanscale.com

Freedom 椅采用了同步贴合的扶手创新设计与椅背衔接为一体，当用户移动时，扶手会为就座者提供同步支撑。扶手垫采用多层设计，比标准扶手更柔软舒适，坚韧程度高达五倍。

在安全性上，Freedom 椅认证的承重上限为 400lb，并且将 Humanscale 公司的专利设计油脂密封在下端部件中，为用户和座椅带来妥帖保护。在整体设计上，Freedom 椅造型简约，具有 300 多种色彩可选。

2. Liberty 椅

基于广泛的科学研究，Liberty 椅由设计师 Niels Diffrient 于 2004 年设计而成。Liberty 椅一经推出就凭借卓越的设计及舒适感广受好评。正如 *News Journal* 所描述的，这款座椅美观舒适，以包裹衬里的三裁片网眼布为亮点，尽展利落锋芒。图 9.21 为 Liberty 椅的产品展示。

图 9.21 Liberty 椅

图片来源：humanscale.com

Liberty 椅除了配备有自动重力激活机制外，最突出的特点就是背部所采用的专利型体态感知网布(patented form sensing mesh)。与传统的单裁片网椅不同，专利型体态感知网布能够完全贴合就座者的背部，提供如同量身定制的效果。网状靠背的设计也具备出色的透气性和舒适性。

Liberty 椅的另一大特点是由海洋塑料和消费后可再生材料制成，并在获得零废弃物认证的工厂中生产。其中，海洋塑料是通过清除海洋中的有害渔网并对其进行升级再造而成的，可为地球带来积极影响。

Liberty 椅具有简洁、现代的设计，颜色材质选择多样，是同时兼顾时尚格调和实用功能的百搭设计。凭借卓越先进的设计，Liberty 椅在史密森尼设计三年展中赢得了一席之地。

3. Diffrient World 椅

Diffrient World 椅是 Humanscale 于 2009 年推出的另一款极富创新的人体工学办公椅。它同样由 Niels Diffrient 亲手设计，将功能性、环保性和简单易用性的理念融于一体。图 9.22 为 Diffrient World 椅产品展示。

Diffrient World 椅最大的特色是其轻便化的设计。普通的办公椅要用到 200 个组件，而 Diffrient World 椅只用了 78 个。这种简洁干练的设计可降低维修频率，进一步延长使用寿命，并最大限度地减少产品对环境的影响，被誉为“世界上最简单的人体工学椅”。

Diffrient World 椅与 Liberty 椅一样，采用了适应体型的专利网眼布作为背部材料，确保个性化的贴合度和至高灵活的适应性。Diffrient World 椅同样具有自动

图 9.22　Diffrient World 椅

图片来源：humanscale.com

重力激活机制，椅子的倾斜度会因就座者重量和动作的变化进行自动调整。

整体设计上，Diffrient World 椅融合设计美感和舒适功能。虽然 Diffrient World 椅的零件极少，但仍然具备高的品质，旨在提供灵活和便捷的办公解决方案。

Freedom、Liberty 和 Diffrient World 三款知名的办公座椅各具特点，都体现了 Humanscale 公司"让事物更简单"的设计理念。Freedom 椅以其高度的自适应性和动态机制而闻名，定位高端市场；Liberty 椅网状靠背提供透气性和舒适性，适合广泛的用户；Diffrient World 椅则以轻便和简洁设计为特色，适合需要灵活、性价比高的用户。

9.1.4　Haworth 办公座椅

Haworth 公司由 G. W. Haworth 于 1948 年创立，最初是一家小型木制品制造商，随着时间的推移开始专注于办公家具领域，现已成长为全球办公家具行业的领导者之一，致力于提供高质量的办公家具和整体空间解决方案。

目前，Haworth 公司已有 70 多年的发展史(图 9.23)，旗下比较有名的产品包括 Zody、Fern 及各类办公系统，本节将围绕上述两款办公座椅进行分析。

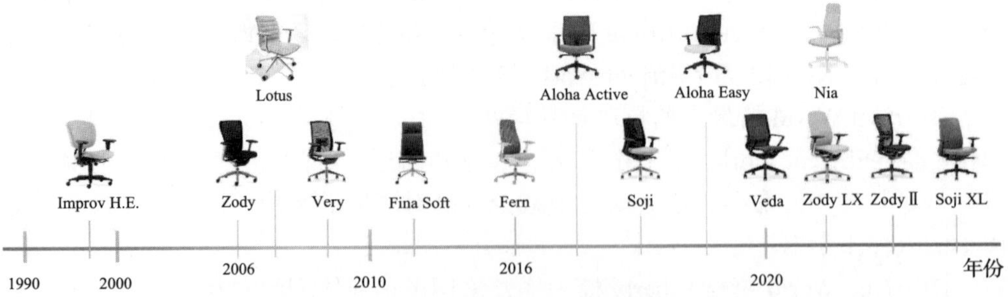

图 9.23　Haworth 人体工学办公座椅产品时间轴

1. Zody 椅

Zody 椅于 2006 年问世，是市场上首款提供不对称腰部支撑的办公椅，同时也是首款获得 Cradle-to-Cradle 金奖产品认证的办公椅(图 9.24)。

图 9.24　Zody 椅

图片来源：haworth.com

Zody 椅最大的特色就是配备了骨盆与不对称腰部(pelvic and asymmetrical lumbar)的背部系统，如图 9.25 所示。这种创新的腰椎支撑的核心在于灵活的腰椎垫。该腰椎垫可以轻松地根据用户的背部形状和坐姿习惯进行个性化调整，让脊椎保持自然的曲度，有效减轻背部压力。骨盆支持采用了骨盆与不对称腰部的背部系统提供额外的骨盆支撑，而腰部垫片提供两侧下背部的独立精细

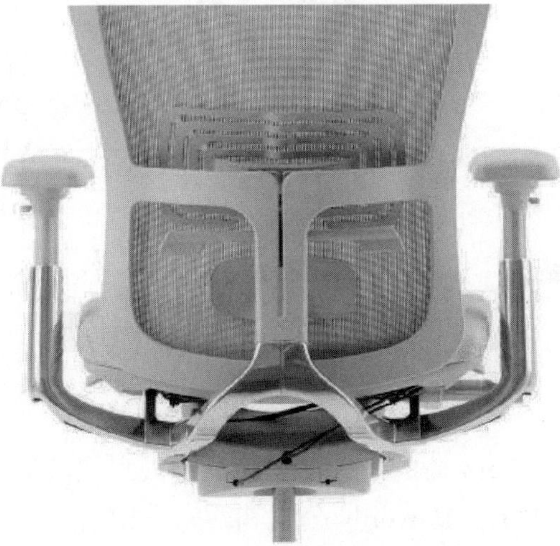

图 9.25　骨盆与不对称腰部的背部系统

图片来源：haworth.com

调节支持。

Zody 椅采用了灵活的框架结构设计，具有外部靠背框架和分割的 T 形支撑结构。经过测试验证，该设计可覆盖身高处于人群第 5 百分位(P5)的女性至第 95 百分位(P95)的男性用户，实现靠背上沿约 3cm 的前后位移调节。

Zody 椅框架的上部与下部在宽度上存在明显差异，有助于维持不同区域的张力差异。特别是在腰部区域，横梁的加入进一步增强了该部分的张力，为用户提供更加贴合的背部体验。

坐垫形状提供了大面积的支撑，能有效缓解臀部区域的压力，有助于避免下肢血液淤积。独特的 Technogel 轻柔凝胶坐垫(Technogel soft lite gel seat)，是与波士顿大学合作研究开发的，能有效降低肌肉活动强度，从而最大限度地减少疲劳感。

在整体设计上，Zody 椅轻盈美观，将欧洲和北美的创新理念融为一体。在整体操作上，Zody 椅的前倾、后仰锁定位置，椅背后仰的松紧度，扶手、座椅深度和椅背角度都可以根据个人的喜好进行不同的调节。

2. Fern 椅

Fern 椅的诞生源于 Haworth 公司不再思考“座”，转而思考“坐”，通过观察坐着的人，重新定义了座椅结构。Fern 椅基于此于 2016 年被设计出来，如图 9.26 所示。

图 9.26　Fern 椅

图片来源：haworth.com

Fern 即蕨类植物，Fern 椅的设计灵感来源于大自然的流线美，将视觉美学与人体工学进行了完美平衡。Haworth 公司和西密歇根大学合作，从蕨类植物的结构中得到灵感，将外部的框架转移到了背部的内部中央。当光线透过椅背时，可以清晰地看到 Fern 椅背部的结构和艺术美感，如图 9.27 所示。

图 9.27 Fern 椅的背部设计

图片来源：haworth.com

Fern 椅采用了波浪悬浮(wave suspension)承托技术，可提供从颈部至骨盆的全面背部支撑，让椅子能够随用户的动作自适应调节。Fern 椅拥有柔软且易于弯曲的边缘，强调无边界的舒适感。这使得用户能够在工作时保持灵活和舒适，从而提高工作效率。

Fern 椅能适用于从娇小女性到高大男性等绝大部分人群。在调节操作上，Fern 椅配有少量调节装置，使得调整椅子变得简单而直观。

Haworth 公司的 Zody、Fern 这两款产品系列各具特色。Zody 椅注重腰部支撑和调节功能；Fern 椅以简洁优雅的外观广受好评。用户可根据自己的需求选择适合自己的办公椅。

9.1.5 Vitra 办公座椅

Vitra 公司成立于 1950 年，是一家位于瑞士的家具制造商，目前已逐渐发展为欧洲最具影响力的家具品牌之一。Vitra 公司与众多知名设计师和建筑师合作，共同缔造了一系列标志性的设计作品。Panton 椅作为史上第一款一体化注塑成型的塑料椅，就是其代表作品之一。

Vitra 公司在人体工学办公座椅领域，设计出了 ID Chair Concept、Physix 等经典产品系列，已成为业内领先的品牌，如图 9.28 所示；并且开发了一款简洁易用的数字应用工具 Office Chair Finder，用户只需要对 7 个细分指标中的问题进行回答，就能匹配出最适合的 Vitra 办公椅，体现了 Vitra 公司对个性化需求的重视。

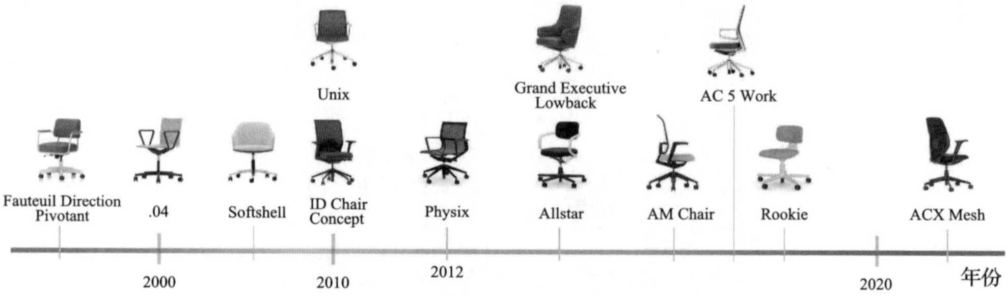

图 9.28　Vitra 人体工学办公座椅产品时间轴

1. ID Chair Concept

ID Chair Concept 是由著名设计师 Antonio Citterio 为 Vitra 设计的模块化办公椅系列，于 2010 年推向市场。ID Chair Concept 的设计理念是提供高度的灵活性和可定制性，使用户可以根据个人需求和偏好选择不同的配置。

ID Chair Concept 以一个小型紧凑的引擎为原点，加上可定制椅背、扶手等零部件，可以诞生 8000 多种可能，如图 9.29 所示。ID Chair Concept 提供了多种可定制选项，包括靠背、坐垫、扶手和底座，以及丰富的颜色和面料选择，用户可以根据个人需求选择最适合的配置。

图 9.29　模块化定制

图片来源：vitra.com

苏黎世联邦理工学院生物力学研究所的研究表明，人体工学办公座椅不仅要确保用户的活动自由，更应积极促进动态坐姿习惯的养成。基于这一理念，Vitra 研发了 Flow Motion 机制，并运用到了 ID Chair 系列中，该机制能够在用户全方位的运动范围内提供稳定的后背支撑，如图 9.30 所示。在调节性上，ID Chair 几乎所有的功能都可以在用户坐着的状态下进行快速且便捷的调整。

图 9.30　Flow Motion 机制

图片来源：vitra.com

同时，ID Chair 也非常环保，获得了针对低排放软包家具的“蓝天使”环保标签。在实现功能的同时，ID Chair 的结构设计采用了尽可能少的部件，并且易拆分，以便后续分类回收再利用以及维护与服务。

2. Physix 椅

Physix 椅是由设计师 Alberto Meda 于 2012 年开发而成的。Physix 椅的构造亮点是将单一纺织面料进行拉伸，巧妙地连接两侧框架，打造出一个流畅且连续的座椅框架，如图 9.31 所示。这一革命性的设计理念令 Physix 椅在众多标志性座椅中脱颖而出。

图 9.31　Physix 椅

图片来源：vitra.com

Alberto Meda 巧妙地在座椅中融合了三个元素：灵活的框架结构、弹性的座椅罩和稳定的机制，创造了一种全新的动态坐感体验。

在框架结构上，Physix 椅采用了连续框架结构(continuous frame structure)。这一结构通过一个连续的框架与弹性网状材料相结合，形成一个柔性但稳定的系统，让椅子在多个方向上进行动态调整。Physix 椅框架的材料选择了高强度聚酰胺，不仅提供了必要的强度和刚性，还具有一定的弹性。灵活的框架和稳定的机制使 Physix 椅融合了刚性和柔性元素，使得动态坐姿拥有了更多可能性，如图 9.32 所示。

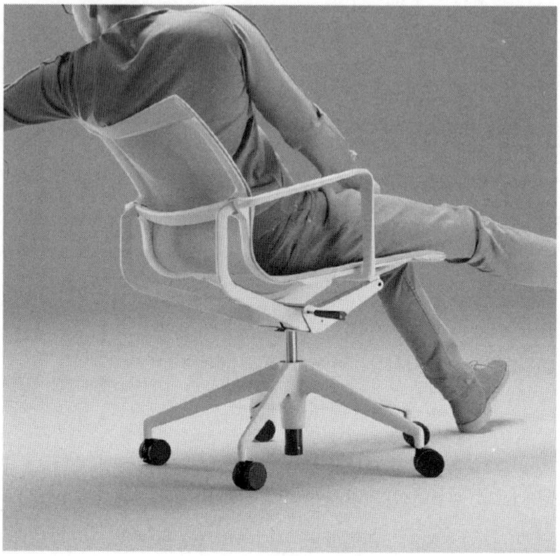

图 9.32　动态坐姿

图片来源：vitra.com

在网面座椅上，Physix 椅选用了延展性很强的三维立体针织（TrioKnit）纤维作为单片弹性面料。该材料具有透气性，可根据用户的身体轮廓进行调整，能够适应用户的各种坐姿。

在稳定机制上，Physix 椅的框架由高强度材料制成，单片弹性面料的设计能够在使用者移动时动态响应。椅子的靠背和座椅部分的连接采用同步倾仰机制，当用户后仰时，靠背和座椅会同步移动，保持舒适的坐姿。

以上三者相辅相成，共同构建了一种精妙的结构，通过柔软与坚固元素的相互作用，探索了动态坐姿的新可能性。Alberto Meda 凭借其独特的审美和对材料的精准把握，以及对结构的精细雕琢，赋予了 Physix 椅一种轻盈感。

总体来说，ID Chair Concept 和 Physix 都是高端办公椅系列。ID Chair Concept 更加注重个性化和高度可调节性；Physix 椅则以其简洁的设计和动态支撑著称。两个产品系列都代表了 Vitra 公司对于人体工学椅的痛点把握与创新性考量。

9.1.6　Okamura 办公座椅

Okamura 公司于 1945 年创立于日本，是技术研发人员自主创业的公司。在 20 世纪 50 年代，Okamura 就已经成功制造出自动车 Mikasa 与日本战后第一架国产飞机 N-52，其工业技术能力毋庸置疑。目前，Okamura 公司已成为全球高知名度的高端办公家具制造商之一。

Okamura 公司的人体工学椅以工匠精神闻名，在业内的知名度很高。对比市面上大多欧美品牌的人体工学椅，Okamura 的人体工学办公座椅更加符合亚洲人的体型。Okamura 公司有众多人体工学办公座椅产品，如图 9.33 所示。下面将介绍其经典的人体工学办公座椅：Contessa Ⅰ & Ⅱ 和 Sylphy。

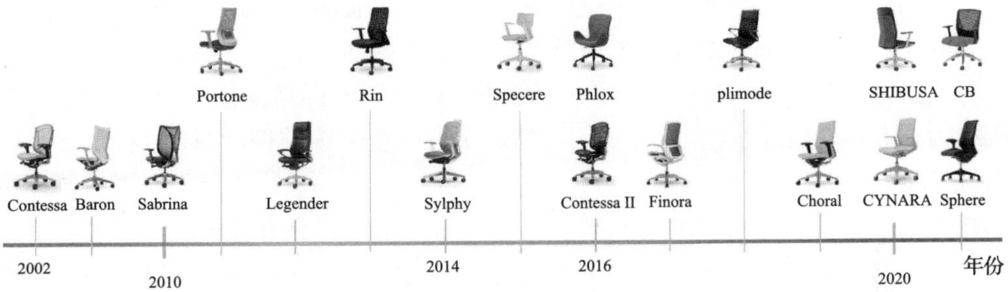

图 9.33　Okamura 人体工学办公座椅产品时间轴

1. Contessa 椅

Contessa 中文释义为“伯爵夫人”，第一代产品 Contessa Ⅰ 于 2002 年由意大利著名设计师 Giorgetto Giugiaro 设计而成。Contessa 座椅和靠背上的拉伸网眼的透明张力与铝制框架的工业重量形成了明显的对比，让其一经推出就成为经典之作。

在整体设计不变的情况下，Contessa Ⅱ 于 2016 年推出，将第一代的流畅、有机的线条与新的结构功能结合，对强度和耐用性进行了大幅升级，如图 9.34 所示。

图 9.34　Contessa Ⅱ

图片来源：okamura.com

Contessa 椅优雅而自然的外形，得益于它所采用的流线型的柔性框架与细腻的网眼材质。Contessa 椅的背部框架采用了一体式环状结构设计，呈现出纤薄的外观并且能提供更佳的重量分布和舒适度。实心铝合金材料在保持支撑力不减的同时，能够轻柔地贴合人体的自然动作。

在椅背与座椅的网面上，Contessa 椅选用了由两种不同线材结合而成的网面材质。渐变的网格为靠背和身体的不同区域提供了不同的张力，优质的网面透气性也很好。除了高品质的网状座面外，用户还可以选择织物坐垫和真皮坐垫。其中，织物坐垫采用了三种不同密度的聚氨酯材料，前部通过低密度材质特性避免大腿受压迫，后部通过高密度材质特性提供坚实支撑。

在人体工学上，Contessa 椅采用了能够依据坐姿进行调整的脚踝倾斜机制，以脚踝为支点与座椅同步移动。Contessa 椅运用自行车闸线的控制原理，将重要的座椅调节机制放在了扶手下方，以方便用户进行调节，如图 9.35 所示。用户通过左侧扶手上的杠杆，就可以锁定和解锁椅背，在自由倾斜和五种预设的张力等级之间切换。而右侧扶手上的杠杆用于调整椅子的高度，范围为 435～545mm。在扶手部分，Contessa Ⅱ从以前的 2D 扶手升级为 4D 扶手，高度、深度、宽度和旋转角度均可调整。

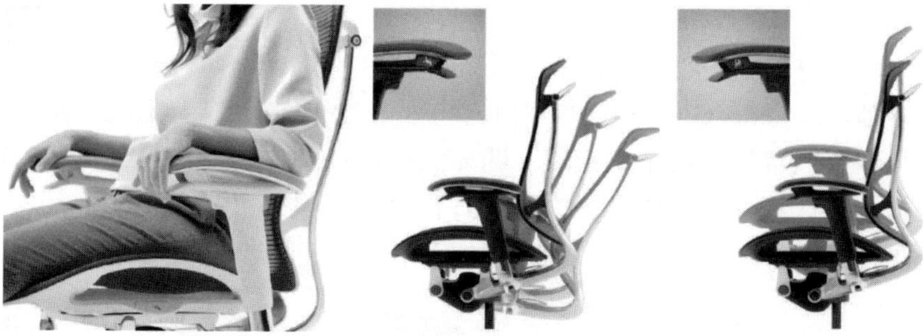

图 9.35 特殊调节机制

图片来源：okamura.com

Contessa Ⅱ将流动的线条与实用的功能性相结合，有白色的框架可供选择并且可搭配的网面配色更多，也可选配可调节式头枕、固定式头枕，以及腰部支撑等不同组件。

2. Sylphy 椅

Okamura 公司为了适应不同的体型，对 100 位成年人的背部尺寸进行实际测量，基于测量数据开发出了可调节背部曲线功能，其于 2014 年首次运用于 Sylphy 椅中，如图 9.36 所示。

Sylphy 椅的背部采用一体式设计，具备的身体曲线调节功能可让用户在几秒内定制椅背贴合度。用户按下椅背两侧的杠杆，可以扩大曲线以提供更宽松的宽阔感，适合身材较大的人；向上拉动杠杆形成较窄的曲线，以获得更紧致的贴合感，适合身材较小的人，如图 9.37 所示。

图 9.36　Sylphy 椅

图片来源：okamura.com

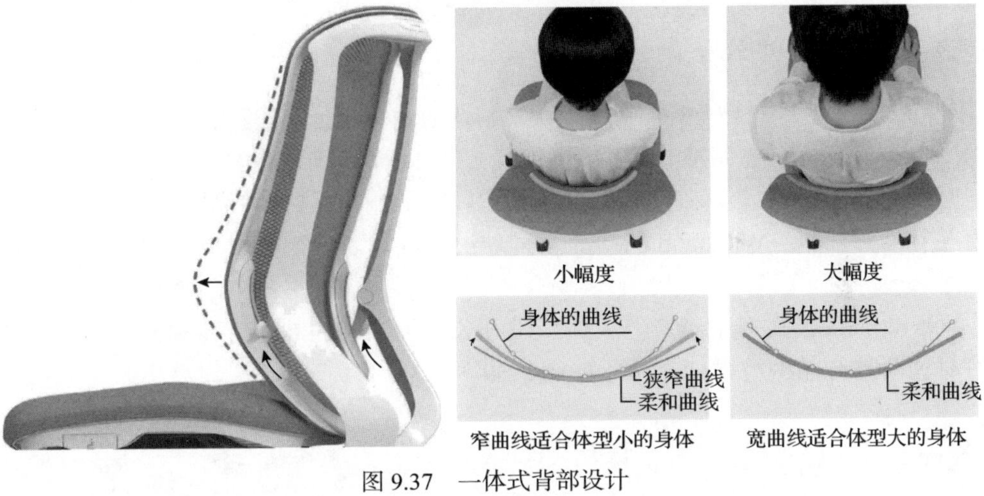

图 9.37　一体式背部设计

图片来源：okamura.com

Sylphy 椅的同步倾斜机制使椅背和座椅同步移动，无论是倾斜还是前倾，用户都可以选择倾斜或锁定位置。前倾功能允许座椅前倾 10°，即使用户长时间进行高强度的工作，Sylphy 椅也能通过保持骨盆的中立位置来为用户提供支持。Sylphy 椅背的双结构框架设计通过最少的接触点相互连接，使其能随着身体的运动而轻微弯曲，如图 9.38 所示。

Sylphy 椅除了背部贴合度的调整，用户还可以通过控制杆对座椅高度、深度进行调整。扶手具有三个维度的可调性，包括扶手高度、深度和旋转角度。用户可根据自身需求装配固定式头枕等组件。

总体来说，Contessa Ⅱ和 Sylphy 两款产品都是高端的人体工学椅，Contessa Ⅱ在设计和功能上更为高端，而 Sylphy 椅以独特的背部曲线设计为卖点。两者都体现了 Okamura 在人体工学上的极致追求。

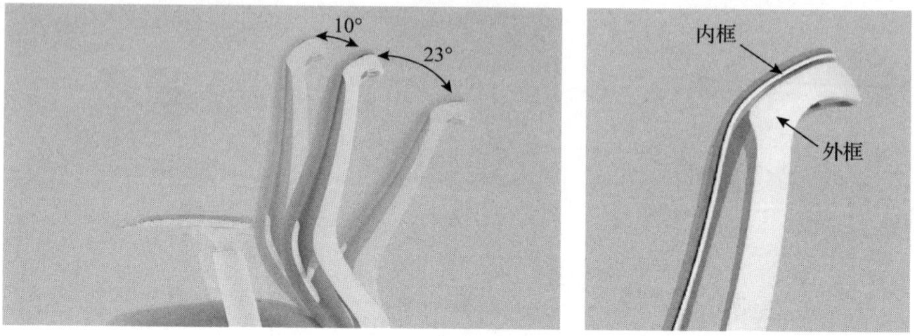

图 9.38　双结构框架设计

图片来源：okamura.com

9.1.7　Wilkhahn 办公座椅

Wilkhahn 公司是一家德国办公家具制造商，成立于 1907 年。Wilkhahn 公司深受包豪斯与德意志制造联盟思潮影响，百年间逐渐成为德国工业设计的先驱，并坚持着乌尔姆设计学院的宣言：我们的目标是开发可持续产品，提高其实用价值并且减少浪费。Wilkhahn 的产品在全球范围内代表着德国设计与制造的最高标准之一。

Wilkhahn 公司旗下经典的人体工学办公座椅系列为 ON 椅和 Modus 椅。本节将对这两款产品进行详细介绍，如图 9.39 所示。

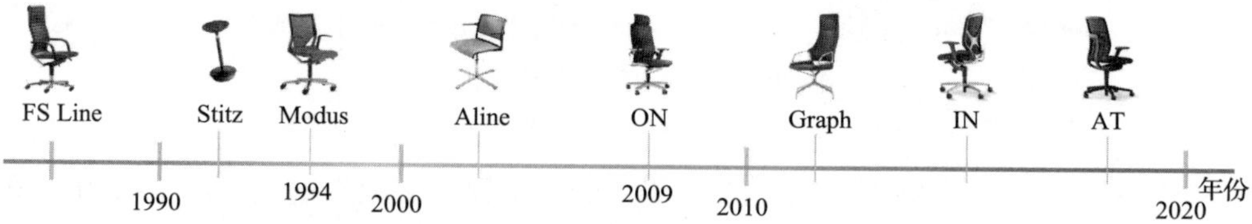

图 9.39　Wilkhahn 人体工学办公座椅产品时间轴

1. ON 椅

2009 年，Wilkhahn 公司联合维格工作室（Wiege Studio）耗时五年设计出了 ON 椅，如图 9.40 所示。研究人员通过研究现代人的生活形态，采用运动学原理，让坐在这把椅子上的人能做出 360°的伸展变换，意图解决现代人因久坐带来的健康问题。

图 9.40　ON 椅

图片来源：wilkhahn.com

ON 椅引入了世界上第一个三维同步支撑机制：Trimension（三维动态承托），这让它成为第一款能够实现完美三维支撑坐姿的转椅。Trimension 机制为 ON 椅在骨盆和肩部的横向倾斜和旋转提供了更大、更自然的运动范围，让用户可以在坐时实现身体的平衡和动态运动，如图 9.41 所示。在动态运动中，ON 椅可以刺激新陈代谢，改善用户的脊柱弹性和肌肉协调性。

图 9.41　Trimension 机制实现身体的平衡和动态运动

图片来源：wilkhahn.com

除了 Trimension 这一创新机制外，ON 椅还有三大特点相辅相成，分别是独立的摆动板、灵活且有弹性的框架以及三维网状材料 Fiberflex（菲奈斯）。座椅左右两边有两个独立的摆动板，为座椅和靠背形成完全自适应的悬架，让使用者身体的核心保持完美平衡；ON 椅的框架可支持座椅进行扭转；覆盖座椅和椅背的织物是另一个特色，ON 椅采用了由耐用、透气、有弹性的 Fiberflex 三维网状材料制成靠背罩，为身体提供透气的支撑。

在可调性上，ON 椅通过按钮方式方便调节高度、倾斜硬度，且 ON 椅的扶手具有四个维度的可调性，可适应用户不同的工作需求。

在设计构成上，ON 椅的设计风格深受 20 世纪初包豪斯与乌尔姆设计思潮影响，以理性设计与机能主义为核心理念，将力与美全面呈现出来。ON 椅也十分注重用户体验，允许配备头枕，确保用户颈部和头部的稳定。

2. Modus 椅

1994 年，Wilkhahn 公司推出由 Klaus Frank、Werner Sauer 与维格工作室设计的 Modus 椅，如图 9.42 所示。Modus 椅的薄型椅身、极简的结构承袭了 Wilkhahn 的设计精神，是设计师将这一设计精神转化为 21 世纪美学的成果。

图 9.42 Modus 椅

图片来源：wilkhahn.com

Modus 椅沿袭了 Wilkhahn 公司对于更简单、更健康、更高质量的坐姿体验的追求。Modus 椅汇集了人体工程学和生理学的专业知识，融合了 FS 同步机制（Federn-Synchronmechanik）和 Picto 生态理念，通过聚酯靠背、腰部支撑和自动同步调节结构创造了独特的舒适度，可用于长时间的办公桌工作。

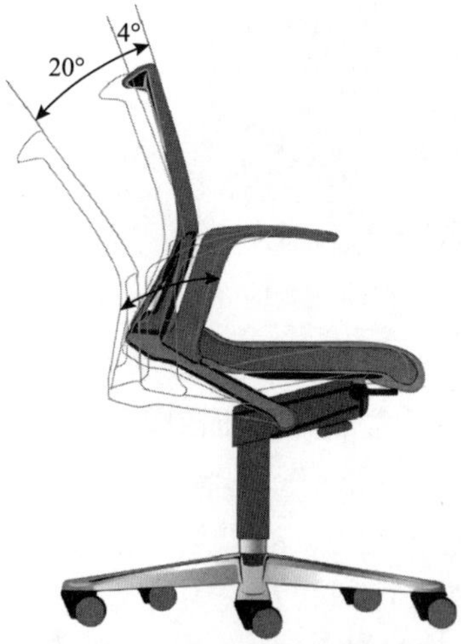

图 9.43 Modus 椅的同步倾仰机制

图片来源：wilkhahn.com

Modus 椅通过同步倾仰与动态扭转弹簧，确保使用者的背部与椅背完美同步。这款座椅的扶手虽然不可调节，但符合人体手臂曲线。Modus 椅前部收缩的腰部支撑可支撑腰椎，柔软圆润的坐垫前边缘以及透气的软垫可以让身体放松，如图 9.43 所示。

在材料构成上，Modus 椅由不易折断的高性能塑料制成纤细而有弹性的框架，覆盖着可更换且透气的聚酰胺织物。由于其椅套与饰面材料都可轻松更换，保证了 Modus 椅的长期寿命。Modus 椅所采用的聚丙烯及铝合金等可回收材料，也为环保事业作出贡献。

在设计构成上，Modus 椅承袭了 Wilkhahn 公司的设计精神，融合了极简主义。整体造型上 Modus 椅十分纤细优雅，并且具有多种材质、颜色、款式的选择，如图 9.44 所示。

图 9.44　Modus 椅多种材质、颜色、款式的选择

图片来源：wilkhahn.com

上排：Modus Compact；下排：Modus Medium（左一、左二），Modus Executive（右一）

9.1.8　Interstuhl 办公座椅

Interstuhl 源于 17 世纪以铁匠工艺闻名的 Link 家族。Link 家族在 1961 年发明制造了第一把具有专利性的座椅 Bi-Regulette，从而开创了“德国制造”高品质椅子和家具的先河。1967 年，Interstuhl 公司成立。Interstuhl 公司旗下产品的德国设计风格明显，具有利落的德式线条、较强的功能调节性，拥有精湛的皮、布料工艺，尤其是底盘结构的精研和创新，让其在欧洲市场占据重要的地位。

Interstuhl 公司设计开发了多款人体工学座椅产品，下面将介绍其最具代表性的两款产品：SILVER 和 PURE[IS3]，如图 9.45 所示。

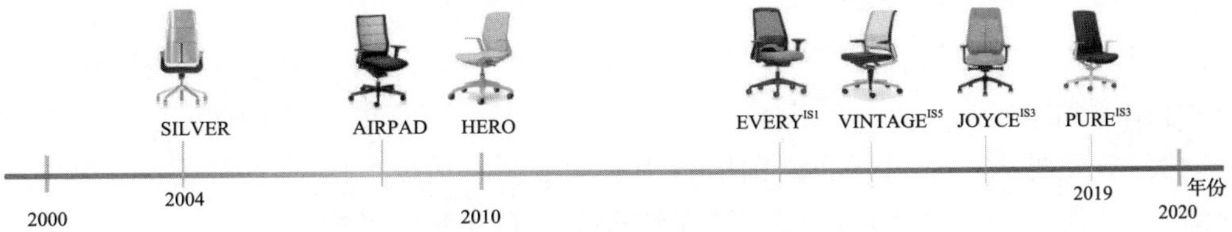

图 9.45　Interstuhl 人体工学办公座椅产品时间轴

1. SILVER 椅

Interstuhl 公司于 2004 年推出的 SILVER 椅是其最具代表性的作品之一，也是第一款采用全铝合金压铸工艺制造的办公椅，由意大利建筑大师 Hadi Teherani 设计而成，如图 9.46 所示。SILVER 椅以其独特的设计和创新的制造工艺著称，充分利用了铝合金压铸的强度和轻量化优势。

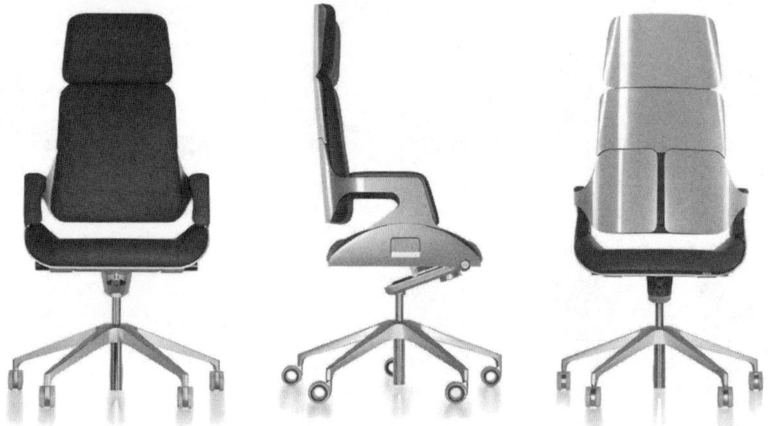

图 9.46　SILVER 椅
图片来源：interstuhl.com

Hadi Teherani 作为建筑大师秉持着“像设计微缩建筑物一样设计产品”的理念设计了 SILVER 椅，优雅的铝制外壳设计成为 SILVER 椅最具特色的创新点。SILVER 椅具有前沿的美学与精致的材质，能够在多种形态下完美匹配任何场所，在家具行业的设计领域树立了经典与未来主义的典范，被称为“椅子中的劳斯莱斯”。

正如 Hadi Teherani 所说的“我们的目标是将 SILVER 椅中的技术复杂性隐藏起来，并在座椅设计中达到完美的诗意高度”，SILVER 椅的人体工学与前沿技术是其美学的基础。Interstuhl 公司的同步机制将椅背的向后移动与座位的平衡倾斜相结合，允许用户根据个人需求精确调整椅背的阻力，从而为身体在任何姿势下都提供最佳支撑，如图 9.47 所示。

SILVER 椅的所有控制装置都有直观的用户指导，以便用户执行各项功能。椅背锁定和座椅高度调节机制位于凹陷的握把中，与椅子外壳无缝融合。座椅底部的设置轮配有一个可折叠的曲柄，用于调节同步机制的配重。优雅的外观与对体验的把握，让这款座椅在感官层面和实用层面都取得了成功。

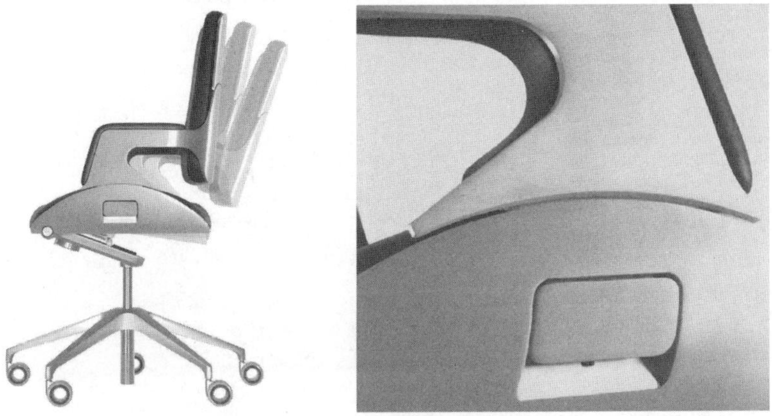

图 9.47 SILVER 椅同步倾斜机制

图片来源：interstuhl.com

2. PURE[IS3] 椅

Interstuhl 与弗劳恩霍夫工业工程研究所合作发现，每天仅两小时的中等强度活动就可抵消久坐不动的生活方式带来的负面影响。Interstuhl 将这一发现转化为实用的解决方案，PURE[IS3] 椅基于此于 2019 年推出，专为久坐与活动而设计，如图 9.48 所示。

图 9.48 PURE[IS3] 椅

图片来源：interstuhl.com

PURE[IS3] 椅最大的创新点就是能够根据用户的身体及动作进行自适应调节，支持用户进行大范围的活动，无须进行手动调整。这得益于 PURE[IS3] 椅采用的创新的智能弹簧技术（smart spring technology）。PURE[IS3] 椅摒弃了传统的机械结构，转而采用创新材料。智能弹簧采用了一种特殊的聚酰胺/玻璃纤维复合材料，可让椅子实现广域运动半径，实现真正的三维坐姿，以活动腿部、臀部和脊柱，防止血流阻塞，如图 9.49 所示。

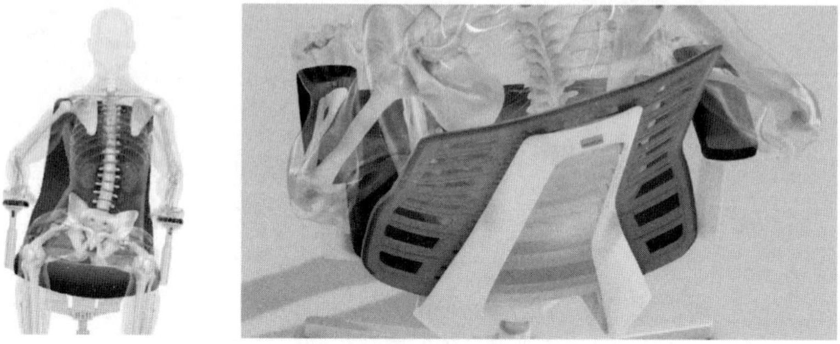

图 9.49　智能弹簧技术

图片来源：interstuhl.com

PURE^{IS3} 椅正如其名：简单、直接、功能强大，富有创意的简化设计是其基本要义。T 形扶手以及轻盈的框架设计，也是 PURE^{IS3} 获得成功的重要原因。

SILVER 和 PURE^{IS3} 都是 Interstuhl 公司在高端办公椅领域的代表作品。SILVER 椅追求简约高雅的外观设计，材质和工艺都体现了公司的制造实力；PURE^{IS3} 椅则拥有全方位的人体工学调节功能。两者分别从外观工艺和人体工学角度体现了公司的实力与特色。

9.1.9　永艺办公座椅

永艺家具股份有限公司成立于 2001 年，是一家专业研发、生产和销售健康坐具的高新技术企业，产品主要涉及办公椅、沙发和升降桌。目前永艺已是国内最大的坐具健康系统提供商之一，也是国内首家在 A 股上市的座椅企业，持续为客户提供满意的产品和可信赖的服务。

永艺研发设计了数款人体工学办公座椅，广受市场好评，如图 9.50 所示。本节对永艺旗下三款最为经典的人体工学办公座椅——Mellet 椅、XY 椅和 Flow 椅进行详细介绍。

1. Mellet 椅

Mellet 椅是永艺为久坐的办公人群设计的优质座椅，能提供全面、稳定的腰背部支撑，大幅降低久坐疲劳感。图 9.51 为 Mellet 椅的三视图展示。

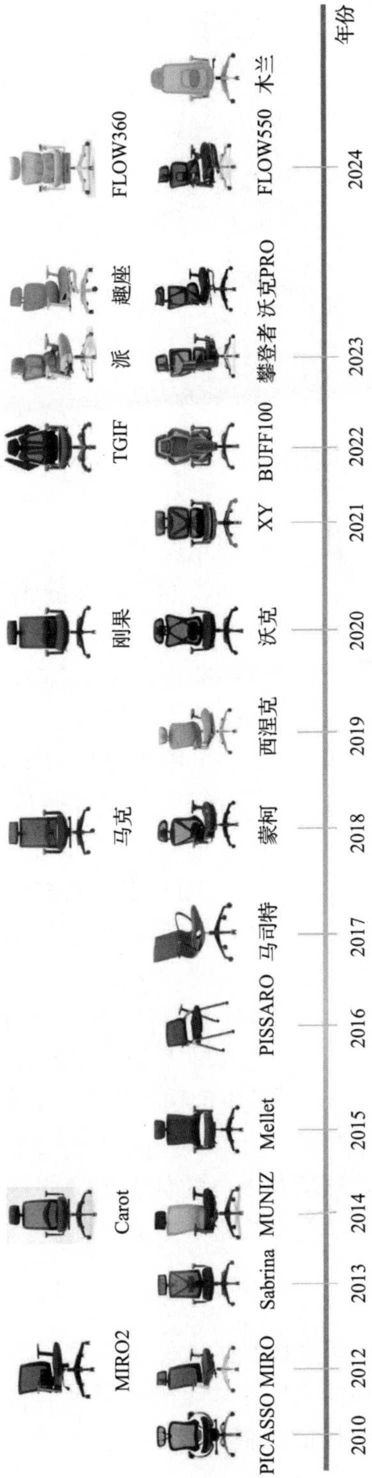

图 9.50 永艺人体工学办公座椅产品时间轴

图 9.51　Mellet 椅
图片来源：uechairs.com

Mellet 椅最大的特色就是采用座背联动技术。Mellet 椅基于永艺创新开发的座背联动技术平台，运用同心圆原理，将座背倾仰角度的顶点与人体倾仰的轴点(髋关节)设计为同轴，在静态坐姿和往复动态倾仰坐姿下，椅背(含腰托)曲面都能完全贴合人体背部曲面，椅背与人体背部不会发生位移，不搓腰、不空腰、不跑腰，如图 9.52 所示。

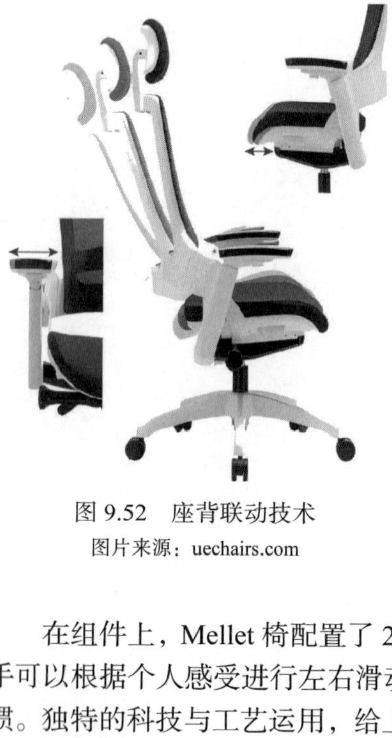

图 9.52　座背联动技术
图片来源：uechairs.com

采用座背联动技术，Mellet 椅在实现靠背向后倾仰、座背夹角变大的同时，坐垫同步水平前移。这样可保证最大倾仰角度达到 135°，同时重心前移保证了大角度下的稳定安全。坐垫水平前移可帮助使用者得到最大的舒展度，给身体带来了松弛感。Mellet 椅具有微体重自适应功能，使得体重为 60～100kg 的人群无须借助调节倾仰力，能够为用户提供更便捷、更舒适的使用体验。

在组件上，Mellet 椅配置了 2D 头枕，可进行高低以及角度的调节。同时，扶手可以根据个人感受进行左右滑动和上下拉伸。坐深调整可满足不同人的使用习惯。独特的科技与工艺运用，给上班族带来健康坐体验。

2. XY 椅

XY 椅是兼顾办公场景和居家场景的人体工程学办公座椅，可有效保护使用者的脊椎保持健康的曲线，并为工作、学习坐姿提供全面支撑，为休息时提供全身的有效放松。图 9.53 为 XY 椅的三视图展示。

图 9.53　XY 椅

图片来源：uechairs.com

XY 椅最大的亮点，是采用了永艺独有的 Douflex™双背联动技术：腰背分离。腰背分离技术利用四脚支点转轴结构，实现腰靠与背靠的上下联动，自适应贴合人体腰背部曲线，给予腰背部有效支撑，可有效保护使用者的脊椎保持健康的曲线。

XY 椅同样具备体重自适应系统，在 Mellet 椅微体重自适应功能上进行了升级，使得体重为 50～150kg 的人群无须调节倾仰力，能够满足 90%人群使用，为用户提供了更个性化的体验感。

XY 椅还配备了腿托、头枕等部件。其中，腿托采用了软面材料，并且具有 7°自适应角度调节，支撑有效并舒适放松，如图 9.54 所示。XY 椅的扶手可在上下升降、左右旋转、前后移动三个维度上进行调整，实现动态支撑。头枕同样可进行 3D 升降、旋转、前后调节，适应颈椎需求。在材料上，XY 椅采用了高弹性网面材料，柔软且富有弹性的同时又透气舒适，可以给用户提供更好的坐感。

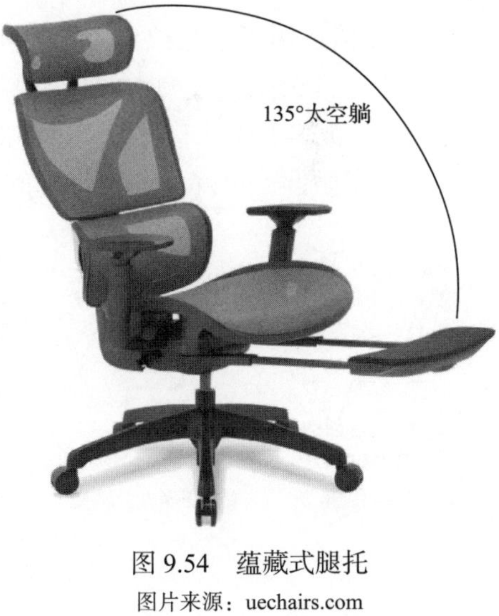

图 9.54　蕴藏式腿托

图片来源：uechairs.com

在整体设计上，XY 椅具有“月朗-太空骑士”、“云白-月光骑士”、“曜黑-黑武士”三种颜色可选，以满足多样化的办公环境。XY 椅整体设计干练，背部的骨架设计十分现代、简洁，可适配多样的办公场所。

3. Flow 椅

Flow 椅是为办公、学习、游戏、休闲娱乐、午休等全场景开发的人体工学座椅，能为使用者提供所有坐姿的全面有效支撑。图 9.55 为 Flow 椅的三视图展示。

图 9.55　Flow 椅

图片来源：uechairs.com

Flow 椅运用了永艺独立研发的随动撑腰技术，可以实现座椅对人体俯身办公坐姿、正坐办公坐姿、慵懒娱乐坐姿、大角度休息坐姿全场景所有坐姿的全面、稳定支撑，尤其是对 L1～L5 腰椎和骶骨的支撑保护，如图 9.56 所示。这种 90°～150°的动态倾仰，可降低久坐带来的疲劳感，保护用户的脊柱健康。

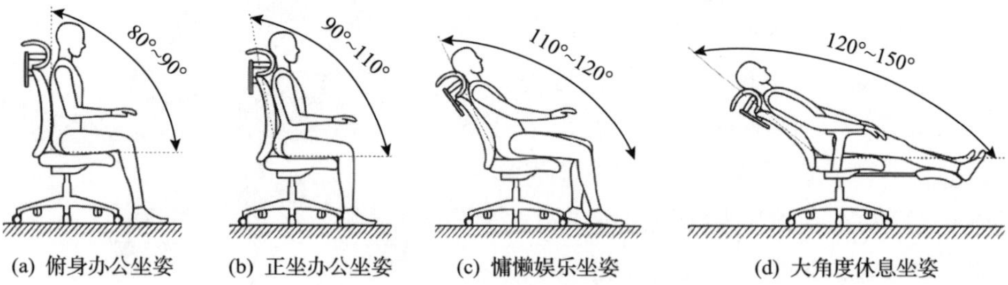

图 9.56　随动撑腰技术

图片来源：uechairs.com

Flow 椅与 XY 椅一样，采用了体重自适应系统，可让体重在 50～150kg 的用户无须借助调节倾仰力，即可享受与身体数据匹配的坐感，可满足 90%的人群使用。

除了随动撑腰技术外，Flow 椅还配备了多个人性化的部件。

在扶手上，Flow 椅运用了永艺独立研发的全场景多维调节扶手，可实现在全场景所有坐姿下对手臂的全面、稳定支撑，如图 9.57 所示。

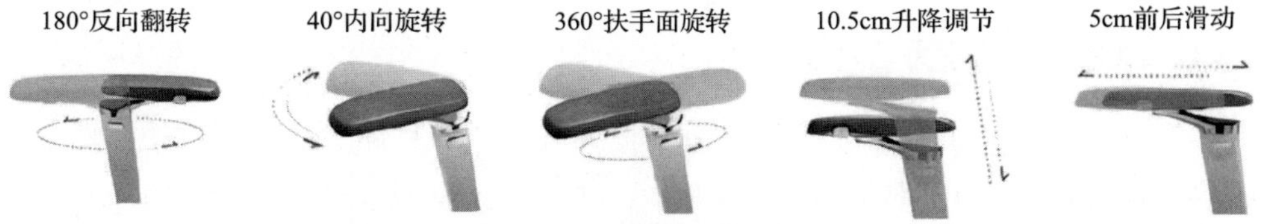

图 9.57 全场景多维调节扶手

图片来源：uechairs.com

此外，用户在选购 Flow 椅时还可选用永艺独立研发的多连杆三折收纳式搁腿系统，如图 9.58 所示。这种多连杆三折收纳式搁腿系统可为慵懒娱乐坐姿和大角度休息坐姿提供盘腿、蹬踏、搁腿等腿部姿势的需求，帮助用户缓解疲劳，让午睡更加安稳。不使用时，可将搁腿部件折叠收纳起来，满足不同时段与姿势的用户需求。

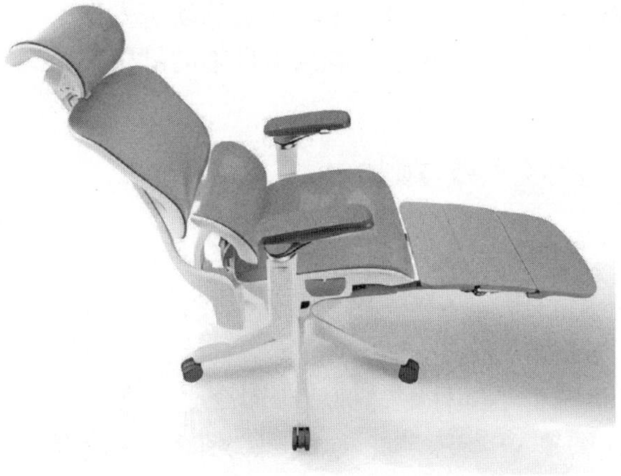

图 9.58 多连杆三折收纳式搁腿系统

图片来源：uechairs.com

在个性化调节上，Flow 椅还可对靠背高度进行个性化调节，以及对超宽曲面头枕进行上下与仰角的多维度调节。这种多方面的个性化调整让 Flow 椅可满足身高为 150～190cm 的广泛人群。

总体来说，Mellet 椅是为久坐办公人群而生的好座椅，XY 椅是兼顾办公场景和居家场景的人体工程学办公座椅，Flow 椅则是为办公、学习、休闲娱乐、午休等全场景开发的人体工程学座椅。这三款座椅从不同维度展现了永艺对于人体工学的深刻理解与强大技术。

9.2 动态人体工学办公座椅

9.2.1 动态人体工学办公座椅概述

传统的人体工学办公座椅主要通过多维可调节的身体支撑、椅背的弹性位移以及底盘与椅背的倾仰机制，提供承托、舒适且放松的坐姿。这些座椅为人体提供符合生理曲线的全面支撑，使用户可以完全将身体和活动托付给座椅。

近年来，有研究认为支撑型的人体工学办公座椅可能会减少肌肉活动，不利于腰背部健康。因此，动态人体工学办公座椅伴随着主动坐姿理念应运而生。这种座椅的主要特点是非稳定的座椅支撑，旨在通过不同的底盘设计促进躯干肌肉的主动活动，使身体小幅度晃动以维持平衡，从而承载和诱发躯干肌肉控制的主动坐姿。这种设计试图改变久坐办公时脊柱与肌肉的活动模式，被认为对腰背部健康具有积极影响。动态人体工学办公座椅通过整合运动生理学与工效学的最新研究成果，在设计上更加注重人体生理机能的动态适应性，为长时间办公提供了更健康的坐姿解决方案。然而，主动坐姿的动态人体工学办公座椅是否能比支撑型人体工学办公座椅更有效地减少久坐带来的健康危害，目前尚无一致的研究结论。

9.2.2 动态人体工学办公座椅经典案例

1. QOR360：The Ariel 2.0

QOR360 公司成立于 2016 年，由佛蒙特大学医学中心的 Turner Osler 博士创办。公司凭借其创新的 RedRocker™技术在动态人体工学座椅行业中闻名。RedRocker™技术将一个半圆柱形结构置于两个平面之间，使座椅能够在多个方向上微幅摇摆，如图 9.59 所示。此技术被认为能够保持脊柱的正确排列并激活肌肉，促进人体维持动态坐姿。基于此，QOR360 公司推出了著名的 Ariel 系列产品。基于用户对 Ariel 1.0 的反馈，QOR360 公司后续推出了 Ariel 2.0，此版本增强了基座稳定性，加宽座位提升舒适度，并重新设计把手以增强操控性，如图 9.60 所示。

2. Rotavis：Rock It

位于瑞士温特图尔的 Rotavis 公司，其座椅的产品目标是：在保持上半身稳定的同时，促进由躯干控制的主动坐姿，使办公人员能够专注于工作任务。2014 年 Rotavis 公司推出首代产品 Dynamic 椅，该座椅可以在冠状面上以一定的半径左右滑动，而滑动中心位于座椅上方，大约为使用者第 11 胸椎的高度，如图 9.61 所示。

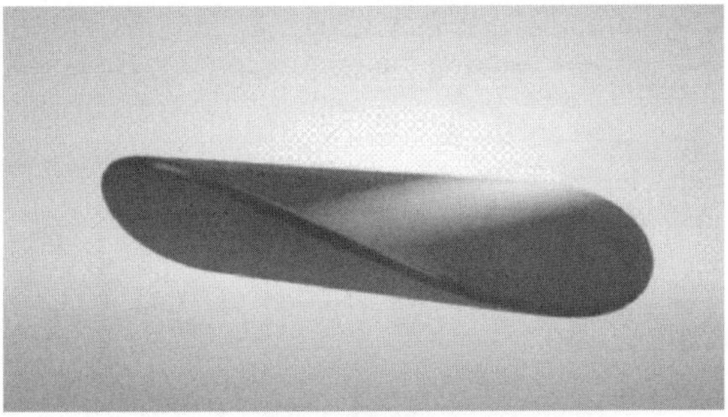

图 9.59　RedRocker™技术示意图

图片来源：qor360.com

图 9.60　Ariel 2.0 座椅

图片来源：qor360.com

图 9.61　Dynamic 椅

图片来源：rotavis.ch

2023 年，该公司在 Dynamic 椅的基础上增加矢状面的滑动自由度，推出双运动轨迹融合的 3D 座椅“Rock It”，如图 9.62 所示。

图 9.62　“Rock It”3D 座椅
图片来源：rotavis.ch

该公司产品的特点在于其动态底盘的设计参数，是基于运动学实验对人体自由坐姿(free sitting)下骨盆摆动范围的测试得到的，并在多个实验研究中验证了座椅对于骨盆运动与肌肉激活的动态影响。研究发现，约 49%的坐姿时间内，使用 Rotavis 动态座椅时人体髂肋肌和多裂肌的活动幅度高于静态座椅。使用 Rotavi 动态座椅时，人体的骨盆运动角度与步行时相近，模拟了人在行走时脊柱的摆动特征，但同时能保持胸椎位置稳定[1]。Rock It 座椅的特点是采用简洁的机械设计和使用环保轻便的座面材料。研究表明，使用该座椅能够显著增加办公人群的主动坐姿时间，如图 9.63 所示。

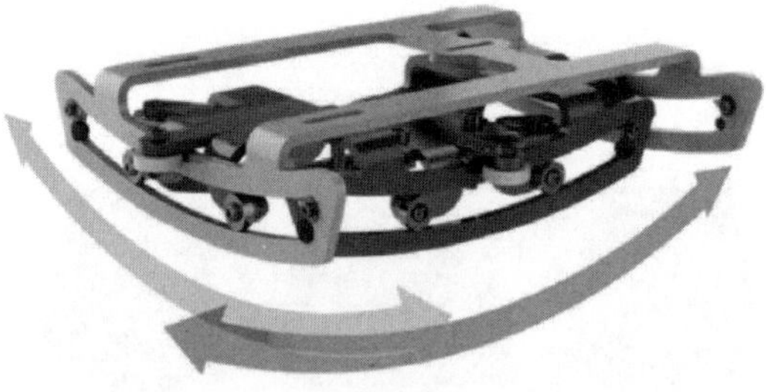

图 9.63　Rock It 双运动轨迹机械结构示意图
图片来源：rotavis.ch

3. CoreChair：Classic

CoreChair 成立于 2008 年，致力于通过其“更聪明地坐，更多地动”的设计理念改善坐姿健康。其标志性产品 Classic 是一款创新的主动坐姿办公椅，旨在通过鼓励持续的微小运动来促进健康坐姿。如图 9.64 所示，该座椅一方面通过贴合骨盆形态的座面曲线设计，提供均匀的压力分布，减少受力点；另一方面允许人体在所有方向上进行小于 14°的活动，增强脊柱的关节灵活性，缓解背部僵硬，促进血液流动，且较静态座椅增加 20%的长时间、低强度能量消耗[2,3]。座椅配备四档底盘灵活度调节手柄，可根据不同使用场景调整，以满足用户的不同需求。

核心技术：可在所有方向进行0~14°范围内的运动，保持核心肌群处于激活状态

图 9.64　Classic 座椅

图片来源：corechair.com

4. SpinaliS：APOLLO

SpinaliS 公司成立于 1999 年，其产品在欧盟生产并销售至全球市场。SpinaliS 公司系列座椅的独特之处在于，尝试在舒适性和主动坐姿之间取得理想的平衡。其座椅的设计灵感来源于瑞士球在康复治疗中通过提供主动坐姿，缓解患者慢性肌肉疼痛的积极效果。以 APOLLO 公司(图 9.65)为例，该座椅提供必要的身体支撑，并通过其弹簧支撑座面的专利技术模仿瑞士球的主动坐姿。这一设计鼓励使用者通过持续的小幅运动保持核心肌群活跃，预防腰背痛。研究表明，该座椅的多自由度和非稳定性设计能够激活中枢神经对核心肌群的控制，改善坐姿、呼吸和工作专注力。基于这项

图 9.65　APOLLO 座椅

图片来源：spinalis.com

专利技术，SpinaliS 公司开发了多个产品系列，包括 APOLLO、ERGONOMIC、SPIDER、HACKER 和 BASIC 等。

5. Autonomous：ErgoStool

Autonomous 公司成立于 2015 年，秉承“让工作更智能”的理念，以技术为驱动，结合科技和设计，专注于设计和制造符合人体工学的座椅产品，以提高健康和生产力。该公司的设计哲学强调简洁流畅的线条，同时整合了舒适、风格表达和健康效益三重维度。其重要产品包括传统的 ErgoChair 人体工学办公座椅和创新的 ErgoStool 座椅。ErgoStool 座椅的设计理念是模拟患者在康复治疗球上坐姿的动态性，其关键技术特点包括：便于坐站转换的可调高度，调节范围为 63.5～88.9cm；类似不倒翁的加重动态基座设计，在提供稳定支撑的同时，允许 360°全方位运动，增强了坐姿的自由度和灵活性，如图 9.66 所示。研究认为，ErgoStool 座椅通过动态坐姿设计，保持核心肌群活跃，改善下肢血液循环，有助于减轻久坐办公造成的健康风险。

6. All33：Axion

All33 公司由脊椎按摩师 Dennis Colonello 和工业设计师 Jim Grove 于 2017 年共同创立，秉承“让所有 33 个椎骨保持运动”的理念，致力于设计促进健康坐姿和运动的动态办公椅。其中，Axion 座椅采用“Sit in Motion®”专利技术，座椅底部能够独立旋转，模拟骨盆自然运动，激活核心肌群，促进血液循环，保持脊柱健康，缓解长时间坐姿带来的不适，如图 9.67 所示。用户反馈显示，

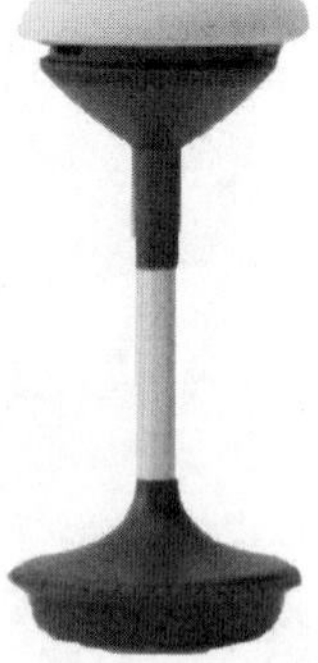

图 9.66　ErgoStool 产品图

图片来源：autonomous.ai

图 9.67　Axion 产品图

图片来源：edition.cnn.com

使用 Axion 座椅显著改善了坐姿和舒适度，减轻了背部疼痛，并提高了整体工作效率。

9.3 其他办公座椅

9.3.1 马鞍椅

“马鞍椅”是从马鞍演变而来的座椅，由 Veli-Jussi Jalkanen 于 1990 年设计而成。马鞍椅的设计依循的理论是，认为身体与腿部呈 135°为最佳的工作姿势，如图 9.68 所示。

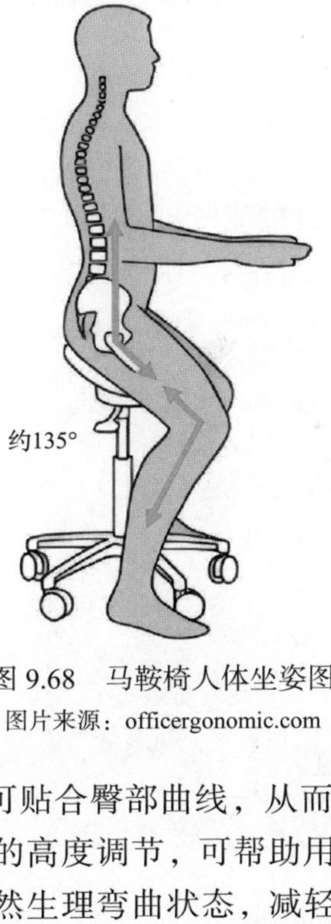

图 9.68 马鞍椅人体坐姿图

图片来源：officergonomic.com

马鞍椅椅面的独特曲面可贴合臀部曲线，从而最大限度地分散受力。马鞍椅通过坐垫倾角调节和靠背的高度调节，可帮助用户保持良好的坐姿。马鞍椅的坐姿有助于人体脊柱呈自然生理弯曲状态，减轻椎间盘的压力。但同时，多数的马鞍椅没有腰靠，下倾的座面容易让人产生下滑感，久坐也会让腰部肌肉酸疼。

马鞍椅可分为单瓣式马鞍椅和两瓣式马鞍椅，其中单瓣式马鞍椅的座面中间没有镂空，如图 9.69 所示。

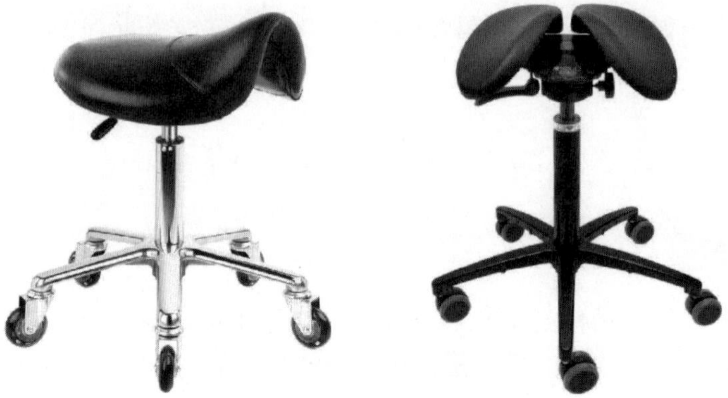

图 9.69　单瓣式与两瓣式马鞍椅

图片来源：comfortelfurniture.com

9.3.2　站坐式座椅

站坐式座椅是专为长时间站立工作需要切换到坐姿，或长久坐着工作需要切换到站姿，缓解用户疲劳而设计的座椅，如图 9.70 所示。站坐式座椅通常配备升降功能，用户可根据身高和舒适度调整座椅高度。

图 9.70　站坐式座椅

图片来源：jkldooley.blogspot.com

日本开发了一款可穿戴的座椅 Archelis，即可行走的椅子，专为外科医生打造，如图 9.71 所示。整体由支架和绑带组成，在大腿、小腿和脚面上的绷带起到固定作用，支架则在坐下去时为用户提供支撑力。为保证双腿可自由活动，研发团队将 Archelis 座椅每条腿分体独立设计，无论穿戴还是走动都更加随意。

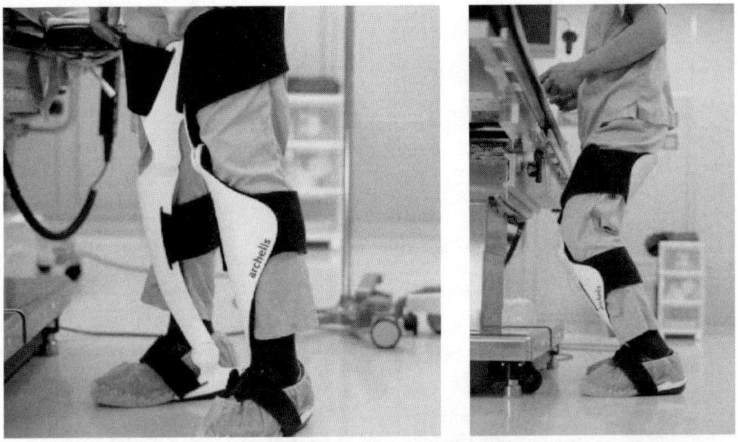

图 9.71 医生可穿戴座椅

图片来源：designboom.com

9.3.3 学生椅

学生椅的设计需适应不同身高和体型的学生，尤其是适应学生的成长性，尽量满足学生根据自己的身高和舒适性调整椅子，从而有助于身体发育。

除了基本的舒适性和支撑性，学生椅还需注重学生的健康性。它需要帮助学生在长时间的学习过程中保持正确的坐姿，避免弯腰驼背等不良姿势，有助于预防脊柱弯曲、近视等健康问题。

Okamura 公司设计开发了一系列学生椅 Runa。Runa 椅的设计简约，可满足多功能的环境需求，如图 9.72 所示。

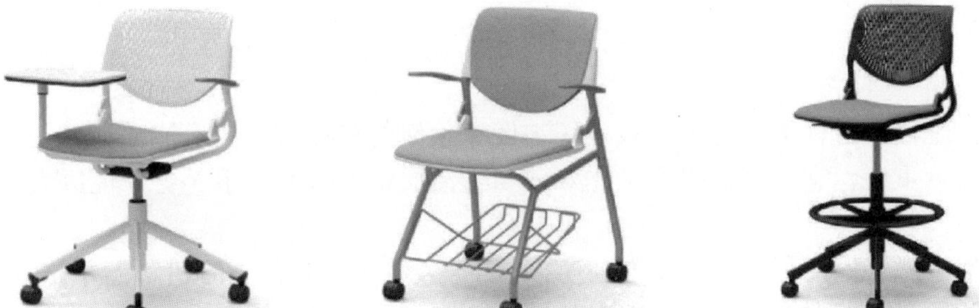

图 9.72 Runa 椅

图片来源：okamura.com

9.3.4 电竞椅

电竞椅，全称电子竞技座椅，专门为电子竞技活动设计。电竞椅的目的在于为电竞玩家提供最佳的坐姿支持和舒适度，确保他们在长时间的游戏过程中能够保持最佳的竞技状态。电竞椅通常具备头枕升降、腰部调节、扶手调节等功能，并有着不可或缺的包裹性，这有助于玩家随时保持标准坐姿。电竞椅的外观设计往往具有浓郁的电竞风，颜色造型上更为张扬。但电竞椅的座面大多用海绵填充，其透气性、耐用性和舒适性相较于高端人体工学座椅较差。

永艺通过结合 Duoflex™双背联动技术以及自适应线控底盘，开发了 BUFF 100 电竞椅，为玩家提供更舒适的游戏体验，如图 9.73 所示。

图 9.73　永艺 BUFF 100 电竞椅

图片来源：uechairs.com

9.4　本章小结

在现代数智社会，追求高效工作与健康生活的双重目标让人体工学办公座椅变得尤为重要。它不仅是提升工作效率与生活质量的得力助手，更是促进人体健康不可或缺的要素。

本章深入探讨了人体工学办公座椅、动态人体工学办公座椅和其他办公座椅，详细解析了各经典产品所针对的具体问题及其解决方案，深度审视了它们的结构特点、材料选择、设计理念等，旨在揭示它们在多个维度上的独特之处。这一过程不仅可加深人们对于人体工学办公座椅的理解，也可为消费者在选择时提供更为清晰的参考依据。

随着科技的不断进步和人们对健康办公环境的更高追求，人体工学办公座椅领域将迎来更加广阔的发展前景，智能化、个性化、绿色化将成为该领域发展的重要趋势。智能感应技术以及人体生物力学研究的深入应用，将使座椅能更好地自适应不同用户的身体特征与工作习惯。同时，环保材料的广泛应用和可持续设计理念的融入，也将推动整个行业向更加绿色、健康的方向发展。与此同时，人体工学办公座椅的设计也需要符合时代发展趋势和人们办公习惯的变化，以更好地适应不断变化的时代环境。

参考文献

[1] Kuster R P, Bauer C M, Oetiker S, et al. Physiological motion axis for the seat of a dynamic office chair[J]. Human Factors, 2016, 58(6): 886-898.

[2] Triglav J, Howe E, Cheema J, et al. Physiological and cognitive measures during prolonged sitting: Comparisons between a standard and multi-axial office chair[J]. Applied Ergonomics, 2019, 78(3): 176-183.

[3] Koepp G A, Moore G K, Levine J A. Chair-based fidgeting and energy expenditure[J]. BMJ Open Sport & Exercise Medicine, 2016, 2(1): e000152.